舟山群岛植物图志

马玉心　崔大练　编著

上海交通大學出版社
SHANGHAI JIAO TONG UNIVERSITY PRESS

内容提要

本书共两篇，第一篇舟山群岛植被及区系概况，介绍了舟山群岛的植被及区系概况；第二篇舟山群岛重要树种植物志，介绍了48种重要海岛特有树种。

本书属于植物学基础领域研究，是舟山群岛特有木本植物的专项研究，是笔者在实地观察并查阅了相关资料基础上写成。读者对象为植物学科研工作者、高校教师和学生以及对植物感兴趣的普通读者。

图书在版编目(CIP)数据

舟山群岛植物图志 / 马玉心，崔大练编著 . -- 上海：上海交通大学出版社，2019

ISBN 978-7-313-18333-0

Ⅰ . ①舟… Ⅱ . ①马… ②崔… Ⅲ . ①岛 – 植物志 – 舟山 Ⅳ . ① Q948.525.53

中国版本图书馆 CIP 数据核字 (2019) 第 023191 号

舟山群岛植物图志

编　　著：马玉心　崔大练

出版发行：上海交通大学出版社　　地　　址：上海市番禺路 951 号

邮政编码：200030　　电　　话：021-64071208

印　　制：定州启航印刷有限公司　　经　　销：全国新华书店

开　　本：787mm×1092mm　1/16　　印　　张：15

字　　数：332 千字

版　　次：2019 年 11 月第 1 版　　印　　次：2019 年 11 月第 1 次印刷

书　　号：ISBN 978-7-313-18333-0

定　　价：59.00 元

序　言

舟山群岛位于长江口南侧，浙江省东北部，与宁波市隔海相望，地理位置介于东经121°30 ~ 123°25′，北纬29°32′ ~ 31°04′之间，海岸线曲折蜿蜒，大小岛屿星罗棋布，是中国第一大群岛。其地史较为年轻，是武夷山系沿西南—东北走向，经浙西南的仙霞岭、浙东的天台山在东海的延伸，在第三纪浙东陆地地层沉降时才与大陆分离，历经数千年海洋性气候的作用，在植物区系性质上已与大陆形成一定差异。20世纪60年代Mac-Arthur和Wilson提出的岛屿生物地理学理论阐明了岛屿的物种数目与面积的关系，并认为新物种的迁入和原来物种的绝灭趋于达到动态的平衡，这就是平衡的理论（equilibrium-theory）。虽然此处物种多样性不及其他区域丰富，但在我国沿海岛屿生态系统中具有代表性，是浙江省（中国—日本）植物区系成分的集中分布所在，又是独特的海滨植物群落的主要分布区，其中也分布着一些富有特色的珍稀濒危植物。第一批国家重点保护野生植物名录所列的舟山群岛的野生保护植物反映了海岛生态系统独特性的重要价值。

由于人类的长期活动以及对植物资源的掠夺性开发利用，森林遭到破坏，生态环境日趋恶化，边缘小岛的情况更为突出，许多植物失去赖以生存的环境条件，导致一些主要分布在海岛上的植物濒临灭绝。植物资源的保护和利用，尤其是珍稀濒危植物的保护已引起人们重视。目前，全国海岛调查是继全国海岸带调查后的又一项大规模的全国性综合调查，其中植被调查又是海岛调查的核心，因为它关系到国家对岛屿资源的了解与掌握，也是建立岛屿资料档案的核心内容。所以，明确岛屿的特有植物分布特征对于全国海岛调查具有重要意义。

但是，当前关于舟山群岛特有树种的资料研究不多。前人曾经对舟山群岛区系进行过研究，比较舟山群岛各个岛屿区系成分，研究舟山群岛特有植物的分布规律，但是对每一物种的详细描述未见报道。基于此点，笔者决定编写这部舟山群岛特有植物志，希望本书的出版能为保护海岛珍稀濒危植物提供参考，也为进一步开发海岛资源提供基础资料。

关于植物志的编写往往有一定的规范，包括形态描述、产地特征、图片结构特征、应用特征等。为了使植物志更具有阅读性及接近读者，本书增加了每一物种的历史文化特征；考虑到大多数年轻分类学者对学名分析学习的需要，增加了拉丁学名属名及种加词的词义解释，并且对物种的命名人的研究历史进行了介绍。一方面丰富了分类学者对物种命名历史的认识，另一方面也有助于读者了解植物分类学家及掌握分类学历史。本书的另一特色在于增加了每一物种的研究历史及研究进展，并且增加了该物种研究的参考文献，目的在于为研究岛屿特有植物提供基础资料。本书的照片为笔者亲自拍摄。有些照片是繁殖器官的解剖图，有望为植物学教学及科研提供帮助。本书第一篇系统地阐述了舟山群岛特有植被的研究历史及区系特征，概述了特有植物的种类及分布，为研究特有植物区系提供了基础资料。为了便于调查海岛珍稀濒危植物，本书对植物区系进行了阐述，并且对每一种植物的产地进行了定位，对合理保护与利用濒危植物具有一定意义。

笔者原工作于东北牡丹江师范学院，2008 年来到舟山工作。2013 年，笔者开始了本书的编写工作，历时 5 年。由于一直在东北工作，笔者对南方植物了解不多，虽然基础知识相差不大，但是植物区系的地域差异很大，所以研究舟山地区的植被有一定困难。考虑到教学的需要，笔者决定编写本书，并有幸得到诸多同仁的帮助，在此表示深深的感谢。特别应当致谢的是舟山市林科所所长王国明，他帮助笔者认识了很多物种，并提供了很多帮助；温州大学的丁炳杨老师也帮助鉴定了很多物种，同样对他致以深深的感谢；在编写过程中，崔大练采集了大量标本，并协助完成植物的拍照工作，在此一并表示衷心的感谢。

由于时间仓促，编写过程中难免有疏漏及不足，期望各位同仁及广大读者提出宝贵意见，为后续编写舟山群岛特有草本植物志及经济植物志提供参考。

本书可以作为高等院校的教学参考书和大学生野外实习的参考书，也可作为研究海岛特有植物的科研参考书。

马玉心
2019 年元月

目 录

第一篇　舟山群岛植被及区系概况

一、舟山群岛自然概况

舟山群岛位于浙江省东北部，长江口南侧，杭州湾外缘的东海海域中，东经121° 31′ ~ 123° 25′，北纬29° 32′ ~ 31° 04′之间。东临东海，南至六横岛，西与宁波市隔海相望，北和上海余山洋毗邻，为我国第一大群岛，总面积2.22万平方千米。作为全国唯一的群岛城市，舟山有大小岛屿1 399个，主要大岛有本岛、岱山、六横、金塘、朱家尖、巨山、桃花、长涂、泗礁等。面积超1平方千米的岛屿有58个，以舟山岛最大，面积为502.6平方千米，仅次于台湾岛、海南岛和崇明岛，是我国第四大岛。

舟山群岛地质构造属闽浙隆起带东北端，华夏古陆的构造单元。舟山群岛为天台山东北方向的余脉，因全新世中期新构造运动及多次海侵而逐渐与大陆分离形成，地质史较为年轻，距今7 000~9 000年。群岛地势自西南向东北倾斜，西南多大岛，东北多小岛。海域自西向东由浅入深，岛上丘陵起伏。一般大岛中央都绵亘山脊分水岭，滨海围涂造田，呈小块平原。桃花岛的对峙山为群岛最高峰，海拔544.4米，其次为本岛的黄杨尖，海拔503.6米，其余各岛均在500米以下，一般为200米左右或更低。坡度通常在30°上下。岛屿多为一山一谷地形，属里亚斯型海岛，距离陆地最近处不足5 000米。

岛屿多为基岩岛，基岩以火山岩、侵入岩为主，其次为潜火山岩和变质岩。岛屿地表为上侏罗纪陆相火山岩系的流纹岩、凝灰岩、石英斑岩等，形成海岛地区特殊的饱和红壤及滨海盐土。山地成土母岩多为流纹岩、凝灰岩及变质岩，主要分布在本岛、六横、金塘、桃花、岱山和长涂等；其次为花岗岩，多见于朱家尖、桃花、普陀山及泗礁等。丘陵山地土壤主要有红壤、黄壤、粗骨土、石质土等，其中粗骨土分布面积最大，占丘陵山地面积一半以上，土层浅薄，厚度仅30厘米左右；其次为红壤，占35.1%，多分布在山麓一带，土层厚达50 ~ 100厘米，pH为5.0 ~ 6.5，是分布森林植被的主要土壤。滨海沙土面积较少，主要分布在泗礁、普陀、朱家尖和岱山等地，沙层深厚，无结构，土体流动性大，含盐量较低，肥力极差，多生长一些耐盐抗旱的沙生植物。陆域以丘陵山地为主，丘陵和平地面积分别占62.6%和37.4%。

舟山群岛属北亚热带南缘季风海洋性气候。四季分明，冬暖夏凉，年温适中，光热充裕，蒸发量大，降雨偏少。全年常有大风天气出现，春季多雾，夏秋台风（热带风暴）影响频繁。由于受海洋环流影响显著，舟山群岛属中亚热带北缘典型季风气候区，全年风日多、风力大。年均温15.4 ℃ ~ 16.4 ℃，最冷月份1月均温4.3 ℃ ~ 6.1 ℃，最热月份在8月，比内陆推迟一个月。平均气温26.8 ℃ ~ 28.1 ℃，极端最高温39.1 ℃，极端最低温 –7.9 ℃，大于10 ℃

的年积温 48 976 ~ 52 276 ℃。年均降水量 850.6 ~ 1 367.1 毫米，无霜期 239 ~ 268 天，年均风速 3.3 ~ 7.8 米 / 秒，最大风速 28 ~ 41.7 米 / 秒。

二、舟山群岛植被区系概况

（一）植被概况

舟山群岛植被属“中亚热带常绿阔叶林北部亚地带”的浙、闽山丘，甜槠、木荷林区。舟山群岛植被以人工林为主，主要有黑松林、杉木林等。天然植被类型主要有暖性针叶林、常绿阔叶林、落叶阔叶林、常绿落叶阔叶混交林、竹林、灌丛、灌草丛及沙生和盐生群落。因舟山群岛从南到北存在一个干湿度梯度，植被类型受其制约，其地带性植被：定海、普陀为常绿阔叶林，岱山、长涂为常绿、落叶阔叶林，衢山、泗礁为落叶阔叶林。

针叶林为人工林，是岛屿森林景观的重要组成部分，主要有黑松林、杉木林等。黑松林是舟山群岛重要的针叶林之一。舟山群岛现有的丘陵山地植被基本为单一的针叶林，其中黑松林占 85% 以上，马尾松林分布较广。林下其他灌草丛稀少。

常绿阔叶林主要有红楠、普陀樟林；红楠、普陀樟、舟山新木姜子林；普陀樟、红楠、全缘冬青林；普陀樟林种类型。伴生树种较多，多为落叶树种和乔木化的灌木树种，其中常见滨海或海岛特有植物，主要有沙朴、枫香、桑、日本珊瑚、山合欢、楝木、紫弹树、豹皮樟、四川山矾、滨柃、柃木、天仙果、日本野桐、日本女贞等；层次结构明显，可分乔木层、灌木层、草本层 3 个基本层次，个别群落的乔木层可分 2 个亚层，但普陀樟林的灌木层和草本层不发育；更新层组成树种简单，以普陀樟、红楠、全缘冬青、舟山新木姜子等占优势，伴生少量日本珊瑚、粗榧等，其演替阶段将继续保持建群种占优势的常绿阔叶林，但组成更为简单、稳定。上述种类也是这类阔叶林的常见更新种，其中以普陀樟和舟山新木姜子为多，且更新良好。在洛迦山有普陀樟、全缘冬青与红楠共占优势，在朱家尖有普陀樟与红楠共占优势构成的海岛特有的常绿阔叶林。此外，在以上常绿阔叶林中，红山茶作为灌木层的伴生种分布非常普遍，寒竹仅生长在普陀山的台湾蚊母树林和青冈树林下。

落叶阔叶林主要以白栎林为主，主要有白栎、化香树等，林下有盐肤木、野鸦椿等，郁闭度可以达到 95%；还有枫香林、黄连木林、沙朴林、栓皮栎林及其萌生灌丛等。其中，黄连木林主要分布于朱家尖里岙、六横岛龙头和杜庄沙滩，乔木层有黄连木、沙朴等，伴生树种有黄檀、樗叶花椒、香樟、柞木、榔榆等，盖度 60% ~ 100%。沙朴林主要分布于朱家尖青山岙和六横岛田岙诸沙滩，盖度 86% ~ 100%，乔木层有黄檀等。

竹林也是重要的植被组成部分，毛竹林多为人工林，多成片分布于常绿阔叶林内。群落外观整齐，结构单一。成单层水平郁闭，林下灌木较少，盖度可达 85%。红鸡竹林呈小块状分布于普陀山飞砂岙、朱家尖里岙沙滩风成沙丘陡坡或沙堤上，总盖度可达 80% ~ 95%。竹林外貌黄绿色，呈灌丛状，高 1.0 ~ 1.5 米，生长茂密，总盖度可达 80% ~ 95%。伴生种白茅、细叶艾、野菊、爵床、蝇子草等。

灌丛主要有柃木灌丛、滨柃灌丛、厚叶石斑木灌丛3种常绿灌丛。常绿灌丛所处的生境更加严酷，特别是土壤、海风、海雾影响极为显著。分布在海岛中、上坡的柃木灌丛与分布在海边的滨柃灌丛、厚叶石斑木灌丛伴生的种类为伴生种全缘冬青、赤皮青冈、竹柏等。

灌草丛，白茅群落是沿海地区滨海盐土上的主要盐生草甸类型之一。白茅群落分布于草甸滨海盐土上，土壤的全盐量通常为1.0% ~ 2.0%，有机质含量为1%左右。白茅群落指示土壤脱盐作用较好，白茅群落是最大的盐生草甸类型之一，开发利用的潜力很大。芦竹群落有一定分布，多分布于海岸带，植株较高，是重要的造纸原料。钻形紫菀群落成片分布，分布于近岸带，属于盐生植被，也是近几年形成的入侵植被，危害性较强，应适当清除。

沙生植被主要有单叶蔓荆灌丛、雀梅藤灌丛、硕苞蔷薇灌丛、砂钻苔草草丛、肾叶打碗花草丛、绢毛飘拂草草丛、矮生苔草草丛、匍茎苦菜草丛、珊瑚菜草丛、假俭草草丛、茵陈蒿草丛、滨蒿草丛、狗牙根草丛、海滨山藜豆草丛、海萝卜草丛等。沙生植被具有明显的地带性演替。单叶蔓荆灌丛、茵陈蒿草丛大多位于高潮带，矮生苔草草丛、匍茎苦菜草丛位于低潮带，其他植被为镶嵌分布。演替的程序从海滨低程带到海滨高程带依次为矮生苔草（狗牙根）—矮生苔草 + 滨旋花 + 沙苦荬菜—狭叶箭头叶藜 + 海萝卜 + 卤地菊—砂钻苔草 + 矮生苔草—砂钻苔草 + 绢毛飘拂草—假俭草 + 绢毛飘拂草—单叶蔓荆（雀梅藤）。珊瑚菜是濒危物种，群落分布范围越来越少，处于濒危状态。

盐生滩涂植被主要有南方碱蓬子群落、盐生碱蓬子群落、盐角草群落、互花米草群落、芦苇群落、香蒲群落、野大豆群落、田菁群落、加拿大一枝黄花群落等。碱蓬子群落多生于海岸带泥沼中，常见于围塘的淤泥中成片生长。互花米草群落生于低潮带的浅海水中，从低潮带到高潮带存在明显的演替，海三棱藨草—互花米草 + 海三棱藨草—互花米草—互花米草 + 芦苇—芦苇。野大豆群落分布较广，多生于撂荒地及路旁，需要加以保护。加拿大一枝黄花群落入侵性较强，渗入到大多植物群落当中，应当加以防治与清除。

（二）区系概况

本区植物区系的地理成分具有多样性和复杂性。根据吴征镒将种子植物的属划分为15个分布型，舟山群岛具有14种分布类型（见表1-1）。主要有泛热带分布、东亚分布、北温带分布3个成分，它们和世界广泛分布成分构成了舟山群岛区系成分的主体。热带成分与温带亚热带成分趋于相等，说明本区系在属级水平上已具有明显的热带区系性质。

表1-1　舟山市种子植物科、属的分布区类型

分布区类型	科　数	属　数
1 世界广布	48	79
2 泛热带分布	39	131
2-1 热带亚洲—大洋洲和热带美洲（南美洲或/和墨西哥）	1	7

（续 表）

分布区类型	科 数	属 数
2-2 热带亚洲—热带非洲—热带美洲（ 南美洲 ）	2	6
2S 以南半球为主的泛热带	7	0
3 东亚及热带南美间断	10	17
4 旧世界热带	2	24
4-1 热带亚洲、非洲和大洋洲间断或星散分布	0	4
5 热带亚洲至热带大洋洲	2	24
6 热带亚洲至热带非洲	0	20
6d 南非（主要是好望角）	1	0
7 热带亚洲	0	31
7-1 爪哇（或苏门答腊），喜马拉雅间断或星散分布到华南、西南	0	1
7d 全分布区东达新几内亚	1	0
8 北温带分布	4	82
8-4 北温带和南温带间断分布	16	24
8-5 欧亚和南美洲温带间断	1	1
9 东亚及北美间断	2	34
9-1 东亚和墨西哥间断分布	0	1
10 旧世界温带	2	35
10-1 地中海区至西亚（或中亚）和东亚间断分布	0	9
10-3 欧亚和南非（有时也在澳大利亚）	0	4
11 温带亚洲	0	9
12 地中海区、西亚至中亚	0	1
12-3 地中海区至温带—热带亚洲，大洋洲和 / 或北美南部至南美洲间断	0	1
13 中亚	0	1
14 东亚	3	38
14-1 中国—喜马拉雅	0	3
14-2 中国—日本	0	33
15 中国特有分布	0	7

（续　表）

分布区类型	科　数	属　数
合计	141	627

（引自高浩杰等，2015，植物科学学报）

滨海植物区系发达，本区计有滨海植物 62 种，隶属于 33 科 52 属。以世界广布（9 属）、泛热带分布（12 属）、北温带分布（6 属）、旧世界温带分布（7 属）、东亚分布（5 属）5 种分布型为主，占了滨海植物总属数的 75%。

各种热带性地理成分占 55%。海岛植物区系次生现象明显。本区裸子植物极为贫乏，自然分布的仅有马尾松、粗榧、竹柏 3 种。作为被子植物最原始的类群，木兰科在本区未见分布，五味子科仅南五味子属 2 种，其他离生心皮类群也较稀少。而莱荑花序类在本区则较为发达，如壳斗科、榆科、桑科、荨麻科、胡桃科等。

本区无我国特有科分布，特有属亦极贫乏，自然分布的仅有金橘、盾果草、短穗竹 3 属。本区特有种仅普陀鹅耳枥 1 种。这些现象既说明了本区系缺乏古老性而具明显的次生性质，又反映了本区系与大陆之间交流的频繁以及人为干扰的严重。

滨海植物区系发达，按生境不同可分为两类：一类是生于岛屿或大陆海岸山地的种类，以木本为主，如全缘贯众、骨碎补、红骨蛇、普陀鹅耳枥、天竺桂、舟山新木姜子、滨柃、柃木、米碎花、海桐、厚叶石斑木、全缘冬青、冬青卫矛、大叶胡颓子、日本女贞、小叶蜡子树、日本珊瑚树、寒竹等；另一类则多分布于海滨沙地、涂泥及海岸石缝中，以草本居多，如番杏、无翅猪毛菜、灰绿碱蓬、海滨刀豆、海滨山藜豆、二叶丁癸草、海滨木槿、珊瑚菜、滨海珍珠菜、厚叶双花耳草、肾叶打碗花、二叶红薯、单叶蔓荆、中华补血草、海萝卜、芙蓉菊、滨海假还阳参、茵陈蒿、滨蒿、海滨狗哇花、假牛鞭草、龙爪茅、沙钻苔草、粗叶苔草、矮生苔草、绢毛飘拂草等。

参考文献：

[1] 金佩幸，陈翔虎，张晓华，等．舟山群岛植物区系的研究 [J]. 浙江林业科技，1991，11（3）：1-30.

[2] 万利琴，丁炳扬，郭水良．舟山群岛主要岛屿间种子植物区系的差异及其影响因素 [J]. 浙江大学学报（农业与生命科学版），2008，34（6）：677-683.

[3] 高浩杰，王国明，郁庆君．舟山市种子植物物种多样性及其分布特征 [J]. 植物科学学报，2015，33（1）：61-71.

[4] 王定耀．舟山群岛森林植物区系资料 [J]. 浙江林学院学报，1997，7（4）：334-342.

[5] 浙江植物志编辑委员会．浙江植物志 [M]. 杭州：浙江科学技术出版社，1993.

[6] 王国明，徐树华，叶志军，等．舟山群岛珍稀濒危植物的分布与保护 [J]. 浙江林学院学报，1998，15（2）：181-186.

[7] 王国明，赵慈良，陈叶平，等．舟山群岛国家重点保护野生植物区系与分布特征 [J]. 浙江林业科技，2009，29（3）：43-47.

[8] 盛束军．舟山群岛药用植物区系的研究 [J]. 现代应用药学，1991，8（6）：4-8.

[9] 俞慈英，陈叶平，袁燕飞，等．舟山海岛普陀樟等 3 种特有树种种质资源清查 [J]. 浙江林学院学报，2007，24（4）：413- 418.

[10] 王国明，徐斌芬，王美琴，等．舟山群岛野生木本观赏植物资源及分布 [J]. 浙江林学院学报，2007，24（1）：55- 59.

[11] 胡绍庆，丁炳扬，陈征海．浙江省珍稀濒危植物物种多样性保护的关键区域 [J]. 生物多样性，2002，10（1）：15-23.

[12] 俞慈英，李修鹏．舟山海岛珍稀树种保存研究现状及设想 [J]. 浙江林业科技，1998，18（3）：48-58.

[13] 陈叶平，孙圳．舟山海岛珍稀树种的繁育及园林绿化应用 [J]. 现代农业科技，2014（22）：154-156.

[14] 缪玲霞．舟山海岛重点保护野生植物（树种）的分布及远程迁地保存现状 [J]. 现代农业科技，2010（24）：219-220.

[15] 郝日明，刘昉勋，杨志斌，等．华东植物区系成分与日本植物间的联系 [J]. 云南植物研究，1996，18（3）：269-276.

[16] 王中生，安树青，冷欣，等．岛屿植物舟山新木姜子居群遗传多样性的 RAPD 分析 [J]. 生态学报，2004，24（3）：414-422.

[17] 刘博文，韩璇，王志芬，等．舟山市定海区重点保护野生植物资源现状调查 [J]. 安徽农业科学，2014，42（19）：6356-6357.

[18] 王国明，徐斌芬，王美琴，等．舟山海岛野生观赏植物的应用 [J]. 浙江林学院学报，2005，22（1）：46-49.

[19] 李定胜，石磊，陈国忠，等．舟山海岛园林植物应用现状调查与分析 [J]. 浙江海洋学院学报（自然科学版），2013，32（5）：471-475.

[20] 王凤英，田旗，彭红玲，等．舟山群岛 2 种濒危植物生境特征与迁地保护研究 [J]. 浙江农林大学学报，2014，31（3）：417- 423.

[21] 张若蕙，周世良．桃花岛及朱家尖岛森林植物的初步调查 [J]. 浙江林学院学报，1988，5（2）：145-166.

[22] 李根有，周世良，张若蕙，等．浙江舟山桃花岛的天然植被类型 [J]. 浙江林学院学报，1989，6（3）：243-254.

第二篇　舟山群岛重要树种植物志

一、竹柏

（一）名称

podocarpus nagi（Thunb.）Zoll. et Mor. ex Zoll.，属名：*podocarpus*，*pous*[希]脚，*karpos* 果实。罗汉松属。种加词，*nagi*，命名人 Zoll（Heinrich zollinger，1818—1859），瑞典植物学家，出生于瑞士的福伊尔塔伦。1837—1838 年，他在大学学习植物学，但是由于经济困难不得不中断学业。1842 年，他搬到了 Java，在植物园政府资助的小型科学考察队工作。1848 年，他返回瑞士，后于 1855 年与妻子和孩子返回 Java。为了纪念他的卓越贡献，1846 年法国真菌学家 Joseph-Henri L é veill é 以他的名字命名并描述了物种 *clavaria zollingeri*。由他命名的植物如 *calonyction mollissimum Zoll.*；*crotalaria grandiflora Zoll.*；*flemingia capitata Zoll.*；*diospyros hasseltii Zoll.*；*lemnopsis minor Zoll.*；*nasturtium obliquum Zoll.*；*polypodium rectangulare Zoll.*。

名称由来：由于叶脉平行，似竹叶而得名。

别名：椰树、罗汉柴、椤树、山杉、糖鸡子、船家树、宝芳、铁甲树、猪肝树、大果竹柏。

英文名称：Nagi Podocarpus。

（二）文化

竹柏经冬不凋，因以喻坚贞。《司空庾冰碑》："夫良玉以经焚不渝，故其贞可贵；竹柏以蒙霜保荣，故见殊列树。"《文选・颜廷之》："如彼竹柏，负雪怀霜。"

许多年以前，一位樵夫因柴担太重，加上没吃饭，实在走不动了，便在山边歇息。他坐在一块石头上，心里想：回去后无论如何要设法弄点粮食，让老母亲吃餐饱饭。就在这时，他突然发现前面不远处的一棵毛竹下有动物蠕动，看样子像是受了伤。当他一步步向动物靠近的时候，看到对方流露出求救的眼神。再仔细地看，终于发现是一只摔坏了腿的山鹿。樵夫毫不犹豫地就近拔了些草药，放在口中嚼碎，然后将草药轻轻地敷到山鹿的腿上，之后又用随身的汗巾为山鹿包扎。樵夫像安慰小孩一样安慰山鹿："很快会好起来，不会有事的。"就这样，一直到山鹿爬起来慢慢离去，樵夫才挑起柴担赶路。他偶然回头，看见山鹿不停地用嘴点地，似乎是吃草，又不是吃草。这件事樵夫并没放在心上，然而第二天出现的情况却叫人大为惊讶：就在樵夫歇息和山鹿躺卧的那一带，长出一片新的树林——那些树是从未见过的既像竹又像柏的新品种树。随后，有人传话过来，那天出现的山鹿其实是仙鹿，它一直在寻找一个最佳地点，播种名为竹柏的稀有树木，而樵夫的行为让它感动，它便把地点确定在那里。现在，大家都知道像竹又像柏的树叫竹柏。竹柏逐渐向四处蔓延，但始终数当日樵夫救鹿那一带的竹柏生长得最好。最初出现竹柏的地方如今叫“竹柏凉园”。这里的竹柏长势良好，一棵棵高大的竹柏参差错落，直指蓝天。人们从下面经过都会停下脚步。很多时候，在附近干活的人，或是偶然经过的行人，都在竹柏凉园休憩、喝水、吃干粮，而四处慕名前来领略竹柏这一奇异树种的人，更是络绎不绝。

竹柏花语：坚贞，忠贞不渝。

（三）形态特征

乔木，高 20 米，树冠广圆锥形，枝条开展。叶对生，革质，长圆形、卵状披针形，或披针状椭圆形，脉平行，叶向下延伸成柄状。雄球花穗状圆柱形，单生叶腋，常呈分支状，基部有三角状苞片。雌球花单生叶腋，烯成对腋生，基部有数枚苞片。花后苞片不肥大，成肉质种托。种子圆球形，径 1.2 ~ 1.5 厘米，成熟时假种皮暗紫色，有白粉，梗长 7 ～ 13 毫米，有苞片脱落痕迹，骨质外种皮黄褐色，顶端圆，内种皮膜质。花期 3—4 月，种子 10 月成熟（见图 2–1）。

图 2–1　竹柏及竹柏的小孢子叶球（右上图）、大孢子叶球（右下图）

（四）产地

产于我国浙江、福建、江西、湖南、广东、广西、四川，也分布于日本。模式标本产于日本。舟山群岛只分布于普陀山及桃花岛。

（五）生境及习性

其分布自海岸以上丘陵地区，上达海拔1 600米的高山地带，常生于常绿阔叶林中，耐阴性树种，阴坡比阳坡生长速度快5 ~ 6倍，在阳光强烈的阳坡，根茎会发生日灼或枯死现象。对土壤要求严格，在沙页岩、花岗岩、变质岩等母岩发育深厚，在疏松湿润腐殖质层厚呈酸性的沙壤土至轻黏土生长良好，也喜山地黄壤及棕色森林土。在贫瘠的土壤上生长极为缓慢，石灰岩地不适宜栽培，低洼积水地栽培也生长不良。

（六）保护级别

竹柏为古老的裸子植物，起源于约1亿5 500万年前的中生代白垩纪，被人们称为活化石，是稀有的濒危植物，被国家定为二级保护植物。

（七）繁殖方法

1. 种子繁殖

10月份种皮由青转黄时采收，置阴凉处10 ~ 20日后熟，洗去种皮，阴干，播种。切忌暴晒，最好随采随播，或沙藏春播。

2. 扦插繁殖

春末秋初，以当年生枝条作为插穗。

3. 高空压条法

选择健壮充实的一年生枝条，在合适的位置进行环割，在伤口处包裹泥土，再用塑料袋将泥土裹住，保持其湿度，生根后剪下栽种。

（八）价值

1. 观赏价值

枝叶青翠而有光泽，树冠浓郁，树形美观，是近年来发展起来的优良绿化树种，也是常用行道树之一，还可以做盆景。

2. 药用价值

根、茎、叶、种子均可入药，具有舒筋活血、止血接骨、抗感冒等作用，能治疗腰肌劳损、外伤骨折、刀伤、枪伤、狐臭、眼疾。徐亚明等（1989）研究认为，其具有抗肿瘤作用。

3. 生态价值

能净化空气，抗污染，具有强烈的驱蚊效果，叶片及树皮能散发微弱的丁香气味，所以近几年常用于室内栽培。

4. 经济价值

木材材质优良，边材蛋黄白色，心材色暗，纹理通直，结构细密，加工性良好。硬度适中，比重 0.47 ~ 0.53，易加工，耐久用，干后不变形，切口平滑，是雕刻的良材，也是优良的建筑、造船、家具的用材。种仁油供食用及工业用油。

（九）研究现状

张娇等（2013）研究了竹柏的光合特性。迟国梁等（2010）研究了其凋落物的淋溶规律。邹琦丽（1982）研究了竹柏的染色体数目。吴惠勤等（1996）对竹柏精油做了研究。徐亚明等（1989）、廖泽勇（2015）等报道了其药用价值及化学成分。谢红梅（2001）、计月明（2015）、周早弘（2002）等研究了竹柏的栽培及繁殖方法。周存宇（2012）、刘欣欣（2015）、张卫强（2012）等研究了竹柏的生化生理及光合生理。

参考文献：

[1] 张娇，施拥军，朱月清，等．浙北地区常见绿化树种光合固碳特征 [J]. 生态学报，2013，33（6）：1740-1750.

[2] 迟国梁，童晓立．亚热带地区树叶凋落物在流水和静水环境中的淋溶规律 [J]. 生态科学，2010（1）：50-55.

[3] 邹琦丽．竹柏染色体数目和形态 [J]. 广西植物，1982（4）:195-196.

[4] 吴惠勤，王艇，苏应娟，等．竹柏叶精油化学成分的研究 [J]. 武汉植物学研究，1996（3）：2.

[5] 徐亚明，方圣鼎．罗汉松科植物中化学成分的研究——Ⅰ. 竹柏中的抗肿瘤成分 [J]. 化学学报，1989（11）:1080-1086.

[6] 刘宜宾，蒋兴邨，邵启全．竹柏的核型分析 [J]. 遗传，1987（3）:8-10.

[7] 谢红梅，柏劲松．竹柏嫩枝扦插育苗试验初报 [J]. 浙江林业科技，2001（1）:3.

[8] 计明月，张楠，闫启，等．顽拗性竹柏种子的贮藏特性 [J]. 植物分类与资源学报，2015（1）:63-70.

[9] 周早弘．竹柏育苗与栽培技术 [J]. 江西林业科技，2002（5）:17-18.
[10] 周存宇，杨朝东，占磊．低温胁迫对竹柏生理生化特征的影响 [J]. 农业科学与技术（英文版），2012（3）:533-536.

二、粗榧

（一）名称

cephalotaxus sinensis（*Rehd. et Wils.*）*Li*，属名：*kephale*[希] 头，*taxus* 紫杉。三尖杉属。种加词，*sinensis*。命名人 Li（李惠林），海外华裔植物学家。

别名：鄂西粗榧、中华粗榧杉、粗榧杉、中国粗榧。

英文名称：Chinese Plumyew。

（二）形态特征

灌木或小乔木，高 5 ~ 10 米。树皮灰色或灰褐色，薄片状脱落。叶线性，在小枝上排成 2 列，通常直，长 2 ~ 4 厘米，宽 0.2 ~ 0.3 厘米，上部常与中下部等宽或较窄，先端微凹尖，基部近圆形，上面深绿色，两面中脉明显隆起，下面有两条白色的气孔带，较绿色边带宽 2 ~ 3 倍。雄球花 6 ~ 7 聚生成头状，生于叶腋，基部及总梗上有多数苞片，雄蕊 4 ~ 11，花丝短。雌球花具长柄，常生于小枝基部，极少生枝顶。种子通常 2 ~ 5 个着生于总梗上端，卵圆形、椭圆状卵形，长 1.8 ~ 2.5 厘米，宽 1.2 ~ 1.4 厘米，顶端中央有尖头，外被红褐色肉质假种皮，花期 3—4 月，种子翌年 8—10 月成熟（见图 2-2）。

图 2-2　粗榧（左：植株；右：种子）

（三）产地

分布于长江流域以南至华南西南，产于江苏南部、浙江（安吉、舟山、天台、临海、龙泉、缙云等地）、安徽南部、福建、江西、河南东南部、贵州东北部、广西、广东西南部。模式标本产于四川宝兴。舟山群岛只分布于朱家尖与桃花岛。

（四）生境及习性

多数生于海拔 600 ～ 2 200 米龙岗岩、砂岩及石灰岩沙地。多生于背阴山坡及溪谷杂木林中，为阴性树种，较喜温暖，较耐寒，喜温凉、湿润气候，生于黄壤、黄棕壤、棕色森林土的山地，喜生于富含有机质的土壤中，抗虫害能力很强，生长缓慢，有较强的萌芽力，一般每个生长期萌发 3 ～ 4 个枝条，耐修剪，不耐移栽，有较强的耐寒力。

（五）繁殖方法

1. 种子繁殖

10 月份采种，以水浸种 24 小时。与沙子混合碾搓，除去外种皮，漂洗，阴干。将种子与 60% 持水沙子按 1 ∶ 3 比例混合，在地窖中层积，低温保存。勤翻动，并定时喷水保持湿度。4 月中旬将种子取出，筛出沙子，以点播的形式播种，覆土厚 2 厘米左右。

2. 扦插繁殖

扦插时间在 7 月中旬进行。插穗应选择粗榧的半木质化枝条，插穗长度 8 ～ 13 厘米，除去基部叶片，保留上部叶片 6 ～ 8 个。扦插基质一般用混合细河沙加土壤，插穗处理浸入 200 毫克 / 升吲哚乙酸溶液中 30 分钟，按 10 ～ 15 厘米株距扦插，喷定根水，搭遮阴网，温度控制在 20 ℃ ~ 25 ℃，湿度控制在 80% ～ 85%。

3. 组织培养

黄进勇已成功研究出以粗榧茎尖幼叶为材料的愈伤组织诱导。培养基为 MS+6-BA+NAA+2，4-D，培养温度 28 ℃，相对湿度 70%，光照 8 小时 / 天，3 周后形成愈伤组织。

4. 嫁接方法

储开江（2006）用高位多枝嫁接技术对粗榧进行嫁接试验，以粗榧为砧木，嫁接香榧获得成功。

（六）价值

1. 园林价值

常绿针叶树种，树冠整齐，针叶粗硬，有较高的观赏价值。常常与其他树木配置做基础种植、孤植、丛植、林植等。有较强的耐阴性，也可以植于草坪边缘或大乔木下做林下栽植材料。萌芽力强，耐修剪，可利用幼树修剪造型，做盆景或孤植造景。

2. 经济价值

种子可榨油，出油率高于大豆。脂肪酸组成为棕榈酸，抗氧化性强。供外科治疮疾用。木材坚实，可做农具及细木工等工艺品。茎叶提取物可以制造肥皂、润滑油等。

3. 药油价值

其枝叶、种子、根可以提取多种生物碱，有效成分为三尖杉碱、高粗榧碱、异粗榧碱。对急性及慢性粒细胞白血病及恶性淋巴病有一定疗效；祛风湿，治风湿痹痛；驱虫，消积，可用于治疗蛔虫病、钩虫病、食积。

（七）研究概况

司倩倩（2016）、刘晓菊（2013）、储开江（2006）等研究了粗榧的种子休眠及繁殖规律。刘晓娇（2016）、李伟（2008）、蒋丹（2013）等研究了粗榧的化学成分，指出其枝叶化学成分主要为三尖杉碱、Ⅱ－羟基三尖杉碱、桥氧三尖杉碱、去甲基三尖杉酮、C-3-表台湾三尖杉碱、台湾三尖杉碱。树皮含有海南粗榧内脂、异粗榧碱、粗榧碱及去氧粗榧碱等。陈可永（1995）研究了粗榧的核型及性染色体。黄进勇等（2006）研究了粗榧的愈伤组织诱导。刘飞等（2001）研究了粗榧叶片气孔器及其解剖特征。朱明旗（2015）、何玉华（2007）等进行了粗榧内生真菌的鉴定、多样性研究、产物特性的研究。魏艳（2009）、赫双红（2006）对粗榧提取物的除草特性进行了研究，特别研究了对反枝苋的除草特性。

参考文献：

[1]陈可永．粗榧的核型及性染色体[J]. 植物学报（英文版），1995（2）：159，161，174.

[2] WEI Li, RONG Jidai, YU Hongyu, et al. Two new flavonoid diglycosides from cephalotaxus sinensis[J].Chinese Chemical Letters, 2007（7）:837-839.

[3]刘晓娇，李彬，何鸿举，等．粗榧种子油脂抗氧化性及其脂肪酸组成分析[J]. 西北农业学报，2016（3）：429-434.

[4]黄进勇，岳彩鹏，黄象男，等．中国粗榧愈伤组织诱导及再生体系的建立[J]. 中国农学通报，2006（5）：243-245.

[5]司倩倩，臧德奎，傅剑波，等．粗榧种子休眠原因及其解除方法的研究[J]. 山东农业科学，2016（5）：42-44，48.

[6]朱明旗，边洋，苏静．中国粗榧内生真菌多样性的研究[J]. 西北农业科技大学学报（自然科学版），2005（2）：264.

[7]刘飞，黄进勇，董朝晖，等．中国粗榧叶气孔器及其解剖结构特征[J]. 山东农业科学，2011（8）：50-53.

[8]黄进勇，李永欣，岳彩鹏，等．中国粗榧愈伤组织的诱导[J].郑州大学学报（医学版），2006（4）:652-654.

[9]魏艳，张保华，李潘军，等．中国粗榧化感作用机理初步研究[J].青岛农业大学学报（自然科学版），2007（3）:177-181.

[10]何玉华，戊梅，盛下放，等．一株抗肿瘤活性的粗榧内生真菌的鉴定及其产物特性初步研究[J].生命科学研究，2007（3）：233-237.

[11]储开江，陈进春，行岳汀．粗榧高位多枝嫁接技术[J].浙江林业科技，2006(2):40-42.

[12]李伟，禹玉洪，戴荣继，等．安徽东至中药材粗榧高效液相指纹图谱和化学成分分析[J].天然产物研究与开发，2008（3）:461-465.

[13]陈玉凯，杨琦，莫燕妮，等．海南岛霸王岭国家重点保护植物的生态位研究[J].植物生态学报，2014（6）：576-584.

[14]蒋丹戴荣继，邓玉林，等．粗榧中低含量黄酮类化学成分的研究[J].安徽农业科学，2013（9）：3848-3849.

[15]魏艳，郝双红，张兴．中国粗榧提取物除草选择作用初探[J].农药，2009(7):532-534.

[16]赫双红，魏艳，张璟，等．中国粗榧枝叶提取物分离及其对反枝苋的除草活性[J].农药学学报，2006（1）91-94.

三、普陀鹅耳枥

（一）名称

carpinus putoensis cheng，属名：*carpinus*[希]植物原名，鹅耳枥属。种加词，*putoensis*，产于普陀。命名人 Cheng（郑万钧），著名林学家、树木分类学家、林业教育学家，中国近代林业开拓者之一。在树木学方面有极深造诣，发表树木新属 4 个、新种 100 多个，其中不少是中国特有的珍稀树种。20 世纪 40 年代中期，他和胡先骕定名的水杉新种，被认为是世界植物学界重大发现之一。

英文名称：Puto Hornbeam。

（二）发现及文化

普陀鹅耳枥是“海天佛国”普陀山的一棵“圣树”。此母树，世界上仅存 1 株，故称“地球独生子”，在当地列入文化古迹“三宝”之一。1930 年前后，我国著名植物学家，中国近代植物分类学的奠基人钟观光在浙江普陀山进行植物采集时，在佛顶山慧济寺西侧发现了一棵从来没有见过的树。这棵树每年春季开花，浅红色的雌花与淡黄色的雄花不同时成熟。他采集了这棵树木的标本。1932 年，由著名林学家郑万钧鉴定为鹅耳枥属新种，并命名为“普陀鹅耳枥”，但是这种植物极度濒危，目前被列为国家一级保护植物。据调查，20 世纪 50 年代以前普陀山此种植物很多，后渐枯死。濒危等级 IUCN：极危 *CR*（*critically endangered*）。

为了挽救濒危物种，国家开展了大量的普陀鹅耳枥的繁殖研究工作。当时林业部曾将其列入“七五”攻关课题，主要由舟山市林业科学研究所（以下简称林科所）承担。2000 年，舟山市林科所承接了“重点保护野生植物的保存技术研究”，发现普陀鹅耳枥为雌雄同株，雄花序为穗状,4 月上旬开花，雌花序 4 月下旬开花，可授期相遇仅有 6 天，雄花序在树的上、中、下均有分布，而雌花序主要分布于树的上部，这是造成濒危的主要原因。而且发现该物种种壳坚硬，种子很难发芽，被砍后萌发力弱，这也是造成濒危的主要原因。杭州植物园率先进行了种子繁殖试验，并取得成功。2011 年 9 月 29 日，天宫一号飞行器搭载了包括普陀鹅耳枥的 4 种植物种子进行了太空育种试验，也取得了成功。

（三）形态特征

乔木，树皮灰色，小枝棕色，疏被长柔毛和黄色椭圆形小皮孔，后渐无毛而呈灰色。叶厚纸质，椭圆形至宽椭圆形，长 5 ~ 10 厘米，宽 3 ~ 5 厘米，顶端锐尖或渐尖，基部圆形或宽楔形，边缘具不规则的刺毛状重锯齿，上面疏被长柔毛，下面疏被短柔毛，以后两面均渐变无毛，仅下面沿脉密被短柔毛及脉腋间具簇生的髯毛，侧脉 11 ~ 13 对；叶柄长 5 ~ 10 毫米，上面疏被短柔毛。果序长 3 ~ 8 厘米，直径 4 ~ 5 厘米；序梗、序轴均疏被长柔毛或近无毛、序梗长 1.5 ~ 3 厘米；果苞半宽卵形，长约 3 厘米，背面沿脉被短柔毛，内侧基部具长约 3 毫米内折的卵形小裂片，外侧基部无裂片，中裂片半宽卵形，长约 2.5 厘米，顶端圆或钝，外侧边缘具不规则的齿牙状疏锯齿，内侧边缘全缘，直或微呈镰形。小坚果宽卵圆形，长约 6 毫米，无毛亦无腺体，具数肋。

个体形态：树龄 200 年，树高 12.4 米，自基部分为 2 叉，胸径分别为 35 厘米和 60 厘米。覆盖面积达 72 平方米（见图 2–3）。

图 2–3　普陀鹅耳枥（A、B：雌花序；C、D：雄花序；E：植株）

（四）分布

仅见于浙江舟山群岛。

（五）生境及习性

在自然状态下仅存1株，生于山坡林中。该地土壤由花岗岩风化发育而成，呈红色，pH5.7，腐殖质极为丰富。伴生植物有山茶、沙朴、红楠等，树干上长满苔藓。据普陀区近20年气象资料显示，年平均气温16.1 ℃，1月平均温度5.4 ℃，绝对最低温度-6.5 ℃，7月平均温度27 ℃，绝对最高温度38.2 ℃，年降水量1 186.9毫米。台风期为6～10月，最大风力在12级以上。由于普陀鹅耳枥母树结果与当年气候条件关系密切，所以不是每年都能采到种子。如果花期常遇大风或挂果期遇到特别干旱的天气均会影响其当年正常结果和种子发育，从而造成结果小年，甚至根本就采不到种子。

（六）繁殖方法

其主要采用种子繁殖。陈叶平（2014）研究认为，在正常结果的年份，采种日期以11月下旬较适宜，过早会影响种子的成熟度，过晚种子则会随种翅凋落而飞散，导致采不到种子。种子处理：刚采下的种子应装入塑料袋，然后在室内存放7～10天。先将挂在果序上的种子摘下，再用手搓揉，让种子从种翅上脱落，再用筛子筛，除去果序梗及种翅，然后对纯净种子进行水选，取得饱满种子。种子储藏：用从未使用过的干净珍珠岩作为储藏种子的基质，进行无菌储藏，种子与湿的珍珠岩进行层积或混藏均可。到2月底至3月初即可取出种子进行播种。播种：应选择土壤质地及卫生条件较好的山地苗圃作为播种地，播种前用1∶500的高锰酸钾或多菌灵溶液喷洒床面，进行土壤消毒。播种方式：点播。覆土：点播后，在床面上均匀地撒一层焦泥灰，以不见种子为度。覆盖遮阳网：对已盖上遮阳网的床面用细眼喷桶进行全面喷水，以促进种子萌发。齐苗后可以彻底揭去遮阳网。梅雨季节后气温升高时应立即搭设荫棚。值得注意的是，播种苗床不能连续使用，应进行轮作，否则会影响播种苗的正常成长。

1978年，杭州植物园率先进行种子繁殖并获得成功，得成苗15株。

（七）研究概况

俞慈英等（2011）研究了普陀鹅耳枥开花特性及花粉活力。普陀鹅耳枥雄花先于雌花开放，雄花散粉期与雌花柱头可授期相遇时间仅6天。雄花序在树冠上、中、下部分布比较均匀，而雌花序则集中分布于树冠的上部和中部。雌、雄花序总体比例为1∶3.58，但树冠下部雌花序所占比例显著低于中、上部。花粉在室温下萌发率较低，一般寿命仅持续5天左右。在4 ℃干燥条件下保存可以延长花粉寿命10天左右，且萌发率基本不受影响。雌蕊柱头可授期一般为4天。张晓华等（2011）进行了普陀鹅耳枥亲子代遗传多样性的RAPD分析，普陀鹅耳枥亲子代之间多态性比例（PPL）为4.88%，Neis基因多样度为0.013 5，*Shannon*多态性信息指数为0.021 5，

亲、子代间的基因分化系数（G_{st}）为 1.000 0，不同世代间的基因流为 0.000 0。这表明普陀鹅耳枥的遗传多样性水平低，亲、子代之间保持了非常稳定的遗传关系。李修鹏等（2010）、卢小根（1990）、缪玲霞（2010）等阐述了普陀鹅耳枥的濒危原因及基因保存措施。孟爱平等（2004）研究了普陀鹅耳枥染色体数目，指出 $2n=14x=112$，染色体大小介于 0.230 微米至 0.920 微米之间。陈叶平（2014）、冯玉宝（1996）等研究了普陀鹅耳枥的繁育规律。钟泰林等（2009）研究了普陀鹅耳枥的气体交换特征和叶绿素荧光特性。

参考文献：

[1] 钟泰林，李根有，石柏林．3 种浙江特产濒危植物气体交换特征和叶绿素荧光特性研究 [J]. 上海交通大学学报（农业科学版），2009，27（2）：149-152.

[2] 王英姿，张顺恒，李宝福，等．3 种珍稀树种引种适应性研究 [J]. 现代农业科技，2015（10）：157-158.

[3] 俞慈英，李修鹏，吴月燕，等．濒危植物普陀鹅耳枥开花特性及花粉活力研究 [J]. 中国植物园，2011（14）：100-104.

[4] 张晓华，王正加，李修鹏，等．濒危植物普陀鹅耳枥亲子代遗传多样性的 RAPD 分析 [J]. 山东林业科技，2011（1）：1-6.

[5] 张晓华，李修鹏，俞慈英，等．濒危植物普陀鹅耳枥种质资源保存现状与对策 [J]. 浙江海洋学院学报（自然科学版），2011，30（2）：163-167.

[6] 孟爱平，何子灿，李建强，等．桦木科两种濒危植物的染色体数目 [J]. 武汉植物学研究，2004，22（2）：171-173.

[7] 冯玉宝，文林．庐山普陀鹅耳枥移地保存试验 [J]. 林业科技通讯，1996（5）：23-25.

[8] 李修鹏，俞慈英，吴月燕，等．普陀鹅耳枥濒危的生物学原因及基因资源保存措施 [J]. 林业科学，2010，46（7）：69-76.

[9] 陈叶平，孙圳．舟山海岛珍稀树种的繁育及园林绿化应用 [J]. 林业科学（现代农业科技），2014（22）：154-156.

[10] 缪玲霞．舟山海岛重点保护野生植物（树种）的分布及远程迁地保存现状 [J]. 现代农业科技，2010（24）：219-220.

四、舟山新木姜子

（一）名称

neolitsea sericea（*Bl.*）*Koidz.*，属名：[希]*neos* 新的 + 属名 *Litsea* 木姜子属。新木姜子属。种加词，*sericea*。命名人 Koidz（G.koidzumi，1883—1953），东京帝国大学的植物学家、日本植物分类学家，发表了许多关于蔷薇科蔷薇属及梅亚科、槭树科槭树属、桑属等许多植物的植物地理学学术著作。

别名：男刁樟（浙江）、佛光树、五爪楠。

英文名称：Sericeous Newlitse。

（二）文化

20 世纪 70 年代，杭州植物园曾派员连续 3 次进入海岛寻此树种，但均未找到。著名植物分类学专家章绍尧曾在 1980 年《植物学杂志》第 2 期上发表了关于拯救濒危植物方面的文章，得出了“舟山新木姜子已经绝迹”的结论。翌年春天，浙江林学院树木分类学教师丁陈森来到舟山海岛考察植物时，在普陀山发现了被当地人称为“五爪楠”的植物，在鉴定该树种为舟山新木姜子后，才否定了其“绝迹”的结论。舟山新木姜子，又名佛光树，1996 年被定为舟山市市树。之所以称之为“佛光树”，是因为在春天其嫩叶密被金黄色的绢色柔毛，在阳光照耀及微风吹动下闪闪发光。

（三）保护级别

国务院 1999 年批准的《国家重点保护野生植物名录（第 1 批）》中将舟山新木姜子列入了国家二级保护植物。目前，舟山市百年以上的舟山新木姜子仅 5 株，百年以下成年大树 40 株。

（四）形态特征

乔木，高达 10 米，胸径达 30 厘米；树皮灰白色，平滑。嫩枝密被金黄色丝状柔毛，老枝紫褐色，无毛。顶芽圆卵形，鳞片外面密被金黄色丝状柔毛。叶互生，椭圆形至披针状椭圆形，长 6.6 ~ 20 厘米，宽 3 ~ 4.5 厘米，两端渐狭，而先端钝，革质，幼叶两面密被金黄色绢毛，老叶上面毛脱落呈绿色而有光泽，下面粉绿，有贴伏黄褐或橙褐色绢毛，离基三出脉，侧脉每边 4 ~ 5 条，第一对侧脉在离叶基部 6 ~ 10 毫米处发出，斜展，靠叶缘一侧有 4 ~ 6 条小支脉，先端弧曲联结，其余侧脉自中脉中部或中上部发出，中脉和侧脉在叶两面均突起，横脉两面明显；叶柄长 2 ~ 3 厘米，颇粗壮，初时密被金黄色丝状柔毛，后毛渐脱落变无毛。伞形花序簇生叶腋或枝侧，无总梗；每一花序有花 5 朵；花梗长 3 ~ 6 毫米，密被长柔毛；花被裂片 4，椭圆形，外面密被长柔毛，内面基部有长柔毛。雄花：能育雄蕊 6 枚，花丝基部有长柔毛，第三轮基部腺体肾形，有柄；具退化雌蕊；雌花：退化雄蕊基部有长柔毛；子房卵圆形，无毛，花柱稍长，柱头扁平。果球形，径约 1.3 厘米；果托浅盘状；果梗粗壮，长 4 ~ 6 毫米，有柔毛。花期 9—10 月，果期翌年 1—2 月（见图 2–4）。

（五）分布

舟山新木姜子是一个东亚地区间断分布的岛屿特有种，主要分布于我国的浙江舟山群岛（上海崇明佘山岛有分布记载），日本的四国、九州、本州等岛屿以及朝鲜半岛的沿海岛。舟山群岛主要分布于佛顶山与桃花岛、朱家尖、大猫岛、摘箬山。六横岛、虾峙岛、登步岛、蚂蚁岛、悬山岛、葫芦岛、大尖仓也有零星分布。

图 2-4　舟山新木姜子（左图：植株；右上图：雌花；右下图：雄花）

（六）生境及习性

生于海拔 150 ~ 350 米的丘陵谷地、潮湿多雾的常绿阔叶林中。分布区地处中亚热带沿海岛屿。气候特点是冬暖夏凉，年平均温 15.6 ℃ ~ 16.6 ℃，极端低温为 -7.9 ℃；年平均降水量为 936.3 ~ 1 330.2 毫米；年平均日照时数 1 941 ~ 2 257 小时；无霜期为 251 ~ 303 天。春季多雾，雾期长，相对湿度常达 90% 左右。土壤为壤土，以黏壤土居多。pH4.82 ~ 5.38，土层较厚，有机质含量 40% 以上。舟山新木姜子常见于各类常绿阔叶林、常绿落叶阔叶混交林和落叶阔叶林中，如在大猫岛与黄连木共占优势的常绿落叶阔叶林，呈孤岛状镶嵌在黄连木等落叶阔叶林中间。一般作为伴生树种或更新树种而存在。舟山新木姜子为耐阴树种，生于云雾较多、湿度较大的次生常绿阔叶林中，处于亚乔木层，主要伴生树种有天竺（*cinnamomum japonicum*）、红楠（*machilus thunbergii*）、日本珊瑚树（*viburnum awabuki*）、粗榧（*cephalotaxus sinensis*）、杉木（*cunninghamia lanceolata*）、野鸦椿（*euscahis japonica*）及朴树（*celtis sinensispers*）等。舟山新木姜子根系发达，具有耐旱、抗风等特性，根基萌发力较强。经多年观察发现其传粉昆虫主要为蝇类和蝶类。

（七）繁殖方法

1. 种子繁殖

陈斌（2012）研究认为舟山新木姜子主要为种子繁殖。种子采回后以 25 厘米高度堆放，洒水后放 4 ~ 5 天，待果皮变黑时搓去果皮，阴干。种子储藏采用湿沙层积的方法，湿度

60%。3月上旬播种，5厘米 ×5厘米株行距点播。覆焦泥灰，遮阳网遮阴。也可以采用随采随播的办法。5月上旬幼苗出土，1/3苗出土后揭去覆盖物。幼苗耐阴，不耐强光，幼苗期宜适当遮阴。

2. 扦插繁殖

孙敏琴（1999）研究认为，剪取当年或前一年已木质化有顶芽、无病虫害的侧枝枝条，插穗按长约9厘米的规格，顶端留1 ~ 3片叶，下端在节下处剪平。9月份扦插最好。扦插基质为河沙：黄心土 =1：1。

（八）价值

1. 园林价值

舟山新木姜子树姿优美，一年有2次观叶期，嫩梢、嫩叶密被金黄色绢毛，在阳光照耀及微风吹动下闪闪发光，其发源地又在世界著名佛教圣地普陀山，俗称佛光树；次观花观果期，红果满挂枝梢，绿叶相映，加之花果同期，黄白相衬，更显秀丽，是不可多得的珍贵庭园观赏树。

2. 药用价值

平喘，扩张支气管，抗心律失常，还与抗过敏介质的形成和释放有关。而且木姜子油具有一定的杀菌作用，能抑制试管内黄癣菌、断发毛癣菌、絮状表皮癣菌、石膏样孢子菌等9种皮肤癣菌。入药部位为干燥的果实。

3. 经济价值

树干通直，出材率高，材质优良，结构细致，纹理通直，富有香气，是建筑、家具、船舶等的上等用材。

4. 科研价值

舟山新木姜子间断分布于日本、朝鲜和中国东部沿海地区，对研究东亚植物区系和海岛植物区系有重要意义。

（九）研究概况

目前，关于舟山新木姜子的研究大多着眼于繁殖方面。徐斌芬等（2007）研究了其容器育苗，指出舟山新木姜子育苗最佳基质为苗圃地土；杜佩剑等（2012）也研究了舟山新木姜子的栽培基质，指出以泥炭：蛭石：阔叶树木片 =5：3：2为配方，培育其幼苗最佳。陈斌（2012）阐述了舟山新木姜子的育种与园林应用；孙敏琴（1999）研究了舟山新木姜

子的扦插育苗试验；余慈英（1985）、盛成芬（2009）也研究了舟山新木姜子的栽培育苗技术。王凤英等（2014）研究了舟山新木姜子的生境特征。王中生等（2004）研究了舟山新木姜子的遗传多样性，指出舟山新木姜子居群具有较低遗传多样性，岛屿居群间分化程度高。杨同辉（2010）、高浩杰（2016）研究了舟山新木姜子的种群结构，指出舟山新木姜子群落为常绿阔叶林，多样性差异来源于人为干扰。Yumoto（1987）研究了种子的传播途径，指出鸟类是主要传播者。

参考文献：

[1] 王凤英，田旗，彭红玲，等．舟山群岛 2 种濒危植物生境特征与迁地保护研究 [J]. 浙江农业大学学报，2014，31（3）：417-423.

[2] 王中生，安树青，冷欣，等．岛屿植物舟山新木姜子居群遗传多样性的 RAPD 分析 [J]. 生态学报，2004，24（3）：414-422.

[3] 孙敏琴．舟山新木姜子扦插繁殖试验初报 [J]. 浙江林业科技，1999，19（4）：62-63.

[4]Chung M G, Chung M Y, Oh G S, et al. Spatial genetic structure in a Neolitsea sericea population（Lauraceae）[J].Heredity, 2000（85）: 490-497.

[5]Yumoto T.Pollination systems of a warm temperature evergreen broad-leaved forest in Yakushima Islands[J]. Ecological Research, 1987（2）: 133-145.

[6] 杜佩剑，徐迎春，李永荣．舟山新木姜子容器育苗基质配方研究 [J]. 江苏林业科技，2010（1）:1-4，8.

[7] 王慰，黄胜利，丁国剑，等．盐胁迫下舟山新木姜子 1 年生苗形态变化及生理反应 [J]. 浙江林学院学报，2007，24（2）：168-172.

[8] 徐斌芬，王国明，陈斌，等．舟山新木姜子和普陀樟容器育苗试验 [J]. 林业科技开发，2007（5）：71-73.

[9] 李影丽，汪奎宏，许利群，等．舟山新木姜子盐胁迫下生长变化及生理反应 [J]. 浙江林业科技，2008，28（2）：48-51.

[10] 李修鹏，赵慈良，俞慈英，等．舟山新木姜子保存技术研究 [J]. 浙江海洋学院学报（自然科学版），2009，28（1）：81-85.

[11] 陈斌．舟山新木姜子育种及园林应用 [J]. 中国花卉园艺，2012（24）：35-36.

[12] 余慈英．舟山新木姜子和普陀樟育苗试验 [J]. 浙江林业科技，1985（2）：17-18.

五、普陀樟

（一）名称

Cinnamomum japonicum Sieb.，属名：[希]*kino* 卷 +*amomos* 香味，樟属。种加词，*japonicum*，

日本的。命名人 Sieb.（Philipp Franz. von Siebold），德国内科医生、植物学家、旅行家、日本器物收藏家。

别名：天竺桂（《开宝本草》）、大叶天竺桂、竺香（浙江）、山肉桂、土肉桂（台湾）、土桂、山玉桂（福建）。

英文名称：Japanese Cinnamon。

（二）普陀樟文化

普陀樟是在普陀山生长的一种樟类植物，叶片比常见的香樟浓绿发亮，树干比香樟光滑；适应性很强，无论在悬水小岛洛迦山，还是在东海的善财洞风口处，都生长得郁郁葱葱。1939 年，日本学者中井猛之进在普陀采得标本后，将该树定名为普陀樟。果实长圆形，熟时蓝黑色，有佛珠般的光泽。产于普陀山、洛迦山、桃花、朱家尖等普陀诸岛，为普陀特有树种，国家二级保护植物，是樟类中的奇葩。普陀樟在普陀山、洛迦山天然分布较广。生长在佛顶山慧济寺钟楼旁的 1 株普陀樟，树干端直，树形美观，绿叶浓荫，与金碧辉煌的钟楼相互烘托，非常雄伟壮观。在后山海澄庵门口有大树 2 株，最大 1 株高 12 米，胸径 54 厘米，树龄约 200 年，为普陀樟之最。

（三）形态特征

常绿乔木，高 10 ~ 15 米，胸径 30 ~ 35 厘米。枝条细弱，圆柱形，极无毛，红色或红褐色，具香气。叶脉对生或在枝条上部互生，卵圆状长圆形至长圆状披针形，长 7 ~ 10 厘米，宽 3 ~ 3.5 厘米，先端锐尖至渐尖，基部宽楔形或钝形，革质，上面绿色、光亮，下面灰绿色、晦暗，两面无毛，离基三出脉，中脉直贯叶端，在叶片上部有少数支脉，基生侧脉自叶基 1 ~ 1.5 厘米处斜向生出，向叶缘一侧有少数支脉，有时自叶基处生出一对稍为明显隆起的附加支脉，中脉及侧脉两面隆起，细脉在上面密集而呈明显的网结状，但在下面呈细小的网孔。叶柄粗壮，腹凹背凸，红褐色，无毛。圆锥花序腋生，长 3 ~ 4.5（10）厘米，总梗长 1.5 ~ 3 厘米，与长 5 ~ 7 毫米的花梗均无毛，末端为 3 ~ 5 花的聚伞花序。花长约 4.5 毫米。花被筒倒锥形，短小，长 1.5 毫米，花被裂片 6 片，卵圆形，长约 3 毫米，宽约 2 毫米，先端锐尖，外面无毛，内面被柔毛。能育雄蕊 9 枚，内藏，花药长约 1 毫米，卵圆状椭圆形，先端钝，4 室，第一、二轮花药药室内向，第三轮花药药室外向。花丝长约 2 毫米，被柔毛，第一、二轮花丝无腺体，第三轮花丝近中部有一对圆状肾形腺体。退化雄蕊 3 枚，位于最内轮。子房卵珠形，长约 1 毫米，略被微柔毛，花柱稍长于子房，柱头盘状。果长圆形，长 7 毫米，宽达 5 毫米，无毛。果托浅杯状，顶部极开张，宽达 5 毫米，边缘极全缘或具浅圆齿，基部骤然收缩成细长的果梗。花期 4—5 月，果期 7—9 月（见图 2–5）。

（四）产地与分布

普陀樟分布在中国、日本、韩国。在中国普陀樟主要分布在华东地区，江苏、浙江、安

徽、江西、福建及台湾。在日本主要分布在本州（御岳山）、四国、九州、琉球群岛。在韩国主要分布在东南沿海的郁陵岛、巨济、济州岛、所安群岛、罗洲群岛、大黑山岛、小黑山岛等。普陀樟是中国、朝鲜和日本的间断分布种。在中国，自上海金山区大金山岛西坡延伸至浙江舟山群岛普陀、桃花岛一带以及台湾新竹、台北、桃园、中央山脉、玉山、南投、台东、台中、高雄、恒春等地。其于舟山群岛分布于定海、朱家尖、普陀山、桃花岛、中街山列岛。

图 2-5　普陀樟（上图：植株；中图：枝条和花序；下左图：花解剖；下右图：雄蕊及蜜腺）

（五）保护级别

1992 年科学出版社出版的《中国植物红皮书》将普陀樟列为稀有濒危植物。1999 年 8 月 4 日国务院批准的《国家重点保护野生植物名录（第一批）》将其列为国家二级重点保护植物。

（六）生境及习性

生长普陀樟垂直海拔最高点的桃花岛对峙山为全市最高峰，海拔 544.5 米（王国明,2007）。气候属北亚热带南缘海洋性季风气候区，年平均气温 15.6 ℃ ~ 16.6 ℃，极端最高气温 40.2 ℃，极端最低气温 – 7.9 ℃；年平均降水量 936.3 ~ 1 330.2 毫米，年平均蒸发量 1 208.7 ~ 1 446.2 毫米；年平均日照时数为 1 941 ~ 2 257 小时；年平均风速为 3.3 ~ 7.2 米 / 秒，无霜期 251 ~ 303 天。由于受季风不稳定性影响，夏季易受热带风暴（台风）侵袭，冬季多大风,7—8月常遇干旱。境内山地土壤属红壤和粗骨土，盐基饱和度较高，形成海岛丘陵土壤特有的饱和红壤亚类中型粗骨土，pH5.8 ~ 6.5。常与蚊母树、红山茶、全缘冬青、红楠、滨柃、海桐、日本女贞等常绿阔叶树结伴共生，组成了滨海特有的常绿阔叶林景观。地理成分分析表明，普陀樟在所在植物群落中伴生植物区系的热带类型属占有比例最高，达到 52.4%。例如，紫金牛属、紫珠属、朴属、榕属、花椒属、木姜子属、樟属、球兰属、茸草属、常春藤属、五味子属、楠属、鸡矢藤属等，具有较强的热带性质。

（七）种植方法

1. 种子繁殖

11 月当果实的果皮从紫红色变为紫黑色时即可采收种子。在树冠下的地面上铺一层塑料薄膜，用竹棍由下往上、由里往外敲打小枝，成熟的果实就会落到塑料薄膜上，将采收的果实放入塑料袋内，使其密封不漏气，约 10 天后，果实的果皮、果肉软化，将果实取出放入桶中，加少量水搓揉，以除去果皮、果肉，将种子摊放于阴凉通风处，再用 30% 的河沙与种子按 2 ∶ 1 分层储藏。春季播种，选择土壤疏松的沙壤土、壤土作为苗圃地，施足基肥。播种行距 15 ~ 20 厘米，播种沟深 2 ~ 3 厘米，播种后覆土 1 厘米左右。播种前用 0.5% 的高锰酸钾溶液浸种 2 小时，然后用湿沙层积催芽。沙和种子的体积比为 2 ∶ 1 或 3 ∶ 1，待种子 90% 左右露白后，再行播种。

2. 扦插繁殖

选择发育充实的 1 年生枝条，粗 0.4 ~ 1.0 厘米，截成长 15 ~ 18 厘米、具 2 ~ 3 节的枝段为插穗。嫩枝插条顶端留 4 片叶。6 月采集的枝条为当年生半木质化嫩枝。以纯河沙为扦插基质。当年生半木质化嫩枝 6 月下旬扦插效果优于 3 月 1 年生绿枝扦插效果。以 IBA500 毫克 / 千克处理的插穗成活率最高（李红喜，2014）。

3. 容器育苗

以 70% 泥炭土 +20% 蛭石 +10% 阔叶树木片作为容器育苗基质最佳。容器采用 12 厘米 ×10 厘米规格的软塑料营养钵或选用圃地土或 2/5 泥炭 +1/10 珍珠岩 + 1/2 圃地土（徐斌芬，2007）。

4. 组织培养

以 MS+ BA 2. 0（毫克 / 升）+ NAA 0. 05（毫克 / 升）培养基为普陀樟茎段初代培养的最适培养基（辜夕荣，2005）。

（八）价值

1. 经济价值

枝叶及树皮可提取芳香油，供制各种香精及香料的原料。果核含脂肪，供制肥皂及润滑油。木材坚硬而耐久，耐水湿，可供建筑、造船、桥梁、车辆及家具等用。

2. 园林用途

普陀樟由于长势强，树冠扩展快，并能露地过冬，加上树姿优美，抗污染，观赏价值高，病虫害很少，常用作行道树或庭园树种栽培，也用作造林栽培。

3. 药用价值

根、树皮（桂皮）、枝叶入药，全年可采，树皮剥下阴干，叶随时可采，鲜用或阴干。近年来国内外研究表明，桂皮具有明显的降血糖作用，其多酚类成分被认为是其降血糖作用的主要物质。性味归经：甘、辛、温。功能主治：祛寒镇痛，行气健胃；可治风湿痛、腹痛及创伤出血，温中散寒，理气止痛；外用治跌打损伤。小剂量普陀樟挥发油具有明显的镇痛作用与良好的抗癫痫作用。用法用量：树皮研粉，水调或酒调敷患处。精油（冰片为主要成分）对大肠杆菌、金黄色葡萄球菌、枯草杆菌、普通变形杆菌、藤黄八叠球菌、甘蓝黑腐菌、白菜软腐菌等均具有较强的抗菌活性（黄晓东，2012）。

4. 其他价值

果皮和色素可以做食品添加剂，该红色素的加工过程适合在酸性条件下进行，加工和储藏过程应避免高温和日光照射，同时应避免与铁器接触。

5. 环保价值

具有超强的抗二氧化硫特性。

（九）研究概况

首先是关于普陀樟的研究多数集中于繁殖方面。张丽仙（2004）、王叙兵（2004）、黄荣植（2007）研究了普陀樟的育苗技术，用苗床营养袋或编织袋分段移栽是培养普陀樟大苗的主要方法，具有成本低、技术易掌握的优点。张品英（2012）指出苗圃地采用种子育苗，从第 2 年开始调整苗木密度，到第 4 ~ 5 年苗木出圃并进行优化筛选。徐斌芬（2007）、杜佩剑（2008）、熊豫武（2012）、芦治国（2013）研究了普陀樟的容器育苗技术，探讨了容器育苗基质、容器选择。辜夕容（2005）探讨了普陀樟离体培养体系的建立，确定了其最佳培养基配方。其次是关于普陀樟精油的研究及普陀樟药用价值的研究。目前大多研究普陀樟精油的化学成分及其抑菌效应。黄晓冬（2012）、蔡建秀（2006，2009）、舒康云（2014）、黄建新（2013）、陶思兴（2014）、马英姿（2009）等研究认为叶片精油对大肠杆菌、金黄色葡萄球菌、枯草杆菌、普通变形杆菌、藤黄八叠球菌、甘蓝黑腐菌以及白菜软腐菌等均具有较强的抗菌活性。蔡建秀（2006，2009）对普陀樟果皮红色素食品添加剂进行研究，指出其是一种很好的酸性食品添加剂。再次是关于普陀樟生理方面的研究。姜霞（2013）研究了普陀樟的光合生理，李红喜（2014）、陈亚飞（2009）、李影丽（2008）等分别研究了普陀樟的抗寒生理及水分胁迫、NaCl 胁迫生理。最后是关于普陀樟群落学方面的研究。

参考文献：

[1]张丽仙．天竺桂育苗技术[J]. 林业调查规划，2004（B05）：300-301.

[2]张品英．天竺桂园林绿化苗木培育技术[J]. 中国园艺文摘，2012（3）：121-122.

[3]陈敬语，邓忠治，卢永成．天竺桂种子育苗技术及效果分析[J]. 现代农业科技，2014（15）：197-198.

[4]李红喜，赵鲲，崔辉辉，等．伏牛山北坡天竺桂扦插育苗技术试验[J]. 农业与技术，2014，34（9）：103-104.

[5]杜佩剑，徐迎春，李永荣．天竺桂容器育苗基质配方研究[J]. 江苏农业科学，2008(2)：143-146.

[6]辜夕容，潘继杰．天竺桂离体培养体系的初步建立[J]. 西南农业大学学报（自然科学版），2005，27（6）：825-828.

[7]蔡建秀，吴文杰，陈铁洪．天竺桂果皮红色素稳定性及安全性的研究[J]. 食品研究与开发，2009（8）：177-181.

[8]黄晓冬，蔡建秀，林海鸿．天竺桂挥发油的毒理学研究[J]. 时珍国医国药，2012，23（1）：138-139.

[9]黄建新，黄晓冬，蔡建秀，等．天竺桂叶精油抗氧化活性的体外评价[J]. 福建医科大学学报，2013，47（1）：29-33.

[10]蔡建秀，尤祖卿，黄晓冬，等．天竺桂挥发油化学成分及抑菌活性研究[J]. 热带亚

热带植物学报，2006，14（5）：403- 408.

[11]李影丽，汪奎宏，杜国坚，等．NaCl 胁迫对普陀樟叶绿素荧光参数的影响[J]. 安徽农业科学，2008，36（22）：9377- 9379.

[12]陈亚飞，杜国坚，岳春雷，等．水分胁迫对普陀樟幼苗生长及生理特性的影响[J]. 浙江林业科技，2009，29（3）：24-29.

[13]姜霞，张喜，张贵云．四种樟属树种幼树的光合生理特性比较[J]. 湖北农业科学，2013，52（6）：1346-1351.

[14]李红喜，陈新会，康战芳，等．天竺桂叶片抗寒性生理生化指标测定及综合评价[J]. 河南林业科技，2014，34（4）：26-29.

[15]陈亮，孙鹏，王婷，等．天竺桂多酚提取物降血糖活性研究[J]. 中成药，2014，36（2）：228-235.

[16]黄晓冬，蔡建秀，邱凯宁．天竺桂挥发油镇痛、抗癫痫的作用[J]. 中国医院药学杂志，2011，31（31）：1666-1679.

[17]王平，张萍，侯茂，等．天竺桂水提液对油樟悬浮细胞黄酮类积累的影响[J]. 生物学通报，2012，47（10）：39-40.

六、柃木

（一）名称

eurya japonica thunb，属名：*Eurya*［希］，*Eurys*，宽的，大的，柃属，山茶科。种加词，*japonica*，日本的。命名人 Thunb.（Carl Peter Thunberg），瑞典博物学家，师从著名植物学家卡尔·林奈，他在植物学和昆虫学上都有很大贡献，研究了许多物种，被称为南非和日本的植物学之父。

别名：吹木叶、细叶菜、硐龙络、碎米子（《浙江植物志》）、屙屁树（舟山）。

英文名称：Eurya Muricata。

（二）文化

柃木被日本人称为“神木”，据传已有上千年的历史，是日本人传统供神祭祖的吉祥物，市场需求量大而稳定。“神木”制作简单，通常用新鲜的柃木枝条经采摘、清洗、剪裁整理、捆扎成束、包装 5 道工序而成。2005 年日本需求柃木插叶达 5 亿 ~ 6 亿束，中国出口约 1.5 亿束。出口金额约 60 亿日元。舟山定海的干览镇被称为“柃木之乡”，是全国最大的柃木出口基地。2004 年有柃木加工企业 6 家，种植面积 1 300 亩，产值 1 650 多万元人民币，出口日本的主要有切叶与切枝，供插花祭祀及日常生活等活动需要。日本每年都要消费大量的切叶与切枝，由于生产成本日益提高，日本开始较大规模从国外进口，而且进口量越来越大。

柃木花语：对神的虔诚。

（三）形态特征

灌木，高 1 ~ 3.5 米，全株无毛；嫩枝黄绿色或淡褐色，具 2 棱，小枝灰褐色或褐色；顶芽披针形，长 4 ~ 8 毫米，无毛。叶厚革质或革质，倒卵形、倒卵状椭圆形至长圆状椭圆形，长 3 ~ 7 厘米，宽 1.5 ~ 3 厘米，顶端钝或近圆形，有急尖而尖顶钝，有微凹，基部楔形，边缘具疏的粗钝齿，上面深绿色，有光泽，下面淡绿色，两面无毛，中脉在上面凹下，下面凸起，侧脉 5 ~ 7 对，通常在上面明显下凹，在下面凸起；叶柄长 2 ~ 3 毫米，无毛。花 1 ~ 3 朵腋生，花梗长约 2 毫米。雄花：小苞片 2 枚，近圆形，长约 0.5 毫米，无毛；萼片 5 片，卵圆形或近圆形，顶端圆，有小突尖，无毛；花瓣 5 瓣，白色，长圆状倒卵形，长约 4 毫米；雄蕊 12 ~ 15 枚，花药不具分格，退化子房，无毛。雌花：小苞片 2 枚，近圆形，极微小；萼片 5，卵形，长约 1.5 毫米；花瓣 5 瓣，长圆形，长 2.5 ~ 3 毫米；子房圆球形，无毛，3 室，花柱长约 1.5 毫米，顶端 3 浅裂。果实圆球形，无毛，宿存花柱长 1 ~ 1.5 毫米，顶端 3 浅裂。花期 2—3 月，果期 9—10 月（见图 2–6）。

图 2–6　柃木（上图：植株；中图：枝条及花序；下左图：雌花；下右图：雄花）

（四）分布

产于我国浙江沿海（宁波、普陀山、镇海、鄞州区、洞头）、台湾（台北、台中、台东、屏东、嘉义、阿里山）等地，舟山各个岛屿均有分布。朝鲜、日本也有分布。

（五）生境及习性

分布于400米以下的山坡路边、溪边灌丛中，生长在阴湿处。多数群落位于山坡与林地的北坡、东北坡、西北坡，其他朝向的不足20%，且喜肥厚土壤。海拔150米以上，尤其是山顶灌丛、林缘的柃木均长成“旗树”，即单杆的平均胸径在5厘米左右的植株，而且冠幅扁平，指向一边。柃木植物群落主要有两类：一类为灌木群落，主要有2个植被类型，分别为柃木—菝葜（*smilax china*）—里白（*hicriopteris glauca*）—金星蕨（*parathelypteris glanduligera*）、柃木—白栎（*quercus fabri*）—檵木（*loropetalum chinensis*）—菝葜—淡竹叶（*lophatherum gracile*）；另一类为结构层次比较明显的乔木群落，可以分为乔木层、灌木层、草本层，还有一些层间层植物。

（六）繁殖方法

1.种子繁殖

王晶（2010）研究认为，采种一般在下半年10—11月，果实果皮由绿色转为蓝黑色即形态成熟时采收。果实采回堆沤3 ~ 5天，每次取5千克左右果实放入木桶内，可用木棍将果实捣烂，然后用10 ~ 14目数的筛网在大盆中反复搓洗，再用20 ~ 30目数的筛网把沉淀物在清水中反复清洗，最后取得纯净的种子，阴干。第2年早春播种，湿沙层积处理，种子和湿沙按1：2的比例。播种在春季2—3月进行，柃木种子颗粒细小，采用撒播方法，将种子与储藏用的细沙混合后，均匀地撒播在苗床上，密度不宜过紧，以种子不重叠为度。种子播好后及时覆盖过筛的焦泥灰，覆土厚度为0.5 ~ 1厘米，以盖住种子为度。覆土后用喷水桶洒水润湿，最后覆盖稻草和遮阳网保湿。

2.组织培养

张椿芳（2007）研究认为，在诱导丛生芽分化阶段以含MS+IBA2+BA2、蔗糖浓度4%的培养基诱导效果较好，诱导率可达100%。而柃木丛生芽的发育和伸长生长以含MS+IBA0.5+KT0.5、蔗糖浓度4%的营养组合的培养基培养效果更好，芽丛生长速度快并且生长健壮，在生根阶段则以1/8MS+IBA0.25蔗糖浓度2%的培养基效果更好，生根诱导率可达70.8%。徐孝芳（2010）研究认为，以WPM为基本培养基，芽诱导、增殖时含6-BA0.5+HAA0.05+GA0.2，蔗糖为20克/升；根诱导时IBA0.5和糖浓度30克/升以及两步生根法等，是柃木组培和快速繁殖的适宜条件。

3. 扦插繁殖

潘健（2007）研究认为，柃木扦插时间为6月22日前，及秋季9-10月，春插时保留2片叶片，秋插时保留3片叶片。扦插时以NAA 1 000毫克/升药液处理，插穗生根率明显提高。

（七）价值

（1）蜜源植物：柃木是中华蜜蜂的理想蜜源。蜜色白如琼脂，幽香醇和，沁人心脑。每群中华蜜蜂产蜜量为15 ～ 20千克。花粉微结构形态适应于蜜蜂采花、传粉、酿蜜。

（2）切叶、切枝材料：由于日本文化视柃木为“神木”，用柃木的枝叶作为切叶、切枝以供神灵，所以促进了国内柃木产业的发展，增加了切叶、切枝的出口量，也带动了相关产业的发展（戴树建，1995）。

（3）染料：枝叶烧成灰，灰汁可以为媒染剂，果为染料。

（4）用材：木料可以做细木工和碳薪用材。

（5）药用：茎叶果入药，叶的主要成分为己烯-3-醇；果实的主要成分为矢车菊苷；种子的主要成分为脂肪油。夏秋采集，祛风除湿，消肿止血，用于风湿关节痛、腹水、外伤出血。叶或果煨水熏洗患处，治关节炎；叶捣绒，外敷止血。

（6）园林：可以做绿篱或于草地边缘种植。

（八）研究概况

马进等（2007）研究了柃木的光合特性，指出柃木耐阴性较强，光饱和点1 000微摩尔/米²·秒，光补偿点57微摩尔/米²·秒；二氧化碳饱和点1 400摩尔/米²·秒，二氧化碳补偿点53摩尔/米²·秒。高大海等（2013）研究了柃木的抗旱特性，发现其抗旱力在同类植物中是最差的。陈斌等（2013）研究了柃木的抗涝特性，发现其耐水淹能力是同类植物中最差的。徐孝方等（2010）研究了柃木的组织培养与快速繁殖。建立柃木的茎尖组培快繁体系及配方。应叶青（2005）研究了柃木的扦插繁殖。王晶（2010）研究了柃木的种子繁殖。高大海等（2013）研究了柃木分布和生境群落学特征，指出柃木生境地群落可划分为乔木群落和灌木群落；灌木群落主要有2种植被类型，而乔木群落层次明显，有层间植物。戴树建等（1995）、郭巧令等（2013）阐述了柃木的经济应用，指出其是重要的蜜源植物，也是重要的出口植物。

参考文献：

[1] 高大海，陈斌，贺位忠，等．舟山海岛林木的分布和生境群落学初步研究[J]. 浙江林业科技，2013，33（6）：32-36.

[2] 徐孝方，梁训义，许叶君，等．柃木的组织培养与快速繁殖技术[J]. 浙江农业学报，2010，22（2）：202-206.

[3] 马进，王小德．柃木属 6 种树种植物光能利用特性及耐荫性研究 [J]. 西北林学院学报，2007，22（4）：13-15.

[4] 邓威威，金阳，袁艳，等．木荷属和柃木属植物的嘌呤代谢及嘌呤碱合成研究 [J]. 植物研究，2013，33（4）：410-415.

[5] 戴树建，徐嘉礼．柃木资源的开发利用 [J]. 浙江林业，1995（5）：21.

[6] 高大海，陈斌，贺位忠．柃木等 5 种地被植物的抗旱性研究 [J]. 浙江林业科技，2013，33（1）：49-51.

[7] 陈斌，高大海，贺位忠，等．舟山海岛 5 种地被植物抗涝性研究 [J]. 浙江林业科技，2013，33（6）：67-69.

[8] 陈闻，赵颖，叶正钱，等．干旱胁迫对 5 个海岛树种生长及生理特性的影响 [J]. 浙江农林大学学报，2013，30（4）：490-498.

[9] 郭巧令，何宝龙，杨林燕，等．从我国鲜切枝对日贸易分析——杨桐柃木产业的发展 [J]. 浙江林业科技，2013（1）：79-82.

七、滨柃

（一）名称

eurya emarginata（*Thunb.*）*Makino*，属名：*eurya*［希］*eurys* 宽的，大的，柃属，山茶科；种加词，*emarginata*，微缺的。命名人 Makino（1862—1957），日本植物学家，他专注于分类学研究，是日本第一位使用林奈分类系统分类日本植物的植物学家，因此其被称为“日本植物学之父”。

别名：凹叶柃木。

英文名称：Emarginate Eurya。

（二）形态特征

灌木，高 1 ~ 2 米；嫩枝圆柱形，极稀，稍具 2 棱，粗壮，红棕色，密被黄褐色短柔毛，小枝灰褐色或红褐色，无毛或几乎无毛；顶芽长锥形，被短柔毛或几乎无毛。叶厚革质，倒卵形或倒卵状披针形，长 2 ~ 3 厘米，宽 1.2 ~ 1.8 厘米，顶端圆而有微凹，基部楔形，边缘有细微锯齿，齿端具黑色小点，稍反卷，上面绿色或深绿色，稍有光泽，下面黄绿色或淡绿色，两面均无毛，中脉在上面凹下，下面隆起，侧脉约 5 对，纤细，连同网脉在上面凹下，下面稍隆起；叶柄长 2 ~ 3 毫米，无毛。花 1 ~ 2 朵生于叶腋，花梗长约 2 毫米。雄花：小苞片 2 枚，近圆形；萼片 5，质稍厚，几圆形，长 1 ~ 1.5 毫米，顶端圆而有小尖头，无毛；花瓣 5 瓣，白色，长圆形或长圆状倒卵形，长约 3.5 毫米；雄蕊约 20 枚，花药具分格，退化子房，无毛。雌花的小苞片和萼片与雄花同；花瓣 5 瓣，卵形，长约 3 毫米；子房圆球形，3

室，无毛，花柱长约 1 毫米，顶端 3 裂。果实圆球形，直径 3 ~ 4 毫米，成熟时黑色。花期 10—11 月，果期次年 6—8 月（见图 2–7）。

（三）分布

产于我国浙江沿海（普陀山、象山、椒江、洞头、平阳、温州）、福建沿海（川石、连江、福清、长乐、平坛、南日、惠安、厦门、东山）及台湾（台北、台东、花莲、屏东）等地，舟山群岛产于舟山岛、册子岛、桃花岛、朱家尖、普陀山、中街山列岛等。朝鲜、日本也有分布。

（四）生境及习性

多生于滨海山坡灌丛中及海岸边岩石缝中，基岩海岸的岩石缝、崖壁，少数生于面海山坡的灌草丛中、阔叶林或松林下。该树种耐盐碱、耐干旱瘠薄，抗风性强。由于根系纤细密集，能利用较薄土层有效地吸附在岩石上及深入岩缝，加上植株种子极多，自我繁殖能力强，可作为绿化石子宕口的先锋树种。病虫害少，能耐 –15 ℃低温，耐修剪，喜温暖、半荫蔽和温润的环境，在通风及排水良好的肥沃土壤中也生长良好。聂森（2014）研究了生态位，认为滨柃种群是滨柃群落灌木林中的第一优势种群，数量多、分布广，在群落的竞争中起决定作用；滨柃为强阳性树种，处于群落顶端，对资源的利用也最充分，倾向泛化种；滨柃种群不易被其他种群替代，为生态位稳定型种群。种群伴生种常有：朱砂根、山茶、天竺桂、天仙果、杨梅、厚叶石斑木、红楠、紫弹、山合欢、枸杞、毛瑞香、菝葜、茅莓、雀梅藤、野蔷薇、鸡矢藤、薜荔、天门冬、普陀狗娃花等。

图 2–7　滨柃（左图：植株；右上图：雌花；右下图：果实）

（五）繁殖方法

1. 种子繁殖

王国明等（2005）研究认为，采种时间在 11 月上旬，果实由绿色变为蓝黑色时采种。果

实采回堆沤 3 ～ 5 天进行处理。先取一木桶，每次倒入 5 千克左右果实，用底部比较光滑的木棍将其捣烂，然后用 10 ～ 14 目的筛网在大塑料盆中清洗，筛去较粗的果皮、果肉，种子和糊状果肉被过滤到盆底，最后用 20 ～ 30 目的筛网清洗沉淀物，洗净阴干。用湿沙层积法储藏，种子和湿沙按 1 ：3 的比例。选择沙壤土为苗圃地，经过土壤消毒，作床开始播种，播种时间在 2 月下旬至 3 月上旬。播种方法：湿沙拌匀后进行撒播。

2. 扦插繁殖

马跃（2013）研究认为，选当年生半木质化枝条为插穗，穗条长度 3.5 厘米左右，每个穗条保留 2 张叶片。根部剪口在事先配好的生长激素液（2 000 毫克 / 升）中速蘸 2 秒，2 小时后即可扦插。基质配方采用泥炭与珍珠岩 2 ：1 混合基质。插后浇水，保湿。陈荣等（2009）研究认为，扦插基质 V(泥炭)：V(蛭石)=2 ：1，穗条长度 3 厘米，用生长调节剂（IBA 与 NAA 按 1：1 混合）浓度为 150、300 毫克 / 升处理的插穗成活率最高。李茂瑾（2013）研究认为，用质量分数为 100×10^{-6} 的吲哚丁酸溶液浸泡 3 小时，能较大幅度地提高生根率。

3. 组织培养

张椿芳（2007）研究认为，柃木的分化培养基为 B_5+IBA0.5+BA_2，诱导率可达 68%，另外培养基的 pH 对滨柃组培有很大影响，在 pH6.4 的培养基上，丛生芽的生长和分化明显表现更好。

（六）价值

园林应用：在沿海地区的港口码头、滨海公园色块配置或大片丛植，沿海风景林、防护林营建时，作为地被植物种植、海岛绿化首选品种。由于滨柃能够在较薄土层中利用纤细密集的根系有效地吸附在岩石上及深入岩缝，加之其植株种子极多，自我繁殖能力强，能迅速固土护坡，所以是边坡绿化的最佳树种。近年来，滨柃在道路两侧绿化、工业区、住宅区、公园绿化、庭院绿化色块拼图应用中，越来越受青睐。也可用于盆景，选择树龄长、树姿奇特的植株，进行有针对性的造型培养（马跃，2013）。滨柃在园林应用时有一个局限性，就是工程苗必须以实生苗为主，这是因为实生苗树冠自然平展，成型美观，而扦插苗极易形成偏冠，在整片种植时，会出现参差不齐的现象，影响整体效果（陈斌，2007）。

（七）研究概况

屠娟丽（2011）研究了滨柃耐水淹的能力，指出滨柃不耐水淹，在同类植物中是最差的。高大海等（2013）研究了滨柃的抗旱性，指出其抗旱性是同类植物中较强的。马进（2011）研究了其幼苗的抗盐性，指出 SOD、POD、CAT 活性随着 NaCl 胁迫浓度的增加都有不同程度的升高；NaCl 胁迫下可溶性糖和脯氨酸（Pro）等渗透调节物质的含量均较对照增加且升幅较大。研究证明，滨柃可以在 0.6% 的盐水中生长良好。黄莎（2014）研究了滨柃的光合特性，指出滨柃存在午休现象，光合有效辐射、气孔导度日变化为双峰曲线，蒸腾速率为单峰曲线，胞间二氧化碳浓度为下降的抛物线。马进（2007）研究了其耐阴性，用光补偿点数值大小来评价植物耐阴性，6 种柃木树种耐阴性依次如下：窄基红褐柃 > 柃木 > 微毛柃 > 滨柃 > 格药柃 > 翅柃，滨柃耐阴性属于中等。王伟安等（2013）、陈荣等（2009）、李茂瑾（2013）研究了滨柃的扦插繁殖规律，指出插穗选当年生半木质化枝条，穗条长度 3 ~ 3.5 厘米，每个穗条保留 2 张叶片。王国明等（2005）研究了滨柃的种子繁殖技术，指出种子蓝黑时采集，需要层积，翌年 3 月播种，混沙撒播。王小德等（2005）研究了滨柃的园林绿化应用，指出滨柃是很好的边坡绿化植物及海滨绿化植物。

参考文献：

[1] 王国明，王美琴，徐斌芬．滨海特有植物——滨柃播种育苗技术 [J]. 林业实用技术，2005（6）：22-23.

[2] MISHIO M, KACHI N. Water relations and leaf structure of the evergreen shrubs Eurya emarginata（Theaceae）and E. japonica incoastal and inland habitats[J]. Australian Journal of Botany, 1998, 46（1）：135-142.

[3] 司磊．滨柃沿海地区绿化好树种 [N]. 中国花卉报，2010-02-11（8）.

[4] 陈荣，胡迪科，郑炳松，等．滨柃扦插繁殖技术试验 [J]. 浙江林业科技，2009（5）：62-64.

[5] 潘健，季东明，汤庚国．我国柃属植物资源及开发前景的展望 [J]. 中国野生植物资源，2006，25（2）：36-38.

[6] 王小德，马进．乡土地被植物在城市绿化中的应用研究 [J]. 浙江林业科技，2005，25（3）：66-69.

[7] 王伟安，龚永祥，万雪花，等．滨柃扦插繁殖技术 [J]. 林业实用技术，2013（5）：32-34.

[8] 李茂瑾．滨柃实生苗生长规律与扦插繁殖技术研究 [J]. 防护林科技，2013（10）：22-23.

[9] 黄莎．滨柃光合生理日变化初探 [J]. 农民致富之友，2014（3）：61-63.

[10] 陈 斌，高大海，贺位忠，等．舟山海岛 5 种地被植物抗涝性研究 [J]. 浙江林业科技，2013（6）：67-69.

[11] 高大海，陈 斌，贺位忠．柃木等 5 种地被植物的抗旱性研究 [J]. 浙江林业科技，2013，33（1）：50-52.

[12] 张帆，王中生，安树青，等．种子漂移对舟山群岛临海植物滨柃遗传分化的影响 [J]. 海洋科学，2007，31（5）：25-31.

[13] 马进．滨柃幼苗（Eurya emarginata）对 NaCl 胁迫的生理响应 [J]. 东北农业大学学报，2011，42（10）：110-114.

八、海滨木槿

（一）名称

hibiscus hamabo Sieb. et Zucc.，属名：*hibiscus*，[希][拉]，植物原名；埃及神名 *hibis*+[希] *isco* 相似。木槿属（锦葵科）；种加词，*hamabo*，日本一种植物名。命名人 Sieb.（Philipp Franz von Siebold，1796—1866），德国内科医生、植物学家、旅行家、日本学家和日本器物收藏家。命名人 Zucc.（德语：Joseph Gerhard Zuccarini，1797—1848），德国植物学家，慕尼黑大学植物学教授。他曾经帮助西博尔德整理和研究其从日本搜集的植物标本，也对从墨西哥发现的植物进行过分类和鉴定。

文献及异名解释：*Maximowicz* 曾将该种错误定为黄槿（*hibiscus tiliaceus*）的变种处理；*Fryxell.* 也错误地将该种定为 *talipariti* 属的一个种。*l.c.*，*loco citato* 典据已引证在前面，在前面典据已引证。*quoad syn.=quoad sysonymos* 仅限于异名；T.Makino 在 1979 年出版的《牧野新日本植物图鉴》记载本种时认为该植物的汉名为"黄槿"为误定。

别名：海槿（浙江定海）、海塘苗木、日本黄槿（拉汉英种子植物名称）。

英文名称：Hamabo Hibiscus

（二）历史及现状

海滨木槿仅见于浙江舟山、宁波沿海岛屿。可在大潮浸没的海滨正常生长，当地群众将其栽植在海边堤岸，利用其根系发达和耐海水浸淹的特性，达到固堤护堤的目的，俗称"海塘树"，是盐碱地绿化造林首选树种之一。定海岙山岛海边石契门旁有一株，其树体的 2/3 被海水淹浸，主干被海潮间歇性淹泡至 1 米左右，仍然正常生长和开花结实。宁波植物学家林海伦在象山县新桥镇海边意外发现成片生长的野生海滨木槿群落，分别位于两个不同的海湾内，总数近 500 株，这是目前国内最大野生海滨木槿群落。目前，人工种植较多，而野生群落较少。目前，苗木仅在浙江奉化、北仑、舟山及上海等地有苗圃繁殖生产，苗木多用于保护区和防护林，很少用于绿化。由于海滨木槿抗寒能力较弱，科学家正在探索培育其的抗寒新品种，以耐寒的木槿（*hibicus syriacus linn*）和海滨木槿为亲本材料，通过人工授粉杂交选育出海滨木槿的抗寒新品种，应用于长江以北沿海滩涂及城市绿化，扩大其适应区域，发挥其更大的生态作用。

1979 年秋，10 号台风过境，适遇天文大潮，引起异常潮位，全区冲毁海堤 74 条。岑港西岙老塘（堤）全长 720 米，其中无林带掩蔽的西北段长 480 米，在台风海潮冲击下缺口 3 处；而有海滨木槿林带保护的东南段 240 米大堤安然无恙。海滨木槿寿命长，树龄可达百年以上。岙山岛 1 株萌生植株，树龄约 90 年，主干斜展，高达 5 米，胸径 15 厘米，根际直径达 72 厘米，仍生长正常。海滨木槿苗期生长迅速，1 年生春播苗，苗高为 40 ~ 80 厘米，最高达 106 厘米，平均地径 0.5 厘米，最粗 0.8 厘米。

海滨木槿花语：坚韧质朴，永恒美丽。

（三）形态特征

落叶灌木，高 1 ~ 2.5 米。小枝、叶柄、托叶、花梗小苞片及花萼均被灰白色或淡黄色星状茸毛或细毛。叶片厚纸质，倒卵圆形，扁圆形或宽倒卵形，长 3 ~ 6 厘米，宽 3.5 ~ 7 厘米，宽稍大于长，先端圆形或平截，具突尖，基部圆形或浅心形，边缘中上部具细圆齿，中、下部近全缘，干时上面灰褐色至棕褐色。具星状毛，下面密被毡状茸毛，灰绿色或灰黄色，具 5 ~ 7 脉，叶柄长 0.8 ~ 2 厘米，托叶披针状长圆形，长约 1 厘米，早落。花单生于枝端叶腋，花梗长 6 ~ 10 毫米，小苞片 8 ~ 10 枚，线装披针形中部以下联合成杯状。长约为萼的一半。花萼长 2 厘米。基部 1/3 处合生，裂片三角状披针形，花冠钟状，直径 5 ~ 6 厘米，淡黄色，具暗紫色心，花瓣倒卵形，雄蕊柱光滑无毛，花药多数肾形，花柱枝 5 根，柱头暗红色，蒴果三角状卵形，长约 2 厘米，密被黄褐色星状茸毛和细刚毛，种子肾形，长约 5 毫米，深棕色，表面具黄褐色腺状乳突，花期 7—10 月，果期 8—12 月（见图 2–8）。

图 2–8　海滨木槿（上图：植株；中左、中右图：花；下左图：聚药雄蕊；下右图：分果）

（四）分布

产于我国浙江北仑、镇海（大榭）、定海，江苏北部，福建云清县，广东陆丰、徐闻海滨，海南，台湾等地，上海也有栽培。日本、朝鲜、马来西亚也有分布。海滨木槿分布区位于 121°49′00″ E ~ 122°15′05″E，29°56′37″ N ~ 30°14′52″N，地处中亚热带北缘，舟山群岛只分布于本岛（干览镇西码头，海滨；大成盐场，盐碱地；镇海县；大榭岛）与金塘岛。20世纪80年代末，海滨木槿已陆续向浙江省的临安、杭州、宁波、温州等地推广试种，均生长良好，并能开花结果。1994 年起，逐步引向省外各地，如上海、湖北、安徽、江西、福建、山东、海南、北京、天津等地。

模式标本采自日本。

（五）生境及习性

我国野生海滨木槿为水陆两栖的半红树植物，分布于海岛一线海塘（堤）和高潮滩带，因极耐盐碱、水淹，抗海风，是护堤林和海岸基干林带造林先锋树种。海滨木槿大多着生在海堤内侧堤身及留青地，土壤为咸泥土，pH8.6，含盐量 1.5 ~ 4.6 克 / 千克；少量着生在潮汐间歇性淹渍的高位泥涂，土壤为涂泥土，pH8.0，含盐量 6.2 ~ 15 克 / 千克，海滨木槿是极耐盐碱的，并耐海水淹浸。海滨木槿在阳光充足的空旷处生长良好，在树荫下的幼树往往生长不良，因此，海滨木槿为强阳性树种。海滨木槿在长江流域以南各省均能正常生长，能生长在海滨盐碱地上。主要伴生种为滨海珍珠菜、南方碱蓬、中华补血草、单叶蔓荆、互花米草、东方香蒲等。

（六）保护级别

海滨木槿为浙江省省级珍稀保护植物。

（七）繁殖方法

1. 种子繁殖

孔庆跃（2011）研究了海滨木槿的种子繁殖，指出采种最佳日期为 10 月下旬至 11 月中旬。海滨木槿采种后经过湿沙层积储藏处理后方能播种。播种时间选择在翌春 2 月底至 3 月上旬较适宜。在常规育苗条件下，一年生平均苗高 54 厘米，最高 73.8 厘米，平均根径 0.54 厘米，最粗 0.73 厘米。俞慈英等（1999）研究了于 3 月中旬采用撒播或宽条播的方法播种，播种时，先用开水浸烫种子 1 分钟，速加凉水降温至 60 ℃，然后自然冷却，再换清水浸泡 2 ~ 3 天。

2. 扦插繁殖

扦插繁殖硬枝扦插和嫩枝扦插均可，硬枝扦插成活率高于嫩枝。100 毫克 / 升 ABT1

号生根粉溶液处理硬枝扦插，采用自动间歇喷雾及遮阳网遮阴等措施，平均生根率可达84.0%；用200毫克/升ABT1号生根粉溶液处理嫩枝扦插，采用自动间歇喷雾及遮阳网遮阴等措施，平均生根率可达71.0%（孔庆跃，2011）。俞慈英等（1999）在3月上旬进行硬枝扦插试验，插穗为1年生木质化枝条，插穗长度约10厘米。同年6月上旬，其进行嫩枝扦插试验，采集当年生半木质化枝条，插穗长度8～10厘米，插床内基质为粗细均匀的河沙。

（八）价值

1. 园林绿化价值

沿海的江、浙、闽南地区很多地方都是靠围海吹沙造成的陆地，这些陆地目前几乎都是处于开发形态的经济开发区、工业园区。海滨木槿耐盐碱、抗海风，适宜在沿海沙土上生长，无疑是盐碱地绿化的优良景观树种。公共绿化造景，孤植、丛植、片植都具有独特的景观效果。也是重要的庭院景观树，夏秋炎热时节开花，花期长达3个月，且花繁叶茂，对环境条件要求不严，是点缀庭园的好材料。亦可用作花篱、绿篱、花带配置在道路两侧或造型。海滨木槿不仅对氯气、氯化钠、二氧化硫等有毒气体有较强的抵抗性，而且能净化空气。海滨木槿在开花时，繁花似锦，花期长，入秋后季相变化明显，叶片变红，是优良的工厂绿化观花观叶树种（王连吉，2010）。

2. 药用价值

茎皮、根皮入药：归脾、肺经，清热、利湿、凉血，用于肠风血痢，白带便血，风痰壅逆，反胃吐食。性甘，苦凉。花、叶入药：清热凉血，解毒消肿。果实入药：清肺化痰，解毒止痛。

3. 经济价值

树皮可代麻制绳索，槿条可编织篓、筐、箱等日用品。过去农妇用槿叶洗头，既可以去污，又可以止头皮瘙痒。

（九）研究现状

俞慈英、徐树华从生物学特性、育苗方法、不同立地条件、子代测定及推广等方面研究了海滨木槿引种驯化及开发利用前景。薄鹏飞、孙秀玲、孙同虎等人通过研究不同浓度NaCl胁迫对海滨木槿抗氧化酶活性、抗氧化物质和渗透调节物质含量的影响进行分析，表明海滨木槿在NaCl胁迫下具有较强的活性氧清除能力和渗透调节能力，从而表现出较强的耐盐性。薄鹏飞、孙秀玲、宋杰等人研究了NaCl胁迫抑制海滨木槿种子萌发及种皮和种胚中Na^+、K^+的含量的影响，指出海滨木槿的种皮是阻挡Na^+进入种子的一道屏障，NaCl处

理下胚保持较高含量的 K^+ 和较低的 $Na^+/+$，可能是海滨木槿种子耐盐的主要原因之一。杨华、杜国坚等人研究了海滨木槿在水淹胁迫下生理特性的变化。王秀丽（2010）研究了海滨木槿的抗盐性，指出随着盐度的增加，光化学效率并未降低而是增加，叶片中叶绿素含量可溶性蛋白质含量均有增加的趋势。黄超群、杨华、周和锋等也研究了 NaCl 胁迫对海滨木槿的影响。

参考文献：

[1] 俞慈英，徐树华 . 海滨木槿的驯化及开发利用前景 [J]. 林业科学研究，1999，12（2）：210-213.

[2] 浙江植物志编辑委员会 . 浙江植物志：第四卷 [M]. 杭州：浙江科学技术出版社，1993：159-160.

[3] 范文涛 . 海滨木槿——中国锦葵科植物——新纪录 [J]. 浙江农业大学学报，1986，12（4）：454-455.

[4] 王连吉 . 新优树种海滨木槿在风景园林中的应用 [J]. 中国园林，2010（4）：49-50.

[5] 王奇志，陈雨，孙浩，等 . 木槿属植物海滨木槿的研究进展 [J]. 中国野生植物资源，2012，31（3）：8-10.

[6] 王秀丽，张获，刘红梅，等 . 海滨木槿耐盐性的初步研究 [J]. 上海交通大学学报（农业科学版），2010，28（3）：248-254.

[7] 黄超群，屠娟丽，周金 . 盐胁迫对海滨木槿叶片生理指标的影响 [J]. 浙江农业科学，2010（4）：773-778.

[8] 周和锋，李会欣，邵学新，等 . 不同盐度水淹胁迫对海滨木槿生理特性的影响 [J]. 浙江林业科技，2013，33（6）：41-45.

九、厚叶石斑木

（一）名称

raphiolepis umbellata（*Thunb.*）*Makino*，属名：*raphiolepis*，[希]，*raphi*，针 +*lepis* 鳞片，在希腊语中，*raphis* 意为 *an awl*，*-lepis* 意为 *a scale*，即“钻状的苞片和托叶”之意。石斑木属（蔷薇科）；种加词，*umbellata*，具有伞形花序的。命名人 Makino（1862—1957），日本植物学家，他专门进行分类学研究，是日本第一位使用林奈分类系统分类的植物学家，因此被称为“日本植物学之父”；异名命名人 Thunb.（Carl Peter Thunberg，1743—1828），瑞典博物学家，出生于延雪平，在乌普萨拉大学学习自然哲学和医学，师从著名植物学家卡尔 · 林奈，1767 年完成博士论文答辩。1770 年起，他先后在巴黎、阿姆斯特丹和莱顿从事研究工作。1771 年，他受荷兰植物学家约翰内斯 · 伯曼的委托，前往荷兰殖民地和日本

去采集植物。1772年4月，他抵达开普敦，同年获得了医学博士学位。1775年，前往爪哇，在巴达维亚停留了2个月，之后前往日本，在出岛的荷兰东印度公司担任外科医生。此间，他收集了800余种植物，并在1784年出版《日本植物志》。1778年，他回到阿姆斯特丹，次年回到瑞典。1784年，他被乌普萨拉大学任命为植物学讲师和自然哲学和医学教授，直至去世。他在植物学和昆虫学上都有很大贡献，描述了许多物种，被称为南非和日本的植物学之父。

文献及异名解释：Thunb. 于1784年曾将该种定为月桂属的一个种，发表于《日本植物志》上；1902年，Makino将其组合到石斑木属，重新定为*rhaphiolepis umbellata*，并发表于《东京植物学杂志》上。

别名：厚叶车轮梅。

英文名称：Yeddo Raphiolepis。

Lindley 是于1820年以石斑木（*raphiolepis indica*）为模式建立的。1924年，日本植物学家Nakai对世界石斑木属植物作了比较全面的修订，首次将叶脉在叶面下陷与否以及果实大小等特征作为该属植物的分类依据，结合前人提出的分类学特征将该属分为9种、7变种、1变型。

本种和全缘石斑木相近，但前者枝极叉开，叶片长椭圆形、卵形或倒卵形，叶柄长5～10毫米，较容易区别。

（二）文化

山东青岛于20世纪30年代从日本引入厚叶石斑木。该市冬季低温 -16 ℃，经过几十年驯化栽培，证明其具有极强的抗寒性及适应性。2006年初，上海市林业总站将厚叶石斑木种在上海奉贤世纪森林内，进行耐盐碱、耐水湿试验，初获成功。厚叶石斑木是滨海地区不可多得的优良树种，也可应用于庭园绿化。树冠不用修剪，自然成伞形，且耐修剪，是做树球、绿篱的新材料。

（三）形态特征

常绿灌木或小乔木，高2～4米，枝粗壮极叉开，枝和叶在幼时有褐色柔毛，后脱落。叶片厚革质，长椭圆形、卵形或倒卵形，长4～10厘米，宽2～4厘米，先端圆钝至稍锐尖，基部楔形，全缘或有疏生钝锯齿，边缘稍向下方反卷，上面深绿色，稍有光泽，下面淡绿色，网脉明显；叶柄长5～10毫米。圆锥花序顶生，直立，密生褐色柔毛；萼筒倒圆锥状，萼片三角形至窄卵形；花瓣白色，倒卵形，长1～1.2厘米；雄蕊20枚；花柱2根，基部合生。果实球形，直径7～10毫米，黑紫色带白霜，顶端有萼片脱落残痕，有1个种子（见图2-9）。

图 2-9　厚叶石斑木（上图：植株；中左图：花；中右图：雄蕊群；下左图：胚珠横切；下右图：花柱）

（四）分布

产于我国浙江（普陀、天台），在舟山群岛分布于本岛、册子岛、普陀山、朱家尖、桃花岛、中街山列岛。日本分布广泛。

（五）生境及习性

生性强健，喜光，耐水湿，耐盐碱土，耐热，抗风，耐寒。生长于海拔不足 100 米的山坡、路边岩石上。可将 9 个厚叶石斑木天然群落分为 8 个类型：滨柃灌丛、厚叶石斑木 + 檵木灌丛、厚叶石斑木 + 海桐灌丛、滨柃 + 赤楠灌丛、厚叶石斑木灌丛、厚叶石斑木 + 大叶胡颓子灌丛、海桐灌丛和厚叶石斑木＋滨柃灌丛。厚叶石斑木在0.6%～0.9%高盐胁迫条件下表现出较强的耐高盐特性。

（六）繁殖方法

1. 种子繁殖

王晓明等（2013）、陈斌（2014）认为种子采收应于11月下旬至12月上旬，在果皮由红变紫黑后采收，然后将种子除皮后拌沙储藏。栽培土应选择壤土或沙壤土。要求土壤有机质含量较高，土壤酸碱性适中，pH为6.5～7.5。播种时间为1月中旬至2月中旬。种子经过消毒后，先用60 ℃温水浸泡24小时方可播种。播种方式：苗床撒播，覆土厚度2厘米。播种后30～50天出苗。当苗高7厘米即三片叶时开始芽苗移栽。

2. 扦插繁殖

陈斌等（2012）认为，厚叶石斑木属难生根树种，生根率较低，随着ABT浓度的增加，其生根率缓慢上升，最高的也仅为22%；厚叶石斑木采用ABT浓度为100毫克/升的扦插成活率最高；在6月扦插效果较好。剪成8～10厘米的插穗，插穗每段留2～3个芽，保留顶端对生的两片叶片，其余叶片全部剪掉，以减少水分蒸发。

（七）价值

1. 园林价值

厚叶石斑木能自然成伞形，且耐修剪，花姿、果实都可供观赏，适合做盆景、庭园树、药用树、防风树和切花材料等。花朵刚盛开时，雄蕊为黄色，后逐渐转变为红色，因此花心常同时呈现出红色与黄色，生长形态颇为奇特，可培育出独干明显丛生型的小乔木，替代大叶黄杨群植，成大型绿篱。树墙开花之际，非常艳丽，极具生机盎然之美。做盆景时不用修剪，自然成型。适于盐碱地绿化。

2. 药用价值

从树皮中可以提取单宁类物质。

（八）研究概况

陈斌等（2012）研究了厚叶石斑木的扦插繁殖方法。王晓明（2013）、陈斌（2014）研究了厚叶石斑木的种子繁殖方法。陈斌等（2013）研究了厚叶石斑木的抗涝性，研究了植物水淹后的症状出现时间、植株死亡时间，伤害后的植株复活率、水淹胁迫后植株游离脯氨酸变化，指出厚叶石斑木的抗涝性是同类植物中最强的。裘丽珍等（2006）、卢翔等（2009）

研究了厚叶石斑木的耐盐性，通过对游离脯氨酸、叶绿素含量、光合速率、气孔导度、蒸腾速率等生理指标的比较研究表明其耐盐性是同类植物中最强的，厚叶石斑木在盐分浓度为0.67%的滩涂地生长良好，表明厚叶石斑木具较高的耐盐性，可在盐分浓度0.9%以下涂滩地种植，在盐分浓度0.6%以下涂滩地推广应用。高大海等（2013）研究了厚叶石斑木的抗旱特性，指出其为中等抗旱类植物。高浩杰等（2014）研究了厚叶石斑木的群落特征，浙江省厚叶石斑木天然群落的物种数量相对较少，共有维管植物39科58属63种；生活型以常绿木本为主，1年生和2年生草本所占比例最小；根据灌木层优势种的重要值，9个厚叶石斑木天然群落可分为8个类型。

参考文献：

[1] 高浩杰，王国明，袁佳．浙江省厚叶石斑木天然群落特征分析[J]. 植物资源与环境学报，2014，23（4）：90-98.

[2] 陈斌．厚叶石斑木栽培[J]. 中国花卉园艺，2014（24）：42-43.

[3] 王晓明，吴敏霞．厚叶石斑木育苗技术[J]. 林业实用技术，2013，（8）：27.

[4] 陈斌，高大海．厚叶石斑木扦插试验[J]. 浙江林业科技，2012，32（5）：63-65.

[5] 陈　斌，高大海，贺位忠，等．舟山海岛 5 种地被植物抗涝性研究[J]. 浙江林业科技，2013，33（6）：67-69.

[6] 卢翔，黄超彬，楼炉焕，等．山营等 5 种植物抗盐性试验初报[J]. 农业科技通讯，2009（1）：72-74.

[7] 高大海，陈　斌，贺位忠．柃木等 5 种地被植物的抗旱性研究[J]. 浙江林业科技，2013，33（1）：49-51.

[8] 裘丽珍，黄有军，黄坚钦，等．不同耐盐性植物在盐胁迫下的生长与生理特性比较研究[J]. 浙江大学学报（农业与生命科学版），2006，32（4）：420-427.

[9] 张鹏种，王　挺，刘　锦，等．电导法配合 Logistic 方程测定 5 种高架绿化植物的抗寒性[J]. 广东农业科学，2013（19）：49-51.

[10] 李燕飞．石斑木属（蔷薇科）植物分类学研究[D]. 厦门：厦门大学，2014.

[11] Tetsuto Abe, Michio Matsunaga. Geographic Variation in Germination Traits in Melia azedarach and Rhaphiolepis umbellate[J]. American Journal of Plant Sciences, 2011（2）：52-55.

[12] 陈斌．五种海岛地被植物的扦插和耐荫性试验[D]. 杭州：浙江农林大学，2011.

[13] 王月英，卢翔，刘洪见，等．盐分胁迫对厚叶石斑木苗木生长影响试验初报[J]. 林业实用技术，2011（6）：25-27.

[14] 赵颖，王国明，叶波，等．盐雾胁迫对舟山海岛 7 个造林树种存活和生长的影响[J]. 植物资源与环境学报，2016，25（3）：36-44.

[15] 裘丽珍，黄有军，黄坚钦，等．不同耐盐性植物在盐胁迫下的生长与生理特性比较

研究[J]. 浙江大学学报（农业与生命科学版），2006 ，32（4）：420-427.

[16]徐炳声，李林初．评大叶石斑木和石斑木的分类学关系[J]. 中国科学院大学学报，1982，20（2）：166-170.

十、海桐

（一）名称

Pittosporum tobira（Thunb.）Ait.，属名：*pittosporum*[希]，*pitta*，树脂+*spora* 孢子，种子。海桐花属（海桐花科）；种加词，tobira，扉，自动门。命名人 Ait.（William Townsend Aiton，1766—1849），英国植物学家，生于 1766 年 2 月，是 William Aiton 和 Elizabeth Aiton 之子。1810—1813 年，他重新出版了《邱园植物录》的第二版和增订版，登记和记载了《英国皇家植物园》名录。此书的首版来自他的父亲 William Aiton。1793 年，他继他的父亲之后开始管理英国皇家植物园，而且依靠乔治四世，一直在从事管理皇家布莱顿馆和白金汉宫的花园。Aiton 是一个皇家植物学会的缔造者和积极参与者，于 1841 年退休，但一直被邱园聘用。他于 1849 年 10 月 9 日于肯辛顿去世，后被葬于邱园。曾命名了木香藤学名 *rosa banksiae*（植物学家班克斯爵士 Joseph Banks 的夫人）。

别名：七里香、山瑞香、海桐花、山矾。

英文名称：Tobira Pittosporum。

（二）文化

海桐初夏时节开花，张孝祥《钦夫折赠海桐赋诗定叟晦夫皆和某敬报况》：“童童翠盖拥天香，穷巷无人亦自芳。能致诗豪四公子，不教辜负好风光。”陆游《初暑》：“山鹊喜晴当户语，海桐带露入帘香。”海桐株形圆整，叶子聚生枝顶，张孝祥用“童童翠盖”形容非常贴切。

传说，有一天傍晚，朱家尖东沙村美丽勤劳的渔家女子朱海桐在东沙滩晾晒渔网，刚巧被东海洋面上执行巡查任务的东海龙王七太子看见。七太子立刻被海桐的美貌深深吸引。他摇身一变，幻化成一名英俊的打鱼郎，摇着一只小船，飞快驶向海桐身边。

海桐见七太子相貌非凡，通情达理，就像是自己的梦中情人，顿生爱慕之心。两人含情脉脉地坐在沙滩上，好似相爱多年的恋人，相见恨晚，互诉衷肠。就这样，七太子和海桐经常在沙滩幽会，感情越来越深，立下海誓山盟。

可惜好景不长，住在岛上礁石洞中的青蛇精发现了七太子和海桐相恋的秘密，妒忌万分，但其自知斗不过七太子，就心生一计——去向东海龙王告了密。东海龙王得知七太子与渔家凡女相爱，大发雷霆，下令急传七太子回龙宫复命。

七太子恋恋不舍地暂别海桐，海桐叫他快去快回。这边七太子刚走，青蛇精就把海桐抓

到了礁石洞，告诉海桐，七太子已经抛弃了她，再也不会回来了，逼迫她与自己成亲。海桐坚贞不屈，坚信七太子一定会回来找她，况且她已有了三个月的身孕。青蛇精无计可施，只好将海桐关入洞底。

七太子身在龙宫可心系着海桐，借故溜了出来。可他不知，龙宫还不到半天，地上已经有半年多了。他回到朱家尖东沙村寻找海桐，找啊，找啊，可风景依旧，却没有海桐的踪影，最后，还是那位住在岛南边悬崖上的海老鹰，告诉了海桐遭遇不幸的经过。

七太子一听怒从心起，他从礁石洞中揪出青蛇，与他缠斗一起，这一仗打得天昏地暗，恶浪万丈，最后，七太子把青蛇精摔死在礁石上。

青蛇精被消灭了，海桐又回到了七太子的身边。这时，刚好海桐要临产了，初为人父的七太子手忙脚乱，赶紧在东边石崖上将龙头一抵，掘出了一个又大又深的岩洞，海桐就在洞中产下了小七太子。日月如梭，一晃数年过去了，小七太子长得非常聪明可爱，又活泼勇敢。

再说东海龙王得知七太子又偷偷返越人间，不服管教，不禁龙颜大怒，亲自来朱家尖惩罚七太子。可他看到小龙孙活泼可爱，长得与自己一模一样，又惊又喜，又见儿子一家人相亲相爱，深受感动，就打消了惩罚的念头，他欲带这一家人回龙宫相聚，但无奈海桐是凡身不能前往，而七太子又不愿抛下海桐。于是，龙王只好带着小龙孙回到了龙宫。

此后，七太子和海桐夫妻俩相亲相爱，快乐地生活着，不知过了多少年，海桐渐渐老了。去世后，她的身体和秀发就成了满山的常青树，这就是情人岛漫山遍野的海桐树。而七太子为了信守爱情诺言，就永远留在了朱家尖。同时，他怕海桐寂寞，脱下身上龙鳞，化作了滨柃树，让自己永远陪伴在心爱的女人身边，这就是海桐和七太子的故事。

海桐的花语：记得我。

（三）形态特征

常绿灌木或小乔木，高达 6 米，嫩枝被褐色柔毛，有皮孔。叶聚生于枝顶，2 年生，革质，嫩时上下两面有柔毛，以后变秃净，倒卵形或倒卵状披针形，长 4 ~ 9 厘米，宽 1.5 ~ 4 厘米，上面深绿色，发亮、干后暗晦无光，先端圆形或钝，常微凹入或为微心形，基部窄楔形，侧脉 6 ~ 8 对，在靠近边缘处相结合，有时因侧脉间的支脉较明显而呈多脉状，网脉稍明显，网眼细小，全缘，干后反卷，叶柄长达 2 厘米。伞形花序或伞房状伞形花序，顶生或近顶生，密被黄褐色柔毛，花梗长 1 ~ 2 厘米；苞片披针形，长 4 ~ 5 毫米；小苞片长 2 ~ 3 毫米，均被褐毛。花白色，有芳香，后变黄色；萼片卵形，长 3 ~ 4 毫米，被柔毛；花瓣倒披针形，长 1 ~ 1.2 厘米，离生；雄蕊有两种形态，退化雄蕊的花丝长 2 ~ 3 毫米，花药近于不育；正常雄蕊的花丝长 5 ~ 6 毫米，花药长圆形，长 2 毫米，黄色；子房长卵形，密被柔毛，侧膜胎座 3 个，胚珠多数，2 列着生于胎座中段。蒴果圆球形，有棱或呈三角形，直径 12 毫米，多少有毛，子房柄长 1 ~ 2 毫米,3 片裂开，果片木质，厚 1.5 毫米，内侧黄褐色，有光泽，具横格；种子多数，长 4 毫米，多角形，红色，种柄长约 2 毫米（见图 2–10）。

图 2–10　海桐（上图：植株；中左图：花；中右图：雌蕊；下左图：柱头；下右图：花药）

（四）分布

分布于我国长江以南等江苏、福建、广东滨海各省，内地多为栽培供观赏；亦见于日本及朝鲜。产自我国普陀、乐清、洞头、泰顺、平阳等地。在舟山群岛的野生株分布于各个岛屿（除金塘岛）。

（五）生境及习性

对气候的适应性较强，能耐寒冷，亦颇耐暑热。黄河流域以南，可在露地安全越冬。对土壤的适应性强，在黏土、沙土及轻盐碱土中均能正常生长。对二氧化硫、氟化氢、氯气等有毒

气体抗性强。在华南地区可在全光照下安全越夏。长江流域至南岭以北生长最佳。对光照的适应能力亦较强，较耐荫蔽，亦颇耐烈日，但以半阴地生长最佳。喜光，在半阴处也生长良好。夏季可放室外，如有条件，可放阴凉处。喜温暖湿润气候和肥沃湿润土壤，耐轻微盐碱，能抗风防潮。生长适温 15 ℃ ~ 30 ℃。冬季放于冷凉而不冻的室内。海桐能忍受结冰的温度，但为使其良好生长，最低夜温应保持在 13 ℃以上。海桐为亚热带树种，喜温暖湿润的气候，喜光，强光对植株没有危害。较耐阴，在半阴处也生长良好。对气候的适应性较强，能耐寒冷，黄河以北地区多作为盆栽，室内防寒越冬。对土壤要求不严，喜肥沃湿润沙质土壤，耐轻微盐碱，黏土及中性土均能适应，贫瘠土壤生长不良。耐水湿，稍耐干旱。萌芽力、分枝力强，耐修剪。生长适温 15 ℃ ~ 30 ℃。

（六）繁殖方法

1. 种子繁殖

10 月采种，来年 6 月播种。或经过沙藏或放在 0 ℃ ~ 5 ℃度冰箱内储存，春季播种。播种前种子用温水浸泡 2 昼夜。然后用食用碱面将种子表面肉质果肉洗净，再用清水洗净。播种深度 1.5 ~ 2 厘米。2 个月陆续出苗，20 ~ 30 厘米高时定植。用 GA3 处理也可以打破种子休眠。

2. 扦插繁殖

李照玲（2013）扦插繁殖可在春季和秋季进行，选取 1 年生木质化健壮枝条，剪成长 10 厘米左右插穗，扦插后浇透水，同时进行遮阴，可微弱阳光照晒，促进生根，40 天左右可生根。米银法插穗在 50 毫克 / 升 IBA 或 NAA 溶液中浸泡 3 小时进行扦插，采用腐叶土与珍珠岩按 1 : 1 比例混合的基质培育效果最好，其生根率比对照分别高 136% 和 138%（$P < 0.05$）。

（七）价值

1. 药用价值

海桐根、叶和种子均可入药，根能祛风活络，散瘀止痛，叶能解毒、止血，种子能涩肠，固精，治肾炎、黄疸（郑万钧，1997）。意大利的 Ilaria D'Acquarica 等通过实验发现，海桐果实的皂苷粗提物（CIDI）具有很好的抗癌活性。刘云国等发现海桐叶片挥发性物质对大肠杆菌、白葡萄球菌、枯草芽孢杆菌、酵母菌具有较好抑菌作用。Suegirev，D. P. 等发现海桐叶子的皂苷粗提物具有抑菌活性。李玲玲等（2007）发现海桐种子及果皮提取物中均含有抑菌活性成分，其中种子氯仿提取物对 7 种供试病原菌的抑制效果最好。

2. 园林及观赏价值

海桐枝叶繁茂，树冠球形，下枝覆地；叶色浓绿而有光泽，经冬不凋，初夏花朵清丽芳香，入秋果实开裂，露出红色种子，也颇为美观。通常可做绿篱栽植，也可孤植、丛植于草丛边缘、林缘或门旁，列植在路边。因为有抗海潮及有毒气体的能力，故又为海岸防潮林、防风林及矿区绿化的重要树种，并宜做城市隔噪声和防火林带的下木。

在气候温暖的地方，本种是理想的花坛造景树或造园绿化树种。多做房屋基础种植和绿篱。株形圆整，四季常青，花味芳香，种子红艳，为著名的观叶、观果植物。

3. 环保价值

抗二氧化硫等有害气体的能力强，又为环保树种。尤宜于工矿区种植。

4. 盆栽

其盆栽适于布置展厅、会场、主席台等，还可布置于花坛四周、花径两侧、建筑物基础等处。

（八）研究综述

孙卓等（2014）综述了海桐的化学成分及活性物质研究概况。海桐是国内外首次发现各部位均具有较强化感作用的园林植物。海桐的根、茎、叶、花、果实均含有不同的挥发性和非挥发性化学成分，其中挥发性成分主要分布在花、叶子和果实中。非挥发性成分如类胡萝卜素主要从种子中得到。萜类成分在根、茎、叶和果实中均有分布。生物活性则在海桐的各部位都有不同的体现，如抗菌、抗肿瘤、杀虫、神经保护、除草等。其中，除草活性是近 2 年才见有报道。近年来的研究发现，从海桐的各器官部位提取的化学成分具有很高药用价值，海桐有保护谷氨酸诱导的神经毒性的活性，而老年性痴呆与谷氨酸的蓄积多少有关，故针对海桐种子提取出的黄酮新黄质能否治疗老年性痴呆需要做进一步的研究。海桐的果实中提取的总皂苷对肿瘤细胞的增生具有一定的抑制作用；种子中提取的油酸、亚油酸可以保护心血管系统，对预防冠心病具有重要的作用，同时可以开发为保健型食用油。李兆林等（1990）、江汉美等（2011）、李彩芳等（2006）、吴彩霞等（2007）、苏秀芳等（2011）研究了海桐的化学成分。刘久东（2009）研究了其海桐大、小孢子发育及雌、雄配子体形成。许锋（2008）研究了海桐花苯丙氨酸解氨酶的基因克隆与序列，从海桐中克隆得到苯丙氨酸解氨酶（PAL）基因 cDNA 片段。李建辉等（2007）研究了海桐 ISSR-PCR 反应体系的建立与优化。

参考文献：

[1] Ilaria D’ Acquarica, Maria Cristina Di Giovanni, Francesco Gasparrini, et al. Isolation and structure elucidation of four new triterpenoid estersaponins from fruits of Pittosporum tobira Ait[J].Tetrahedron, 2002（58）: 10127-10136.

[2]张宏达．中国植物志．第 35 卷第 2 分册 [M]. 北京：科学出版社，1979：6-7.

[3]刘云国，马涛，张薇．植物挥发性物质的抑菌作用[J]. 吉林大学学报（自然科学版），2004，25（2）：39-42.

[4]郑万钧．中国树木志（第三卷）[M]. 北京：中国林业出版社，1997：2665-2680.

[5]李玲玲，周文明，洪东风，等．海桐种子及果皮抑菌活性初步研究[J]. 西北农业学报，2007，16（3）：274-276.

[6]孙卓，刘红星，黄初升．海桐植物化学成分以及生物活性的研究[J]. 化工技术与开发，2014，43（1）：22-26.

[7]李兆琳，李海泉，陈宁，等．海桐花头香化学成分的研究[J]. 兰州大学学报（自然科学版），1990，26（3）：70-73.

[8]江汉美，李婷，郭彧，等．海桐挥发油化学成分 GC-MS 分析[J]. 中国医药导报，2011，8（7）：29-31.

[9]李彩芳，李昌勤，袁王俊，等．海桐花蕾挥发油的 GC-MS 分析[J]. 河南大学学报（医学版），2006，25（3）：13-16.

[10]吴彩霞，李彩芳，郅妙利，等．海桐花挥发油的提取工艺研究[J]. 时珍国医国药，2007，18（7）：1579-1581.

[11]苏秀芳，梁振益．广西产海桐叶、花挥发油的化学成分[J]. 中国实验方剂学杂志，2011，17（3）：96-98.

[12]刘久东，徐涛，和兆荣，等．海桐大、小孢子发育及雌、雄配子体形成的研究[J]. 广西植物，2008，28（1）：20-23.

[13]许锋，陈柳吉，蔡荣，等．海桐花苯丙氨酸解氨酶的基因克隆与序列分析[J]. 西北农业学报，2008，17（2）：218-224.

[14]李建辉，冯永辉，姚永斌．海桐 ISSR-PCR 反应体系的建立与优化[J]. 杭州师范学院学报（自然科学版），2007，6（4）：289-291.

十一、单叶蔓荆

（一）名称

vitex trifolia Linn. var. simplicifolia Cham.，属名：*vitex*[拉]，植物原名。*vieo*，结合。牡荆属（马鞭草科）。种加词，trifolia，三叶的；变种加词，*simplicifolia*，具单叶的。命名人 Linn.（瑞典语：Carl von Linn é，1707—1778），过去曾译成林内，受封贵族前名为卡尔·林奈乌斯（Carl Linnaeus），由于瑞典学者阶层的姓氏常拉丁化，又作卡罗卢斯·林奈乌斯（拉丁语：*Carolus Linnaeus*，1761 年后为 *Carl von Linn é*），瑞典植物学家、动物学家和医生，瑞典科学院创始人之一，并担任第一任主席。他奠定了现代生物学命名法二名法的基础命名的奠基人，也被认为是现代生态学之父之一。他的很多著作是用拉丁文写的。瑞士哲学家卢梭在给他的信中写道："告诉他我知道地球上没有人比他更伟大。"德国学者歌德写过："除了

莎士比亚和斯宾诺莎，再没有其他的先人对我的影响比林奈更强。”瑞典作家斯特林堡说过：“林奈实际上是个诗人，只不过碰巧成了一个博物学家。”除了这些赞誉，Linn. 还被称为“植物学王子”“北方的博物志”以及“第二个亚当”。

（二）文化

单叶蔓荆在《神农本草经》中被列为上品，具有疏散风热、清利头目、止痛的功效。相传在洪武年间，太湖县有位名叫刘焘的人在广西柳州做知府，回太湖县省亲时，带回单叶蔓荆种子，赠送给家人种植。其家人将种子撒在河滩上，后逐年生长繁殖。但当时人们对单叶蔓荆认识不够，对它的生长无人问津，结果寥寥无几。到 1883 年，几场大雨冲破了圩坝，淹没了万顷良田，雨过水落，皆淤成了高低起伏的沙滩，单叶蔓荆才获得了生长繁衍的环境。如今，单叶蔓荆主要产区分布在太湖县长河两岸沙滩上，此地气候好，雨量丰富，再加上单叶蔓荆适应性强，群集蔓生，耐干旱，适宜在土质疏松、通透良好的沙质土生长。

（三）形态特征

落叶灌木，罕为小乔木，高 1.5 ~ 5 米，有香味；茎匍匐，节处常生不定根。小枝四棱形，密生细柔毛。单叶对生，叶片倒卵形或近圆形，顶端通常钝圆或有短尖头，基部楔形，全缘，长 2.5 ~ 5 厘米，宽 1.5 ~ 3 厘米。圆锥花序顶生，长 3 ~ 15 厘米，花序梗密，被灰白色茸毛；花萼钟形，顶端 5 浅裂，外面有茸毛；花冠淡紫色或蓝紫色，长 6 ~ 10 毫米，外面及喉部有毛，花冠管内有较密的长柔毛，顶端 5 裂,2 唇形，下唇中间裂片较大；雄蕊 4 枚，伸出花冠外；子房无毛，密生腺点；花柱无毛，柱头 2 裂。核果近圆形，径约 5 毫米，成熟时黑色；果萼宿存，外被灰白色茸毛。花期 7—8 月，果期 8—10 月（见图 2-11）。

图 2-11　单叶蔓荆（上左图、上右图植株；下左图：花；下中图：花解剖；下右图：果实）

（四）产地分布

产于我国辽宁、河北、山东、江苏、安徽、浙江、江西、福建、台湾、广东。日本、印度、缅甸、泰国、越南、马来西亚、澳大利亚、新西兰也有分布。我国舟山各个岛屿及象山以南地区均有分布。本变种之原种分布于福建、广东、广西及云南。植物的地理分布主要集中在 18° N ～ 37° N，105° E ～ 122° E，跨纬度 19°，经度 17°，海拔为 2 ～ 21 米。

（五）生境及习性

生于沙滩、海边及湖畔。单叶蔓荆喜湿润气候，耐盐碱，在海滨沙滩及湖畔低洼潮湿地上生长，大风浪时潮水能浸淹，落潮后仍然生长很好。喜湿润气候和阳光充足的环境，对土壤要求不高，能耐旱、耐寒、耐瘠薄。根系非常庞大、发达，主根可深达 2.4 米，主根有固定树体和扩繁新枝的作用。植株成活后，匍匐茎着地部分都生须根，分布在地表 10 ～ 30 厘米的沙土层中，充分吸收营养，满足树体生长、发育的需要。由于其主茎匍匐地面，延伸生长，长者可达几米甚至十几米，主茎及分枝上生有许多须根，每簇须根上方都可长出一棵新的植株。一棵单叶蔓荆就可长成一片，大有“独木成林”之势。正是因为这一特性，它在沿海沙滩固沙防风、涵养水分方面起了重要作用。

舟山群岛主要分布类型有：单叶蔓荆白茅根群落、单叶蔓荆菟丝子群落、单叶蔓荆茵陈群落、单叶蔓荆假俭草群落、单叶蔓荆假俭猫眼草群落、单叶蔓荆算盘子群落、单叶蔓荆飞蓬群落、单叶蔓荆飞蓬假俭草群落、单叶蔓荆苔草群落（梁芳，2011）。

（六）保护级别

单叶蔓荆在《国家重点保护野生药材物种名录》中，已被列为国家Ⅲ级濒危保护植物。

（七）繁殖方法

1. 种子繁殖

陈丽等（2001）研究认为，应分批采集成熟的果实。可于播前用 40 ℃温水浸泡 1 ～ 2 天或用 3% ～ 5% 碱水浸泡 48 小时，然后与 3 倍的湿沙混合储藏，翌年 3—4 月上旬取出播种。条播，沟深 5～7 厘米，将种子拌火土灰均匀地播入沟内，覆盖厚 5 厘米的细沙土。播后注意保温保湿，否则一经干旱，种子就会丧失发芽能力，约 40 天即可发芽。曹晓晓（2008）研究认为，单叶蔓荆种子是深度休眠的种子，低温层积处理时间长于 120 天。赤霉素作为一种高效能广谱性植物生长促进物质，可以迅速打破种子的休眠，其浓度为 500 毫克 / 升时，发芽率、发芽势最高。孙荣进（2012）研究了单叶蔓荆的种子休眠特性，指出打破单叶蔓荆种子休眠的方法为 GA3 处理，解除休眠的最佳方法为浓硫酸处理 15 分钟。杜婷（2011）研究了其最佳采收期为每年的 10—11 月。

2. 扦插繁殖

陈丽等（2001）研究认为，扦插可于春季树液萌动前或夏季，选择2年生以上枝条，插穗长40～50厘米，下端剪口用0.05%ABT生根粉溶液浸蘸10秒后扦插。45°角扦插，地上部留10～15厘米。插后踩实，浇水。保持湿润，约1个月插条生根发芽。培育1年，即可定植。

3. 分株繁殖

于春季或夏季梅雨季节，选阴雨天，将老蔸周围的萌蘖刨出，带根挖取根蘖苗，另行栽植；也可以断蔓另行栽植。

4. 压条繁殖

选取近地面的1～2年生健壮枝条，采用普通曲枝压条法，将枝条弯曲压入土中，待生根萌芽后，带根挖取，截离母株，另行栽植。

5. 组织培养

当年萌生的嫩枝茎尖的组织培养，长芽培养基为：怀特培养基+6-苄基嘌呤1毫克/升+吲哚丁酸0.5；怀特培养基（大量元素减半）+6-苄基嘌呤0.1+吲哚丁酸0.5毫克/升。生根培养基：怀特培养基（大量元素减半）附加吲哚丁酸0.5毫克/升（董淑炎，1986）。

（八）价值

1. 药用价值

单叶蔓荆为常用中药材，始载于《神农本草经》，在我国已有2 000余年的栽培和药用历史，具有疏散风热、清利头目的功效，主治风热感冒、头痛、偏头痛，齿龈肿痛，目赤多泪，目暗不明，头晕目眩。《中国药典》2010版收载单叶蔓荆为马鞭草科植物。单叶蔓荆的干燥成熟果实，味苦辛，性微寒，解表常用药，有祛风热，清利头目和平肝凉血的功效。单叶蔓荆提取物不但能够改善外周循环，而且对内脏微循环亦有较好的改善治疗作用。病理学表明单叶蔓荆具有镇痛、抗炎、祛痰、平喘、降压等作用。单叶蔓荆及其叶中所含挥发油的主要成分为莰烯（*camphene*）和蒎烯（*pinene*），并含有微量生物碱和维生素A，化学成分主要包括黄酮类、倍半萜、二萜类、三萜类、苯丙素类、甾类等物质，其中黄酮类化合物为其主要活性成分，具有抗肿瘤、抗炎、抗病毒、镇痛等多种药理作用。

高雪等（2015）研究认为，单叶蔓荆中含有千层纸素A、猫眼草粉、紫花牡荆素、蒿黄素、桃皮素、三甲氧基黄烷酮，对肝癌细胞具有一定的抑制作用。

2. 生态价值

单叶蔓荆可用于海滨固沙，是一种耐沙埋的先锋植物，具有很强的抗风、抗旱、抗盐碱能力，特别适于在盐碱土上生长，能改良盐碱土壤。方志伟（1997）研究认为，单叶蔓荆能明显降低风速，改善地表空气湿度、空气温度，对防护林树种木麻黄生长具有明显的促进作用。

3. 园林价值

可孤植，也可群植，形成庞大的植物群落，覆盖丘陵薄地、瓦砾等劣质土壤。

（九）研究概况

周瑞莲（2013，2014）研究了单叶蔓荆对沙埋的生长对策及生理相应特征。当匍匐茎顶部没被沙埋时，可促进沙埋部位匍匐茎和枝叶中物质转移，加速匍匐茎顶部快速生长和物质积累，以弥补沙埋带来的损伤，维持物质和能量的代谢平衡。沙埋后，单叶蔓荆以茎顶端快速生长、形成不定根、枝条生长维持茎水分平衡和能量与物质代谢平衡，以快速生长摆脱沙埋影响的生长方式为其对沙埋环境的重要适应对策。沙埋下叶片抗氧化酶活力和脯氨酸含量与细胞膜透性和膜脂过氧化成正相关。沙埋使植株上部叶片细胞膜脂过氧化加剧和细胞膜透性加大。此外，沙埋使沙下叶片细胞内膜脂过氧化，但也激活了叶片抗氧化酶保护系统和叶片脯氨酸的积累，抑制细胞膜脂过氧化，维护细胞膜的稳定。关洪斌等（2009）指出盐生植物单叶蔓荆对威海滨海盐碱土确实有很大的修复作用。乔进勇等（2001）指出单叶蔓荆—筛草群落是沙质海岸比较典型的灌草群落类型，其耐干旱瘠薄和短期海浸、防风固沙、扩繁能力均优于紫穗槐—白茅灌草群落；单叶蔓荆—筛草群落地上、地下生物量显著高于毛鸭嘴草—筛草草本群落，而且稳定性好。其在发挥生态防护作用的同时，可以改良土壤，改善土壤养分循环，使群落的土壤容重、透水性以及有机质、氮磷钾的含量均显著增加。赵前程（2010）研究了 NaCl 胁迫对其生理适应，指出随着海水胁迫程度加深，组织中脯氨酸的含量显著增加，1/3 海水时含量最高；细胞质膜透性增加明显；超氧化物歧化酶含量先增后减，1/4 海水浓度后下降迅速；植株叶片中叶绿素、类胡萝卜素含量降低，1/5 海水时急剧下降，以后叶绿素、类胡萝卜素含量下降缓慢。王仲礼等（2007）研究了其小孢子发生及雄配子体的发育。詹寿发（2012）、谭玉琴（2014）研究了内生菌根及根际真菌的多样性以及关于化学成分、药用价值和栽培学方面的问题。

参考文献：

[1] 陈丽，周在敏 . 单叶蔓荆繁殖技术 [J]. 中国水土保持，2001（4）：39.

[2] 宗文，韩晓弟，高原，等 . 单叶蔓荆植物生物学研究 [J]. 安徽农业科学，2008，36（35）：15439-15440.

[3] 孙世荣，罗光明 . 单叶蔓荆种子休眠特性 [J]. 中草药，2012（8）：1621-1625.

[4]宋天英．单叶蔓荆改善滨海沙地微环境研究初报[J]. 福建农林大学学报，2002（4）：524-526.

[5]周瑞莲，杨树德，左进城，等．海滨沙地单叶蔓荆匍匐茎对沙埋适应的生长对策[J]. 生态学报，2015（4）：1165-1174.

[6]孔冬瑞，王仲礼，宋以刚．单叶蔓荆的横生胚珠和葱型胚囊[J]. 植物研究，2015(14)：832-835+842.

[7]陈体强，朱金荣，吴锦亿，等．单叶蔓荆子化学成分研究初报[J]. 中国野生植物资源，2006，25（5）：50-52.

[8]高雪，陈刚．单叶蔓荆果实中多甲氧基黄酮类成分的分离鉴定和细胞毒性分析[J]. 植物资源与环境学报，2015，24（2）：118-121.

[9]王仲礼，孔冬瑞，王磊．单叶蔓荆小孢子发生和雄配子体的发育[J]. 植物研究，2007（6）：664-668.

[10]陈鸿雁，程伟贤，冯宇，等．单叶蔓荆子黄酮类化学成分研究[J]. 天然产物研究与开发，2008（20）：582-584.

[11]董淑炎．单叶蔓荆茎尖组织培养[J]. 植物生理学通讯，1986（1）：39.

[12]周瑞莲，王进，杨淑琴，等．沙滩单叶蔓荆对沙埋的生理相应特征[J]. 生态学报，2013，32（6）：1973-1981.

[13]关洪斌，王晓兰，杨岚．盐生植物单叶蔓荆对盐碱地的修复效应研究[J]. 资源开发与市场，2009，25（11）：965-968.

[14]乔勇进，张敦论，郗金标，等．沿海沙质海岸单叶蔓荆群落特点及土壤改良的分析[J]. 防护林科技，2001（4）：5-8.

十二、黄杨

（一）名称

buxus sinica（*Rehd. et Wils.*）*Cheng*，*stat.nov.*，属名：*buxus*[拉]，植物原名。[希]*pyknos*，茂盛。黄杨属（黄杨科）；种加词，*sinica*，中国的；异名种加词：*microphylla*，小叶的，命名人 Cheng（郑万钧）。他一生著作甚丰，晚年主编的《中国主要树种造林技术》《中国植物志》第七卷和《中国树木志》第一、二卷出版后，受到国内外林学界的赞誉。

异名命名人 Rehd. et Wils.：1898 年从德国赴美的瑞德也是对我国植物，尤其耐寒木本植物作过很多研究的树木学家。他长期在阿诺德树木园工作，后来成为哈佛大学的树木学教授。他研究、描述过威尔逊和洛克（J.Rock）及其他一些人收集的许多植物，并发表了不少文章。他出版过一些重要的树木学著作，包括《北半球寒温带地区栽培的耐寒树木索引》。

威尔逊（E. H. Wilson）是英国园艺学家。其采集活动如下：① 1899 年 6 月由英国到中国香港，1900 年至中国宜昌，采到 906 份木本植物标本、305 种种子、35 箱根状茎等，1902 年

返英国，交 Veitch 花木公司；② 1903 年又来华，仍为 Veitch 工作，以嘉定为中心采集，3 次到康定，2 次到松潘，以及成都、穆坪及宝兴、巴塘、峨眉山、瓦山、瓦屋山，1904 年从成都出发到绵竹、江油、平武和松潘，又采集不少植物标本，1905 年返英；③ 1905 年以后为哈佛大学工作，1907—1908 年到宜昌、成都，3 次考察四川，主要到岷江河谷—Wassu—Wokji—宝兴—懋功—康定大炮山—峨眉山—康定—瓦山—瓦屋山采集标本和种子，结果不理想，1909 年返美；④ 1910 年为采到松柏植物的球果和种子又到四川西北部和西康东部以及宜昌、松潘，4 次考察中采集了大量标本；⑤ 1918 年到台湾采集植物标本。Wilson 在中国 11 年，共采集植物标本 65 000 份，约 5 000 种。C. S. Sargent 主编的 *Plantae wilsonianae*（《威尔逊植物志》）包含有 700 余种，其中包含许多新属和新种。

文献及异名解释：Rehd. et Wils. 于 1914 年在 *Sarg. Pl. Wils.* 刊物上将该种定为小叶黄杨的变种 *Buxus microphylla Sieb. et Zucc. var. sinica*，1962 年郑万钧经重新修订，组合为 *Buxus sinica* 新种，“*stat.nov.*”分类学新等级，新组合名。

（二）文化

陈淏之《花镜》中记载：“黄杨木树小而肌极坚细，枝丛而叶繁，四季常青，自年只长一寸，不溢分毫。至闰年反缩一寸。”昔东坡有诗云：“园中草木春无数，惟有黄杨厄闰年。”因其难长，明清家具中常以制作木梳及刻印或家具构件之用。现人多以之做盆玩。因黄杨生长缓慢，五六百年才成材，古人遂有“千年难长黄杨木”之叹，被喻为不是红木的红木，又称“千年矮”，难以长成大树。1 米以下很多，2 米以上树龄在 30 年以上是宝贝，称为“木中君子”。有人曾经在如皋的市场上看到自然生长的黄杨树，树径 20 多厘米，树高 4 ~ 5 米，一株开价 20 万元。黄杨树百毒不侵，是镇恶辟邪、平安吉祥的上品，俗称“鸟中之王是凤凰，树中之王是黄杨”。由于材质优良，常用于雕刻，是俗称浙江三雕“黄杨木雕、东阳木雕、青田石雕”之一。现在，故宫博物院黄杨木雕人物“铁拐李”就是 1342 年的作品，已有 677 年的历史了。

为了增加黄杨的适应性和园艺观赏性，已由园艺工作者将其嫁接到北方土生土长的丝绵木（*euonymus maackii* ）上，并获得成功。

黄杨花语：不屈不挠。

（三）形态特征

灌木或小乔木，高 1 ~ 6 米，枝圆柱形，有纵棱，灰白色；小枝四棱形，全面被短柔毛，或外方两侧面无毛，节间长 0.5 ~ 2 厘米。叶革质，阔椭圆形，阔倒卵形，卵状椭圆形或长圆形，大多数长 1.5 ~ 3.5 厘米，宽 8 ~ 2 厘米，先端圆或钝，常有小凹口，不尖锐，基部圆或急尖，或楔形，叶面光亮，中脉凸出，下半段常有微细毛，侧脉明显。叶背中脉平坦或稍凸出，中脉上常密被白色短线状钟乳体，全无侧脉，叶柄长 1 ~ 2 毫米，上面无毛。花序腋生，头状，花密集，花序轴长 3 ~ 4 毫米。被毛，苞片阔卵形，长 2 ~ 2.5 毫米。背部多少有毛，雄花约 10 朵，无花梗，花萼片卵状椭圆形，内萼片近圆形，长 2.5 ~ 3 毫米。

无毛，雄蕊连花药长 4 毫米。不育雄蕊有棒状柄，末端膨大，高 2 毫米左右。雌花萼片长 3 毫米。子房较花柱稍长，无毛，花柱粗扁，柱头倒心形，下延达花柱中部。蒴果近球形，长 6 ~ 8 毫米。宿存花柱 2 ~ 3 毫米。花期 3 月，果期 5—6 月（见图 2-12）。

图 2-12　黄杨（A，植株；B，花序；C，果实）

（四）产地与分布

产于陕西、甘肃、湖北、四川、贵州、广西、广东、江西、浙江、安徽、江苏、山东各省区。模式标本采自湖北长阳土家族自治县。常栽培于庭院中。在舟山群岛中各个岛屿仅见于桃花岛。

（五）生境及习性

多生于山谷、溪边、林下。海拔 1 200 ~ 2 600 米。黄杨喜肥饶松散的壤土，微酸性土或微碱性土均能适应，在石灰质泥土中亦能生长。耐阴喜光，在一般室内外条件下均可保持生长良好。长期荫蔽环境中，叶片虽可保持翠绿，但易导致枝条徒长或变弱。喜湿润，可耐连续 1 个月左右的阴雨天气，但忌长时间积水。耐旱，只要地表土壤或盆土不完全干透，无异

常表现。耐热耐寒，可经受夏日暴晒和耐 -20℃左右的严寒，但夏季高温潮湿时应多通风透光。对土壤要求不严，以轻松肥沃的沙质壤土为佳，盆栽亦可以蛭石、泥炭或土壤配合使用，耐碱性较强。分蘖性极强，耐修剪，易成型。秋季光照充分并进入休眠状态后，叶片可转为红色。

（六）保护级别

黄杨被列为国家二级保护植物。

（七）繁殖技术

1. 种子繁殖

9 月初选择土壤疏松肥沃、排水良好的沙壤做播种地。播种量为每平方米 50 ~ 60 克，将种子与适量沙子混合后，均匀撒在苗床上，上覆细土 1 ~ 1.5 毫米，盖上一层草帘子保湿。为防冻害，在 11 月中下旬土壤封冻前，在草帘子上盖土 5 ~ 8 厘米厚。播后种子当年只长胚根不发芽。翌年 3 月中下旬，将草帘子及覆土除去，在苗床上搭塑料拱棚，温度控制在 25℃ ~ 30 ℃。20 天左右胚芽长出土面，此后棚内温度控制在 20℃ ~ 25 ℃，并适当浇水，4 月下旬气温稳定时，拆掉塑料拱棚。

2. 扦插繁殖

扦插苗床应选择地势高、土层深厚、土壤疏松、排灌良好的地块。黄杨用扦插繁殖可随时进行，但在夏季采用当年生长的嫩枝条做插穗，成活率高。在截剪时，对节间已长出小枝的枝条，沿节上下各 0.5 厘米处截断，再按小枝的着生位置把茎节剖成两半，分两枝扦插；对未长出小枝的枝条必须留 2 节，上端在芽的上方 1 厘米处截成平切面，下端在离芽 0.5 厘米处截成马耳形或平切。扦插宜浅不宜深，小枝分株扦插平截面向下，深度以母株入土 1 厘米为宜；大枝扦插的深度为下一茎节插入土中 1 厘米，插穗与地面成 45° 左右倾斜，浅插、斜插有利于插条提前生根成活。黄杨扦插后，要求搭棚遮阴，2 个月左右移植入圃地培育。

（八）价值

1. 药用价值

《本草纲目》记载：“叶苦平无毒。”“主治妇人难产，入达生散中用，又主暑日生疖；捣烂涂之。”以根、叶入药。全年可采，晒干。功能主治：祛风除湿，行气活血。用于风湿关节痛，痢疾，胃痛，疝痛，腹胀，牙痛，跌打损伤，疮疡肿毒。作煎剂或泡酒服；外用适量，捣烂敷患处。民间用以治疗疟疾、梅毒、风湿、皮炎和狂犬病。黄杨木粉是民间流传治疗

“心病”的有效药物（吴征镒，1988；李进禧等，1984）。

药理研究表明：植物总生物碱一般有降压作用；黄杨生物碱作用于迷走神经和心脏，产生心搏缓慢，局部缺血、窦室传导阻滞和心肌损伤。植物总生物碱对胆碱醋酶也有抑制作用。黄杨生物碱有环常绿黄杨碱 *D*（*cyclovirobuxine D*）、环黄杨星 *D*（*cyclobuxine D*）、环常绿黄杨碱 *C*（*cyclovirobuxine C*）、环黄原杨碱 *AD*（*cycloprotobuxamine SA，D*）、黄杨协宁 *G*（*buxenine G*）等。*cyclovirobuxine D*（*CVB*）是对心血管有强烈活性的生物碱。CVB 不仅能显著缩小实验性家兔急性心肌梗死范围，改善垂体后叶素引起的缺血性心电图改变，减少猫冠状动脉血管的静脉血氧含量的差值，并且能降低因肾上腺素引起的心肌耗氧量，提高整体小白鼠及豚鼠心肌细胞的耐缺氧能力，增加冠状动脉血流量，具有保护和增强左心室的收缩作用。同时，其能增加心肌收缩力和改善实验性心律失常。这些药理作用均与临床观察相一致。*cyclovirobuxine C* 经药理及临床证明，也有增加冠状动脉血流量的作用，用于冠心病及冠心病引起的心绞痛。*cyclobuxine D* 是被亚甲基取代的黄杨生物碱，其分子结构很适合与各种磷酸二酯结合，因而对 DNA（脱氧核糖酸）和 RNA（核糖核酸）的复制与转录有可逆的双相控制作用。

2. 园林价值

黄杨盆景树姿优美，叶小如豆瓣，质厚而有光泽，四季常青，可终年观赏。杨派黄杨盆景，枝叶经剪扎加工，成“云片状”，平薄如削，再点缀山石，雅美如画。黄杨春季嫩叶初发，满树嫩绿，十分悦目。古人咏黄杨诗：“飓尺黄杨树，婆要枝千重，叶深圃翡翠，据古踞虬龙。”黄杨是家庭培养盆景的优良材料。园林中常做绿篱、大型花坛镶边，修剪成球形或其他整形栽培，点缀山石或制作盆景。木材坚硬细密，是雕刻工艺的上等材料。黄杨木雕是一种圆雕艺术，取材于黄杨木，发源于乐清。它利用黄杨木的木质光洁、纹理细腻、色彩庄重的自然形态取材。黄杨木雕呈乳黄色，时间愈久，其颜色由浅而深，给人以古朴典雅的美感。

3. 环保价值

研究表明，黄杨能通过根部明显吸收重金属汞。小叶黄杨叶片中的汞含量占根部土壤汞含量的比值为 8.6%。蔺芳等（2015）、王广林等（2011）研究认为，黄杨叶片能明显吸收氯、硫、铜、铅等重金属元素，而且其叶片具有滞留 PM2.5 等颗粒污染物的效果。

（九）研究概况

关于黄杨繁殖的研究，雷珍（2007）研究了黄杨的扦插育苗技术；关于黄杨化学成分的研究，林云量（2006）、张越浩（2014）研究了黄杨非生物碱化学成分，从黄杨分离出 10 种化合物，而马楠（2012）研究了黄杨挥发性有机化合物成分，瓜子黄杨释放的 VOCs 主要有乙酸 -3- 己烯酯（相对含量为 27.10%）、芳樟醇（19.70%）、2- 辛烯（7.20%）；关于黄杨生理特性的研究，谭雪红（2010）研究了土壤干旱对黄杨生理特性的影响，小叶黄杨随着水

分胁迫的加重，主要光合参数 Pn，Tr，Gs 逐渐降低，在中度水分胁迫时 WUE 最高，黄杨具有更强的抗旱能力，而熊右清（2004）研究了黄杨的抗寒能力。

参考文献：

[1]吴征镒．新化本草纲要[M].上海：上海人民出版社，1988：316.

[2]李进禧，正道声，陈曙，等．黄杨宁双盲法治疗冠心病的疗效观察[J].中成药研究，1984（5）：15.

[3]温朝旭，陈根忻，吴人川．黄杨碱 D 治疗冠心病 110 例临床分析[J].中草药，1983，14（2）：27.

[4]邱明华，聂瑞麟，李忠荣，等．金丝矮陀陀植物中甾体生物碱的分离与化学结构[J].有机化学，1990，10（1）：41-43.

[5]梁秉文．治疗冠心病新药黄杨生物碱化学结构特点[J].中药通报，1988，13（11）：38.

[6]汪海孙．冠安片中黄杨木生物碱的紫外分光光度测定法[J].中成药研究，1988（5）：11.

[7]王济，赵泽雪，王雪梅．小叶黄杨和夹竹桃对土壤中重金属元素汞的吸收比较[J].贵州师范大学学报（自然科学版），2007，25（2）：17-19.

[8]蔺芳，张家洋．南京市不同功能区 15 种园林植物叶片铅、铜、氯、硫质量分数的差异性分析[J].浙江农林大学学报，2015，32（5）：809-814.

[9]王会霞，王彦辉，杨佳，等．不同绿化树种滞留 PM 2.5 等颗粒污染物能力的多尺度比较[J].林业科学，2015，51（7）：9-18.

[10]王广林，张金池，庄家尧，等．31 种园林植物对重金属的富集研究[J].皖西学院学报，2011，27（5）：83-87.

十三、全缘冬青

（一）名称

ilex integra Thunb.，属名：*ilex*[拉]，栎树 *quercus ilex.* 冬青属（冬青科）；种加词，*integra*，全缘的，不分裂的，简单的，无锯齿的，无裂片的，无缺刻的。命名人 Thunb.（Carl Peter Thunberg，1743—1828）。

（二）文化

全缘冬青是一种抗风耐瘠薄，海滨珍树，常生于海滨岩石缝中。在 2005 年麦沙卡奴台风危害期间，面海的树叶均枯焦，唯全缘冬青，任凭海水泼溅，依旧叶色葱绿鲜亮。四季常青，树形挺拔，树姿优美，枝密叶浓，叶色深绿，红果缀于枝头，远望十分娇艳。

尽管岛屿拥有丰富的特有物种资源，但由于分布范围局限、生境脆弱且种群数量较少，这些特有种更易于濒危或灭绝，IUCN 收录的濒危物种中约 33% 为岛屿特有种。基因流阻隔、遗传漂变、小种群瓶颈效应及稀有等位基因流失等被认为是造成上述现象的主要因素，而外来种入侵、过度砍伐和生境破坏等人为干扰进一步加剧了这一进程。深入分析岛屿特有种的遗传结构及遗传变异的种群分布格局，对于探讨其濒危机制、生态适应及进化潜能尤为重要，并有助于选定需优先保护的种群及特殊岛屿生境，促进种群自然更新及基因交流。近年来，由于人为干扰及生境丧失，加之全缘冬青自然更新能力较差，其个体数量急剧下降，目前仅零星分布于较为偏远的海岸边，只有桃花岛种群呈小片状分布，百年以上的大树已不足 20 株，被列为浙江珍稀濒危植物（冷欣等，2005）。

（三）形态结构

常绿小乔木，高 5.5 米；树皮灰白色。小枝粗壮，茶褐色，具纵皱褶及椭圆形凸起的皮孔，略粗糙，无毛，皮孔半圆形，稍凸起。当年生幼枝具纵棱沟，无毛；顶芽卵状圆锥形，腋芽卵圆形，无毛。叶生于 1 ~ 2 年生枝上，叶片厚革质，倒卵形或倒卵状椭圆形，稀倒披针形，长 3.5 ~ 6 厘米，宽 1.5 ~ 2.8 厘米，先端钝圆，具短的宽钝头，基部楔形，全缘，叶面深绿色，背面淡绿色，两面无毛，主脉在叶面平或微凹，背面隆起，侧脉 6 ~ 8 对，斜升，于叶缘附近分叉并网结，在叶面可见或不明显，在背面凸起，网状脉在叶面不明显，背面稍明显；叶柄长 10 ~ 15 毫米，无毛，上面具纵槽，背面半圆形，具横皱纹，上半段具叶片下延的狭翅；托叶无。聚伞花序簇生于当年生枝的叶腋内，每分枝具 1 ~ 3 花，基部芽鳞革质，卵圆形，多数；雄花序之聚伞花序具 3 花，总花梗很短，花梗长 3 ~ 5 毫米，无毛，近基部具 2 枚卵形，长 1 ~ 1.5 毫米，具缘毛的小苞片；花 4 基数，花萼盘状，直径约 3 毫米，4 深裂，裂片卵形，长 1 ~ 1.5 毫米，无毛，亦无缘毛；花冠辐状，直径约 7 毫米，花瓣长圆状椭圆形，长约 3.5 毫米，宽约 2 毫米；雄蕊与花瓣近等长，花药卵状长圆形；退化子房半圆形，顶端微凹。雌花未见。果 1 ~ 3 粒簇生于当年生枝的叶腋内，果梗长 7 ~ 8 毫米，无毛，具纵皱纹，基部具 2 枚卵形宿存小苞片；果球形，直径 10 ~ 12 毫米，成熟时红色，宿存花萼平展，轮廓近圆形，具浅的圆形裂片，无毛，亦无缘毛，宿存柱头盘状，中央微凹，4 裂；分核 4，宽椭圆形，长约 7 毫米，背部宽约 4 毫米，背面具不规则的皱棱及洼穴，两侧面具纵棱及沟或洼穴，内果皮近木质。花期 4 月，果期 7—10 月（见图 2-13）。

（四）产地与分布

主要产于我国浙江普陀潮音洞和佛顶山，福建也有出产。分布于朝鲜、日本。模式标本采自日本。在我国舟山群岛主要集中于以东、以南的岛屿，如桃花岛、朱家尖岛、普陀岛、虾峙岛、登步岛、洛迦山、六横岛、庙子湖岛、摘箬山、秀山岛、大长涂岛、定海、岱山。洞头、临海、象山也有分布。

图 2-13　全缘冬青（A，植株；B，树皮；C，花蕾；D，花药；E 子房；F，带果枝条；G，花序；H，果实；I、J，花解剖）

（五）生境与习性

生于海滨山地。常绿小乔木，阳性树种、抗性强、抗风力强、较强的耐盐碱、极耐干旱瘠薄和海风海浪侵袭，适应性广，可在多石砾的面海山坡困难地造林，是浙江等沿海地区沿海防护林建设优良的乡土树种，具有很高的开发价值。其枝叶浓密紧凑，果球形，熟时鲜红色，十分适合作为长三角沿海地区行道树、庭院树、风景林与防护林。生于岩质海岸的石缝、面海山坡的林中或灌丛中，海拔一般在 300 米以下，多以散生状态分布，植株高度多为 6 ~ 8 米，在普陀山、朱家尖岛、洛迦山有 100 年以上古树 21 株，树龄最高约 400 年，树高 12 米，胸径 70 厘米。伴生树种常见的有普陀樟（*cinnamomum japonicum var. chenii*）、红楠（*machilus thunbergii*）、滨柃（*eurya emarginata*）、柃木（*eurya japonica*）、糙叶天仙果（*ficus erecta var.beecheyana*）、日本野桐，（*mallotus japonicus*）、日本女贞（*ligustrum japonicum*）、海桐（*pittosporum tobira*）、厚叶石斑木（*raphiolepis umbellata*）等，在洛迦山，全缘冬青与普陀樟、红楠共同构成舟山群岛古老而特有的常绿阔叶林，伴生的滨柃、柃木、海桐等灌木树种常呈乔木状，高达 6 ~ 7 米。

（六）保护级别

全缘冬青为省级濒危保护植物。

（七）繁殖方法

1. 种子繁殖

在 9—10 月，青果实果皮转为红色，即可采集果实。采回后喷水堆沤 2 ~ 5 天。或水浸 2 天，果肉软化后在竹筐内搓破果皮、捣碎果肉，洗净，晾干，用淡沙湿藏，淡沙的含水量 60%，种子和湿沙的比例为 1 : 3。对于休眠期长（休眠期长达 14 个月左右）、具有隔年出苗特性的全缘冬青，由于储藏时间长，特别在夏季基质的湿度难以控制，通常将种子与湿沙置于陶瓷盆内，埋入室外地下储藏，若一层种子一层湿沙堆置储藏种子容易结块，至次年 11—12 月播种。用 40 ℃温水浸泡 12 小时，再置于 5 ℃冷水中低温处理 24 小时，用 40 ℃温水浸泡 10 小时，用 0.3% 高锰酸钾溶液浸种 20 ~ 30 分钟，取出后再用清水泡 8 ~ 10 小时，置于沙床内催芽。播种采用条播，播种前将播种床表面适当压实，同时苗床在 3 天前必须浇透，播种后均匀覆盖过筛的焦泥灰，覆土厚度为种子直径的 2 ~ 3 倍，镇压，浇水保湿，覆盖稻草。次年 3 月上旬，子叶陆续出土，20 天后出齐，注意遮阴、除草、施肥、灌溉等常规抚育管理工作（徐斌芬等，2007；丁建仁等，2011）。

2. 扦插繁殖

扦插时间以 3 月初最宜，最适基质为泥炭 : 蛭石 : 珍珠岩 = 3 : 5 : 2（体积比），65% 遮阴。采穗时选择生长健壮、无病虫害的植株，处理插穗的植物生长调节剂采用艾比蒂 -ABT1 号生根粉 200 毫升 / 千克处理 [或萘乙酸 NAA（200 毫克 / 升）+ 1% 天 MSO + Vc（500 毫克 / 升）浸泡 0.5 小时，生根率可达 80%] 截制成长 5 ~ 8 厘米的插穗，每一插穗的顶端保留 1 ~ 6 片叶，每一插穗至少有 2 个节间，切口为平口，上切口距芽 1 厘米左右，下切口距芽 0.5 厘米 左右。插后约 40 天有愈伤组织产生，60 天后才陆续生根，当年 9 月统计生根率为 34.2%，次年 3 月统计生根率达到 59.2%，当年依旧有个别插穗继续生根（徐斌芬等，2007；章建红，2014）。

3. 容器育苗

培育 2 年生上山造林容器苗宜采用 12 厘米 ×10 厘米规格的营养钵。基质：2/5 泥炭 + 1/10 珍珠岩 +1/2 圃地土。因全缘冬青发芽率较低，在上盆前要先在圃地或沙床中播种培育芽苗或小苗。待芽苗长出 2 ~ 5 片真叶时，便可移入容器中。5 月移植芽苗。培育 2 年生上山

造林苗木为主，要求苗高40厘米以上，地径0.5厘米以上，园林绿化苗木可换盆继续培育或出圃移植（王国明等，2008）。

（八）价值

1. 绿化价值

全缘冬青极耐干旱瘠薄和抗海风海雾，因此非常适宜应用在沿海风景林、海滨公园建设上，可与厚叶石斑木、海桐等配置构建成为具有海岛特色的灌木风景林，也可与其他乔木、草本层一起，展现错落有致、色彩变化多样、结构符合生态规律、层次多样且群落较为稳定的中亚热带北部海滨风光（陈斌，2016）。全缘冬青作为生态景观树种，可用于海岛松材线虫病除治基地改造。

2. 园林价值

十分适合作为浙江沿海地区的行道树、庭园树、风景林与防护林，孤植树或片林栽植，体现其形体美，具有观果观叶效果和遮阴作用。

3. 经济价值

全缘冬青树干通直，木材结构致密，刨面光滑，为建筑、家具、细木工等优质用材（丁建仁，2011）。

（九）研究概况

关于全缘冬青的繁殖栽培方面的研究，丁建仁等（2011）、王国明等（2008）、徐斌芬等（2007）、章建红（2014）对全缘冬青的种子繁殖、容器育苗、栽培管理进行了研究。张蕊等（2010）阐述了全缘冬青种子休眠期间的生理生化指标变化。陈斌等（2016）介绍了全缘冬青的园林及绿化价值。冷欣等（2005）研究了全缘冬青的遗传多样性，指出朱家尖岛与普陀岛种群亲缘关系较近，而舟山岛栽培种群是由桃花岛自然种群移植而来。章建红等（2010）研究了全缘冬青的变异类型的遗传多样性，指出“小叶枸骨叶”全缘冬青和“小叶密节”全缘冬青亲缘关系较近，全缘冬青和全缘冬青“卵叶密节”亲缘关系最近。关于全缘冬青生理抗性的研究，胡忠义（2008）研究了关于铅胁迫对全缘冬青幼苗生长与生理的影响，表明低浓度的铅对全缘冬青幼苗生长有促进作用，但随着铅浓度的增加，植株生长明显受到抑制。陈闻（2013）研究了干旱胁迫对全缘冬青生理的影响。陈小清（2008）研究了苯气体胁迫对全缘冬青的生理影响。毛志滨等（2006）研究了全缘冬青抗低温的能力。张魏巍（2011）研究了大气 O_3 浓度升高对全缘冬青的影响。O_3 对全缘冬青幼苗的光合作用具有一定的抑制作用，但其对植株总的抗氧化能力未产生明显影响。

参考文献：

[1] 王国明，徐斌芬，王美琴，等 . 全缘冬青容器育苗技术 [J]. 林业实用技术,2008（9）：26-27.

[2] 丁建仁，童建明 . 全缘冬青特征特性及栽培技术 [J]. 现代农业科技，2011（9）：201-202.

[3] 徐斌芬，王国明，王美琴，等 . 全缘冬青和钝齿冬青的分布与繁殖技术 [J]. 中国野生植物资源，2007，26（4）：63-65.

[4] 章建红，陈黎君，张斌，等 . 全缘冬青及其变型变种亲缘关系 RAPD 和 AFLP 分析 [J]. 江西农业大学学报，2010，32（6）：1184-1190.

[5] 冷欣，王中生，安树青，等 . 岛屿特有种全缘冬青遗传多样性的 ISSR 分析 [J]. 生物多样性，2005，13（6）：546-554.

[6] 张蕊，王秀花，章建红，等 .3 种冬青属植物种子解休眠过程中的生理变化 [J]. 浙江林学院学报，2010，27（4）：524-528.

[7] 张衡锋，韦庆翠，汤庚国，等 .7 种冬青对苯气体胁迫的生理响应 [J]. 南京林业大学学报（自然科学版），2015，39（2）：175-178.

[8] 毛志滨，谢晓金，汤庚国 .7 种冬青树种耐低温能力比较 [J]. 南京林业大学学报（自然科学版），2006，30（1）：33-36.

十四、红楠

（一）名称

machilus thunbergii Sieb. et Zucc.，属名：*machilus*[印]，润楠属（樟科）；种加词，*thunbergii*，纪念人名 Carl Peter Thunberg，瑞典植物学家。命名人 Sieb. et Zucc.（Philipp Franz von Siebold，1796—1866），德国内科医生，植物学家，旅行家，日本器物收藏家，生于德国巴伐利亚的维尔茨堡城中一个医生家庭。他的祖父、父亲和叔叔都是维尔茨堡大学的医学教授。他于 1815 年在同一大学开始学习医学。1822 年，他开始作为外科医生服务于荷属东印度军队，在很短的时间内学会了荷兰语和马来语。他作为一个普通医生也赢得了赞誉，并在贸易站附近地区上门治疗。他提供服务不接受付款，但心怀感激的患者们赠给他物品和文物作为替代。这是他的民族志收藏的基础。他收集了许多日常家庭用品、版画、工具和手工制品，集中收集植物、种子、动物以及各种日常工具。Joseph Gerhard Zuccarini（1797—1848），德国植物学家，慕尼黑大学植物学教授，曾经帮助 Philipp Franzvon Siebold 整理和研究其从日本搜集的植物标本，也对从墨西哥发现的植物进行过分类和鉴定。

别名：红润楠、小楠木、猪脚楠、楠仔木、楠柴、白漆柴、乌樟、钓樟，慈溪俗称“钓樟”。

英文名称：red nanmu。

（二）文化

在翠绿色的树冠上挺立着红色的芽苞，十分醒目，因而得名红楠。红楠生长迅速，树体伟丽多姿，枝叶森秀，四季常青，是优美的庭园、行道、绿化树种。日本就以红楠作为重要行道树。红楠还是亚热带和暖温带地区常绿阔叶林及常绿落叶阔叶混交林中的主要建群树种或伴生树种，是地带性顶极森林树种，具有强大的生态功能，可作为改善环境、重建良好人工生态系统的首选生态树种。红楠是集绿化、美化、生态、经济等功能于一体的优良常绿阔叶树种，具有极大的挖掘和发展潜能。

（三）形态特征

常绿中等乔木，通常高 10 ~ 15 米；树干粗短，周围可达 2 ~ 4 米；树皮黄褐色；树冠平顶或扁圆。多枝而伸展，紫褐色，老枝粗糙，嫩枝紫红色，2 ~ 3 年生枝上有少数纵裂和唇状皮孔，新枝及 2 ~ 3 年生枝的基部有顶芽鳞片脱落后的疤痕数环至多环。顶芽卵形或长圆状卵形，鳞片棕色革质，宽圆形，下部的较小，中部的较宽，先端圆形，背面无毛，边缘有小睫毛，上部鳞片边缘的毛浓密。叶倒卵形至倒卵状披针形，长 4.5 ~ 9 厘米，宽 1.7 ~ 4.2 厘米，先端短突尖或短渐尖，尖头钝，基部楔形，革质，上面黑绿色，有光泽，下面较淡，带粉白，中脉上面稍下凹，下面明显凸起，侧脉每边 7 ~ 12 条，斜向上升，稍直，至近叶缘时沿叶缘上弯，多少呈波浪状，侧脉间有不规则的横行脉，小脉结成小网状，在嫩叶上可见，构成浅窝穴，而在老叶的两面上不太明显；叶柄比较纤细，长 1 ~ 3.5 厘米，上面有浅槽，和中脉一样带红色。花序顶生或在新枝上腋生，无毛，长 5 ~ 11.8 厘米，在上端分枝；多花，总梗占全长的 2/3，带紫红色，下部的分枝常有花 3 朵，上部的分枝花朵较少；苞片卵形，有棕红色贴伏茸毛；花被裂片长圆形，长约 5 毫米，外轮的较狭，略短，先端急尖，外面无毛，内面上端有小柔毛；花丝无毛，第三轮腺体有柄，退化雄蕊基部有硬毛；子房球形，无毛；花柱细长，柱头头状；花梗长 8 ~ 15 毫米。果扁球形，直径 8 ~ 10 毫米，初时绿色，后变黑紫色；果梗鲜红色。花期 2 月，果期 7 月。（见图 2–14）。

（四）分布

产于山东、江苏、浙江、安徽、台湾、福建、江西、湖南、广东、广西。日本、朝鲜、印度尼西亚也有分布。水平分布从中国广东到日本中部，垂直分布从日本雪线以上 1 100 米以下的山区到我国台湾地区海拔 150 ~ 2 000 米，都有红楠分布。在舟山群岛主要分布于本岛、朱家尖岛、桃花岛、普陀山。

（五）生境及习性

性喜温暖潮湿气候，稍耐阴，有一定的耐寒能力，对土壤要求不甚严格。主根较发达，深根性，能抗风。生长速度较快，在环境适宜处，1 年生树高便可达 1 米以上，直径可达

2 厘米以上。红楠是一种宽冠型树种，尤其在郁闭条件下，其树冠比一般树种都宽。冠高比达 1.2 以上，这在一般树种中是不多见的。红楠喜湿，耐阴，为常绿阔叶林的优势种，喜生于山地沟谷、湿润肥沃、腐殖质较厚的地方，在 pH 为 4.5 ~ 5.5 的土壤中生长良好。红楠能在年均温 12.4 ℃，温暖指数 101.5 ℃ / 月，寒冷指数 −12.3 ℃ / 月，年降水量 1 016 毫米，土壤为沙壤土或黏质壤土的环境条件下生长良好。常与钩栗、木荷、猴欢喜、甜槠和黄樟等混生。林内最适光照 1 000 ~ 1 500 勒克斯。被砍伐的红楠树桩上，也有萌发 1 ~ 8 株的萌发条，从而证明红楠具有较强的萌蘖性。

图 2–14　红楠（植株、花序及花解剖）

（六）保护级别

为国家三级保护珍稀优良树种，随着野生资源的日趋减少和市场需求量的增加，市场价格猛增，导致有些地方开始出现掠夺式采伐以及过度开发利用或随意对红楠种子采摘、林下幼苗移植等认为损毁破坏必然会对生态系统造成严重破坏，自然种群日趋萎缩，因此其被列

为渐危种。保护和发展红楠树种，对保护生态多样性、维护生态平衡具有十分重要的意义。

（七）繁殖方法

1. 种子繁殖

摇动或振动树枝，成熟果实脱落，从地上收集成熟果实，当天装入编织袋内堆沤 1 ~ 2 天，揉搓，除去果皮、果肉，置水中淘洗干净，立即播种。宜随采随播。若不能马上播种，可沙藏，3 份沙 1 份种子充分混合储藏。苗圃地宜选择日照时间短、光照较弱、排灌方便、肥沃湿润的土壤。种子用 0.5% 的高锰酸钾溶液消毒 2 小时，一般采用条播，播后覆盖火土灰 2 厘米厚，再盖草，以保持苗床湿润。7 月播种至 10 月小苗，搭棚遮阴，当年苗高 10 ~ 12 厘米，次年 2—3 月移栽（田文斌，2007；何素文，2012）。

2. 扦插繁殖

根插育苗：采取催芽埋根法，种根经催芽后再行扦插，可提前 20 天出苗整齐，成活率较高，生长量有明显的增加。于 3 月上旬将催芽后的种根扦插于苗圃垄床，扦插深度以上端与地面持平，并压实，根与土壤密接，浇透水，上面覆盖稻草保湿。嫩枝扦插。①秋季扦插：插穗为半木质化枝条，一般为 1 个顶芽带 2 片当年新发的叶片，插穗长 5 ~ 7 厘米，采集时间以每年的秋季（10月份）最为适宜，用100毫克/千克6号生根粉溶液处理30分钟。苗床，盖好 5 ~ 6 厘米厚的碎细黄心土，插穗插入土中 5 厘米左右，插紧、插正。②春季扦插：在早春红楠尚未萌动前，从幼年母树剪取 1 年生已木质化的健壮枝条作插穗，长度 12 ~ 15 厘米，顶端留 2 片小叶，将插穗基部 2 ~ 4 厘米浸入 50 ~ 100 毫克/千克萘乙酸或 ABT1 号生根粉溶液中浸泡 3 小时，然后扦插。选用沙壤土或轻黏壤土作插床，插床土壤要细碎，扦插深度为插穗长度的 1/2。扦插后浇水淋透，覆盖，保证小拱棚内适宜的温度和湿度，这是保证插穗生根成活的必需措施。扦插后 100 ~ 120 天开始生根（王水平，2010；谢力文，2005）。

3. 嫁接技术

通常采用华东楠树作砧木，以红木枝条或芽作为接穗，嫁接方法为劈接与芽接。

（八）价值

1. 园林绿化价值

红楠的树形优美，树干高大通直，树箍自然分层明显，枝叶浓密，四季常青，是理想的道路、公园、庭院、住宅区等绿化树种。当它发芽抽梢时，鲜红的芽鳞和幼叶鲜艳美丽，呈现一片红红旺旺的生机景象。红楠与绿竹种植伴生在一起，效果更加显著。景观林带建设中，多选用红楠与绿竹、女贞或其他常绿树种搭配，进一步提升生态景观效果（张冬生，2013）。红楠有3个重要观赏期：一是春天发叶期，鲜红的芽鳞和幼叶，鲜艳美丽，生机勃勃；二是春末花期，细小而金黄色两性花繁多，覆盖整个冠，可极大地丰富园林乔木树种春季色彩；三是盛夏果期，鲜红悦目的果柄和蓝黑色的浆果以及深绿色的叶子组合成一幅多彩的调色板（林朝楷，2017）。红楠还能吸收空中的有毒气体，是休闲区及工矿区的优良绿化树种。

2. 经济价值

红楠为江南“樟楠梓柏”四大名贵树种中的一类，属樟科常绿树种，有“红木王”的美称。红楠生长速度较快，木材光泽美丽，强韧硬重，耐水湿，材质优良，是珍贵的硬阔叶树种。木材纹理细致，硬度适中，可供建筑、家具、小船、胶合板和雕刻等用。其树皮可作为薰香原料。其叶与果可提取芳香油。种子可榨油，含油率达65%，供制润滑油及肥皂等原料。红楠还是一种良好的菌用林树种，可作为香菇、银耳的碳源，具有出菇时间长、产量大、品质好等优点。它在《宁波市珍贵用材树种资源发展规划（2009—2020年）》中被列为“一般推荐”对象（徐绍清，2011）。

3. 药用价值

树皮入药，有舒筋活络之效，治扭挫伤筋、吐泻不止等病症。研究发现，红楠叶片和树皮的提取物具有杀虫性、抗癌作用和极强的抗氧化性，可保护大脑皮层细胞受损和抑制黑色素的生成（黄志森，2010）。红楠树皮里面含有一种可以治疗头痛、中风和消化不良等病症的名为“胡巴克”的中草药成分，医用价值极高。

（九）研究概况

关于繁殖方法的研究，红楠的繁殖主要为种子繁殖。田文斌（2007）、何素文（2012）研究了种子繁殖规律。王水平（2010）、谢力文（2005）研究了其扦插繁殖规律。姜荣波等（2011）研究了红楠的遗传多样性，建立了重复性好、稳定性优良的ISSR－PCR反应体系。田晓俊等（2009）对AFLP分析各环节的条件进行了优化和筛选，建立了适合于红楠AFLP分析的最佳反应体系。宋晓琛等（2013）研究了红楠的核形，指出红楠核形公式为2n=2x=24=16m+8sm，染色体相对长度系数组成为$4L+6M_2+10M_1+4S$。冷欣等（2006）研究了岛屿地理隔离对红楠种群遗传结构的影响。关于红楠的群落学研究主要有黄志森（2010）关于《戴云山红楠种群直径分布规律》的研究。曾繁茂（1999）关于《红楠群落特征的初步研究》表明红楠群落比较稳定，处于生长旺盛期。黄宗安（1996）关于《红楠群落主要种群分布格局的研究》表明红楠种群为随机分布。张根水（2010）研究了《红楠天然林种内与种间的竞争关系》，表明随着林木径级的变大，红楠受到的竞争强度逐渐变小，红楠的种内竞争强度与伴生树种细叶青冈相比较而言更弱。王富献等（2010）关于《红楠苗期光

合特性的研究》表明红楠叶片光合速率日变化呈单峰曲线型，不存在光合午休现象，属于阳性树种。

参考文献：

[1] 田晓俊，温强，汪信东，等．闽楠、红楠 AFLP 反应体系建立 [J]. 林业科技开发，2009，23（3）：38-42.

[2] 姜荣波，姜景民，刘军，等．红楠 ISSR-PCR 反应体系的建立和优化 [J]. 林业科学研究，2011，24（2）：194-199.

[3] 宋晓琛，刘玉香，肖复明，等．红楠和凤凰润楠染色体核型分析 [J]. 林业科技开发，2013，27（1）：22-24.

[4] 冷欣，王中生，安树青，等．岛屿地理隔离对红楠种群遗传结构的影响 [J]. 南京林业大学学报（自然科学版），2006，30（2）：20-24.

[5] 黄志森．戴云山红楠种群直径分布规律 [J]. 福建林学院学报，2010，30（2）：133-136.

[6] 江香梅，俞湘．红楠及其研究进展 [J]. 江西农业大学学报，2001，23（2）：231-235.

[7] 王富献，扈明明，张晓琳等．红楠苗期光合特性的研究 [J]. 湖北民族学院学报（自然科学版 ），2010，28（3）：298-301.

[8] 黄宗安．红楠群落主要种群分布格局的研究 [J]. 福建林学院学报，1996，16（1）：49-52.

[9] 张根水．红楠天然林种内与种间的竞争关系 [J]. 福建林学院学报，2010，30（2）：179- 182.

[10] 张冬生，黄锦荣，谢金兰，等．优良景观树种红楠栽培技术及其园林应用探讨 [J]. 园林与种苗，2013（2）：24-26.

十五、大叶榉树

（一）名称

Zelkova schneideriana Hand. -Mazz.，属名：*zelkova*，[希]，*zelkoua* 克里特岛植物原名；[俄] *Selkwa* 高加索植物原名，榉属榆科；种加词，*schneideriana*，大叶榉。命名人 Hand. -Mazz.（Heinrich R.E. Handel-Mazetti，1892—1940），奥地利植物学家，在 20 世纪上半叶研究中国植物，他从中国回到奥地利维也纳后潜心于中国植物的研究，并对分布中心在中国西部的报春花属和珍珠菜属有精深的研究，被当时学术界视为专家。他还邀请了其他一些专家研究他的标本，在此基础上，又查阅了当时西方各大植物研究机构所收藏的植物标本，编写了《中国植物志要》（*Symbolae Sinicae*），于 1937 年在维也纳出版。著作部分共分 7 卷，分别为藻类、

真菌、地衣、藓类、苔类、蕨类和种子植物。著作内容非常丰富，对许多分类群都进行了颇有见地的深入探讨，是当时国际上研究我国植物的一部有总结性的重要著作。他因此被誉为植物学界中国叙述植物学的权威，其著作至今对我国植物学者仍有重要参考价值。

别名：血榉（江苏扬州），鸡油树、黄栀榆（浙江），大叶榆（浙江湖州），“训”（藏语音）（西藏察隅）。

英文名称：Schneider Zelkova。

（二）文化

在我国因“榉”与“举”谐音，古时候上自士绅门第，下至平民百姓，均自发地挖取野生的榉树苗，种植于房前屋后，取意“中举”之意。有的城市以榉树命名，如青岛市的“榉树公园”，江苏省常州市金坛区将榉树作为市树。在韩国，人们认为榉树与韩国民族的性格和审美情趣相吻合，因此榉树常被誉为代表宽容、忍耐、和平与和睦之树。韩国民间“榉树爱好者协会”的会员购买榉树树苗免费赠送并教授栽培方法。从明代开始，榉树成了重要家具用材，是苏式明清家具发展的源头。国外对榉树研究较多的国家是日本，早在20世纪90年代，日本林木育种中心就将榉树列入具有重要价值的阔叶树种，开展了遗传改良研究工作。日本人菊池善隆从20世纪80年代起就组织了“绿色奠祭活动”，此后每年清明前夕他组织“悼念南京大屠杀受害者植树访华团”到南京栽植榉树，以表哀悼，为推动中日友好关系作出了贡献。榉树寿命极长，常被人们寓意“福泽长寿”，并经常与宗教祭祀活动联系在一起。大河科考队在河南林州双龙寺前发现一株近千年的大叶榉，作为护寺树木，一直守护在双龙寺前。韩国著名旅游胜地永宗岛上的白云山龙宫寺前有两棵距今1 300年的榉树，被当地人尊称为“爷爷榉”“奶奶榉”。

目前，培育1年生榉树小树苗每公顷产值可达72万元，培育应用于园林绿化的工程苗每公顷的产值年平均收益达6.32万元。

花语：中举，步步高升。

（三）形态特征

乔木高达35米，胸径达80厘米；树皮为灰褐色至深灰色，呈不规则的片状剥落；当年生枝灰绿色或褐灰色，密生伸展的灰色柔毛；冬芽常2个并生，球形或卵状球形。叶厚纸质，大小形状变异很大，卵形至椭圆状披针形，长3～10厘米，宽1.5～4厘米，先端渐尖、尾状渐尖或锐尖，基部稍偏斜，圆形、宽楔形、稀浅心形，叶面绿，干后深绿色至暗褐色，被糙毛，叶背浅绿，干后变淡绿至紫红色，密被柔毛，边缘具圆齿状锯齿，侧脉8～15对；叶柄粗短，长3～7毫米，被柔毛。雄花1～3朵簇生于叶腋，雌花或两性花常单生于小枝上部叶腋。核果与榉树相似。花期4月，果期9—11月（见图2-15）。

图 2-15　大叶榉树（A，B：植株；C：树干；D，E：树皮；F，G：果实；H：花解剖图）

（四）分布

产于陕西南部、甘肃南部、江苏、安徽、浙江、江西、福建、河南南部、湖北、湖南、广东、广西、四川东南部、贵州、云南和西藏东南部。华东和中南地区有栽培。模式标本采自湖南长沙，产于本岛、金塘岛、普陀山、桃花岛。

（五）生境及习性

常生于溪间水旁或山坡土层较厚的疏林中，海拔 200 ~ 1 100 米，在云南和西藏可达 1 800 ~ 2 800 米。以幼龄个体的数量居多，处于Ⅰ龄级的榉树个体死亡率比较高。大叶榉种群的自然更新情况良好，自然更新的主要方式是依靠种子繁殖，幼龄数量储备充足。常与壳斗科、樟科等一些树种及毛竹之类组成混交林。榉树适应性广，喜光，喜温暖湿润气候，可在肥沃的酸性、中性及钙质土、石灰性的土壤中生长。常散生或混生于阔叶林中。在石灰岩山地多与喜钙树种生长在一起。忌积水地，不耐干旱；耐烟尘，抗有毒气体；抗病虫害能力强。深根性，侧根广展，抗风力强。

（六）保护级别

由于乱砍滥伐，严重破坏了大叶榉天然种群和其生境，且其天然更新能力较差，大叶榉资源逐渐枯竭，1999年8月被列为国际二级重点保护的野生植物。

（七）繁殖方法

1. 组织培养

汪灵丹（2010）等研究了诱导顶芽萌发的最佳培养基为WPM+BA 1.0毫克/升，萌芽率可高达98.3%；最佳增殖培养基为WPM+BA 4.0毫克/升，增殖系数达15。对大叶榉组培苗生根诱导和移栽，大叶榉的最佳生根培养基为WPM+ABT 2.0毫克/升，生根率可达97.3%，且生根的质量较好。炼苗阶段以黄心土和腐殖质土（质量比为2：1）为基质进行移栽，成活率高达100%。郭程程等研究大叶榉的组培快繁，发现适于腋芽诱导的培养基为1/2MS+6-BA 5.0毫克/升+NAA 0.5毫克/升，诱导萌芽率可达19.3%，高浓度的6-BA有利于腋芽的萌发。适于茎段愈伤组织诱导的培养基为1/2MS+2，4-D 4.0毫克/升+6-BA 0.1毫克/升，通过暗培养愈伤诱导率可达19.2%。

2. 扦插繁殖

刘德良等（2001）研究认为，榉树扦插季节以早春扦插比秋季扦插好；枝条宜选粗壮饱满，以径粗大于1.2厘米的枝条为佳；插前宜用激素处理，其中以浓度为100毫克/升的ABT1号处理效果最佳。吴学礼（2008）研究认为，采用实生苗截干后萌发的穗条扦插，以均匀混入腐殖土的土壤作基质，中部插条，插条粗0.6 ~ 1.0厘米，1 000毫克/升ABT生根粉液浸泡15 ~ 20分钟后的扦插方案最好。刘海龙等（2013）研究认为，使用200毫克/升的GGR生根剂浸泡插穗17小时扦插可获得最佳的生根效果，其生根率为72.5%。张春桃（2011）研究认为，用以扦插的采穗母树以幼龄树比较合适；扦插基质以珍珠岩：泥炭土等于3：1的为宜；榉树扦插用的激素以NAA与IBA混合使用的效果好，其中以3.0克/升的IBA和3.0克/升的NAA混合的效果最好。

3. 播种繁殖技术

10月中下旬，当果实由青转为黄褐色时应及时采种；在室内通风干燥处自然阴干7 ~ 8天。

榉树种子具休眠现象，采用湿沙低温层积储藏至翌春 3 月播种，则发芽率可达 24.45%。种子与湿沙（体积比）按 1∶3 混匀，种子量少则可将种子与湿沙混合后装塑料袋，置 3 ～ 5 ℃的低温冰箱中贮藏。在土质肥沃且排水良好的壤土地上建立榉树育苗圃。播种（南方）以雨水至惊蛰时节，当气温升至 12 ℃以上，土壤表面温度在 10 ℃时为最佳。播种前用冷水浸种 1 天后再采用 300 毫克 / 千克赤霉素浸种 1 天，然后用 0. 5% 高锰酸钾溶液浸种 15 分钟以消灭种子所带病菌并清水漂洗 3 次。加磷肥拌种，一般采用条播（条距 25 厘米）的方式。覆盖约 5 毫米厚的细黄心土。保湿，25 天出苗（舒三洪，2013）。

4. 容器育苗技术

郭成宝等（2011）研究认为，播种、扦插采用基质为草炭与蛭石（体积比）按 1∶1 混合。大苗培育选用砻糠、菌渣、药渣、植物秸秆等，经充分腐熟后作为有机肥，按肥土∶有机肥∶泥炭土∶蛭石 = 5∶2∶2∶1（体积比）的比例混合。播种、扦插采用 72 孔深 4 厘米的穴盘。大苗培育容器采用 10 厘米 ×10 厘米、15 厘米 ×15 厘米、18 厘米 ×18 厘米等规格的营养钵。付玉嫔等（2006）认为育苗基质和容器规格对苗木的生长影响十分显著，光照和水分的充分补给显著地促进了苗木生长。运用 80% 森林土 +20% 火烧土及 20% 复合肥均匀混合的培育基质，采用大规格的容器 15 厘米 ×19 厘米，在育苗期间定期追施沼气肥，可取得榉树容器苗壮苗培育的良好效果。

（八）价值

1. 园艺学价值

树体高大雄伟，树冠广阔，树形优美，叶色四季变换，随季相而变化，春季新叶一般是红色，秋叶则有黄色、红色、橙色、绿色等多种，观赏价值佳，适合作行道、庭院和林荫树种。可孤植或群植于公园和广场的草坪、建筑旁作为庭荫树；或与常绿树种混植成风景林；或列植于人行道、公路旁作为行道树。在城市居民区及农村“四旁”绿化都可推广应用，是长江中下游各地的重要园林树种。榉树具有易成活、寿命长、侧枝萌发能力强等特点，主干截干后，形成大量的侧枝，因而它也是制作盆景的上佳植物材料。森林公园采用榉树进行造林或林相改造，与色彩反差较大的常绿树种搭配，能够增加人们视野的深度，创造“秋色无限”等独特景观；利用其春季和秋季叶色的变化，间植以桂花、海桐等常绿灌木，既弥补了城市街道色彩单调的缺憾，又达到了软化街道和城市的立面效果。可以选用榉树植于幼儿游戏区和老年人休息场，既能遮阴，又可以利用树下空间进行活动；还可将其配植在庭院空地、小区园路尽端和交叉处，并与地形、地貌相结合来展现其优美的姿韵；亦可同海棠、丁香、紫薇等配置（茹雷鸣，2007）。

2. 经济学价值

大叶榉具有生长快、材质优良、坚韧耐用、耐腐蚀、花纹美观等特点，常被用作高档家具及装饰用材。在明清红木家具未成熟之前，江南地区广泛用大叶榉制作传统家具。大叶榉木材是当时南方家具的主要用材，民间流传着“无榉不成具”的说法。大叶榉木材为环孔材，木纤维径向排列，木射线异形多列；心材中的导管为侵填体填充，增加了木材的耐腐性。30 年内其生长迅速，30 年后生长速率急剧下降，大叶榉用材林的成熟采伐年限为 30 年左右。茎皮等富含纤维，可用于造纸等。

3. 生态学价值

它是亚热带常绿阔叶林的重要组成种，在维护和改善生态环境方面起着十分重要的作用。大叶榉根系发达，能固持水土，涵养水源，是良好的生态树种。大叶榉还具有树龄长，抗风、抗旱、病虫害少等特点，便于推广。

4. 药用价值

榉树皮可治头痛、热毒下痢、水肿；榉树叶具有清热解毒、凉血等功效，主治疮疡肿痛，崩中带下，外敷可治轻度火伤及烂疮等。

（九）研究概况

王旭军等（2012）研究了榉树的光和生理特性，红榉的净光合速率日变化呈双峰形，呈轻微的光合午休现象。程红梅等（2008）研究了大叶榉树的群落学，认为植物区系地理成分主要由热带和温带区系成分组成，并具有明显的过渡性特征，群落中大叶榉正处于旺盛生长期，自然更新良好，在未来的演替中，马尾松针叶树种将会逐渐减少，演替为稳定的落叶阔叶林结构。赵旺兔等（2013）研究了木材，为环孔材，年轮明显；早材部分管孔由 1 ~ 2 列导管分子呈环状排列，而晚材部分则由多个螺纹维管管胞和小导管分子组成管孔团，木纤维径向整齐排列，其含量在边材部分较少，而在心材部分较多，表明榉树在不同生长期形成层分化的各种类型细胞的比例不同；木射线异形多列，由横卧细胞构成主体，而由方形细胞或直立细胞构成射线的边缘部分，形成多列射线的单列尾端；轴向薄壁细胞傍管型环管状小导管分子和维管管胞具螺纹加厚，导管在心材中为侵填体填充而增加了木材的耐腐性。刘勋成等（2005）研究了其遗传多样性，认为总的遗传变异中有 80.28% 存在于群体内，群体间的遗传变异仅占总变异的 19.72%。孙崇鲁等（2005）研究了其化学成分，共鉴定出 64 种化学成分。

参考文献：

[1] 刘海龙，李俊福，覃子海，等 . 大叶榉研究进展 [J]. 广西林业科学，2015，44（3）：271-275.

[2] 刘德良，张琴，陈志阳．榉树扦插繁殖试验[J]. 中南林学院学报，2001，21（1）：93-94.

[3] 吴学礼，付玉嫔，祁荣频，等．榉树扦插繁殖技术试验初报[J]. 林业调查规划，2008，33（3）：140-142.

[4] 刘海龙，张日清，汪灵丹，等．榉树嫩枝扦插技术的研究[J]. 中南林业科技大学学报，2013，33（9）：11-13.

[5] 张春桃，胡希军，罗雪梅，等．榉树的扦插繁殖技术[J]. 经济林研究，2011，29（2）：108-110.

[6] 舒三洪，梅小华，谢禄山．榉树播种育苗技术[J]. 湖南林业科技，2013，40（6）：47-49.

[7] 郭成宝，衡燕，桂勇武，等．榉树容器苗生产技术[J]. 北京农业，2011（6）.

[8] 付玉嫔，杨卫，祁荣频，等．榉树容器苗壮苗培育技术研究[J]. 西部林业科学，2006，35（2）：31-35.

[9] 茹雷鸣，张燕雯，姜卫兵．榉树在园林绿化中的应用[J]. 广东园林，2007（6）：50-52.

[10] 王旭军，吴际友，唐水红，等．红榉光合生理特性日变化规律[J]. 湖南林业科技，2012，39（1）：10-13.

[11] 程红梅，孙崇波，汤庚国．江淮丘陵大蜀山大叶榉群落学特征[J]. 福建林学院学报，2008，28（4）：322- 327.

[12] 赵旺兔，甘小洪，丁雨龙．榉树木材的发育解剖学研究[J]. 南京林业大学学报（自然科学版），2003，27（3）：39-43.

[13] 刘勋成，李玉媛，陈少瑜．不同榉树种源遗传多样性的 ISSR 分析[J]. 西部林业科学，2005，34（2）：43-47.

[14] 孙崇鲁，汤小蕾，陈磊．榉树叶挥发油化学成分的 GC-MS 分析[J]. 中国实验方剂学杂志，2015，21（19）：53-56.

十六、枸骨

（一）名称

ilex cornuta Lindl. et Paxt. 属名：*ilex*，[拉]，栎树 *quercus Ilex.* 冬青属（冬青科）；种加词，*cornuta*，角状的，说明它有角状的刺。命名人 Lindl. et Paxt.（John Lindley，1799—1865），英国植物学家，有超过 200 种植物是以他命名的。在诺维奇接受教育，1820 年写出第一本专著 *Monographia Rosarum*，不久后在伦敦参与植物大百科全书的撰写。1829 年，他被任命为伦敦大学学院植物学系的主席，此后他一直担任这一职位到 1860 年，被公认为他所在时代的兰花权威。君子兰就是由他命名的，将王莲定为王莲属。Joseph Paxton（1803—1865），英国著

名的园丁、作家和建筑工程师，是英国著名建筑英国伦敦水晶宫的设计师，生于贝德福德郡。他的父亲是位农场主，虽然他曾经学过绘画，但受其父的影响，最终成为一位园艺师。1837年，一位英国探险家在圭亚那发现美丽的王莲，便采集了种子带回了英国，他把种子交给查丝华斯庄园首席园艺师 Joseph Paxton 种植，Joseph Paxton 把它放在盛满温水的浴缸里，设计了一个运动转轮使水循环流动，以模仿原始生态环境，很快植物开始发芽，三个月后王莲开始长出巨大的叶子，开出美丽的花朵。Joseph paxton 将花以维多利亚王莲命名，*victoriaamazonica sonerby*，并作为礼物献给了维多利亚女王。王莲越长越大，有一天，他把 7 岁小女孩抱放在其中的一片叶子上观赏花朵，水上飘逸的绿叶居然轻而易举地承担起小女孩的体重。他翻开叶子观察其背面，只见粗壮的茎脉纵横呈环形交错，构成既美观又可承受巨大承重力的整体。这个发现顿时给了他灵感，一种新的建筑观念在脑中形成。不久，他在为王莲建造查丝华斯温室时，用铁栏和木制拱肋为结构，用玻璃为墙面，首创了新颖的温室。该建筑除了简洁明快功能之外，还可以预先制造，这样的建筑成本低廉，施工快捷。这一独特的构造方式赢得了建筑业的赞誉。

别名：猫儿刺（《本草纲目》），老虎刺、八角刺（中国高等植物图鉴），鸟不宿（《云南植物志》），枸骨（误写，《浙江植物志》），猫儿香、老鼠树（《江苏植物志》）。古代称其为“皋卢”，因其木质肌白似骨，故名为“枸骨”。在广东的连南、连山等瑶胞聚居区称其为“大叶茶”或“苦丁茶”。

英文名称：Horny Holly。

（二）文化

在基督教盛行的欧美国家，圣诞节是一年中最快乐的节日。在此期间，人们互赠应时花卉，表达良好祝愿，并用以圣诞命名的花木，把橱窗、厅堂装扮得花团锦簇、焕然一新。枸骨就是重要的圣诞花木之一。其叶片有尖刺，碧绿光泽，果实鲜红，莹润若珠，密布满树，蔚为壮观。用枸骨的枝叶扎成彩门，或用枸骨的盆景、盆栽布置会场，以显示气氛之庄严。

花语：平安。

（三）形态特征

常绿灌木或小乔木，高 0.6 ~ 3 米；幼枝具纵脊及沟，沟内被微柔毛或变无毛，2 年生枝褐色，3 年生枝灰白色，具纵裂缝及隆起的叶痕，无皮孔。叶片厚革质，二型，四角状长圆形或卵形，长 4 ~ 9 厘米，宽 2 ~ 4 厘米，先端具 3 枚尖硬刺齿，中央刺齿常反曲，基部圆形或近截形，两侧各具 1 ~ 2 刺齿，有时全缘（此情况常出现在卵形叶）；叶面深绿色，具光泽，背淡绿色，无光泽，两面无毛，主脉在上面凹下，背面隆起，侧脉 5 或 6 对，于叶缘附近网结，在叶面不明显，在背面凸起，网状脉两面不明显；叶柄长 4 ~ 8 毫米，上面具狭沟，被微柔毛；托叶胼胝质，宽三角形。花序簇生于 2 年生枝的叶腋内，基部宿存鳞片近圆

形，被柔毛，具缘毛；苞片卵形，先端钝或具短尖头，被短柔毛和缘毛；花淡黄色，4 基数。雄花：花梗长 5 ~ 6 毫米，无毛，基部具 1 ~ 2 枚阔三角形的小苞片；花萼盘状，直径约 2.5 毫米，裂片膜质，阔三角形，长约 0.7 毫米，宽约 1.5 毫米，疏被微柔毛，具缘毛；花冠辐状，直径约 7 毫米，花瓣长圆状卵形，长 3 ~ 4 毫米，反折，基部合生；雄蕊与花瓣近等长或稍长，花药长圆状卵形，长约 1 毫米；退化子房近球形，先端钝或圆形，不明显的 4 裂。雌花：花梗长 8 ~ 9 毫米，果期长达 13 ~ 14 毫米，无毛，基部具 2 枚小的阔三角形苞片；花萼与花瓣像雄花；退化雄蕊长为花瓣的 4/5，略长于子房，败育花药卵状箭头形；子房长圆状卵球形，长 3 ~ 4 毫米，直径 2 毫米，柱头盘状，4 浅裂。果球形，直径 8 ~ 10 毫米，成熟时鲜红色，基部具四角形宿存花萼，顶端宿存柱头盘状，明显 4 裂；果梗长 8 ~ 14 毫米。分核 4，轮廓呈倒卵形或椭圆形，长约 7 ~ 8 毫米，背部宽约 5 毫米，遍布皱纹和皱纹状纹孔，背部中央具 1 纵沟，内果皮骨质。花期 4—5 月，果期 10—12 月（见图 2-16）。

图 2-16　构骨（A，植株；B，种子；C，花形态图；D，花药着生方式；E，花柱；F，柱头顶端；G，花解剖图；H，柱头顶端放大）

（四）分布

产于江苏、上海、安徽、浙江、江西、湖北、湖南等省市，云南昆明等城市庭园有栽培，欧美一些国家植物园等也有栽培，在朝鲜也有分布。模式标本采自上海。舟山群岛除了中街山列岛外，各个岛屿均有分布。

（五）生境及习性

该树种生于海拔 150 ～ 1 900 米的山坡、丘陵等灌丛中、疏林中以及路边、溪旁和村舍附近。喜光，耐阴，对气候和土壤适应性强，具有耐干旱、耐水涝、耐瘠薄和耐寒冷等特点，在中性、酸性及碱性土壤上均能生长，以中性、微酸性土生长最佳，肥沃的土壤上叶质更厚、更亮，叶面立体感特强。萌芽能力强，耐修剪、易造型。

（六）繁殖方法

1. 组织培养

周喜军（2008）研究认为，种胚萌发培养基为 1/2MS+$GA_3$1.0 毫克 / 升；壮苗培养基为 MS+BA 1.5+NAA0.5 毫克 / 升；不定芽诱导培养基为 MS+BA 2.0+NAA 0.1 毫克 / 升；增殖与继代培养基为 MS+BA 3.0+KT 0.5+IBA 0.5 毫克 / 升，或 MS+BA 2.0+KT 0.5+IBA 0.5 毫克 / 升；生根培养基为 1/2MS+IBA 0.2+NAA 0.2 毫克 / 升。

2. 扦插育苗

储建新（1996）研究认为，扦插基质为腐熟树叶与田园土（体积比）按 3 ∶ 1 的比例混合而成；插穗选择 2 年生枝条或当年生带踵枝条。株行距 5 厘米 ×8 厘米，扦插深度为穗长的 1/2 ～ 2/3，插后浇足水。

3. 播种繁殖

苏继海（2013）研究认为，可于 9 —10 月间采下成熟种子，堆放后熟，待果肉软化后捣烂，淘出种子阴干。种子要后熟 3 个月才能发芽，低温沙层积至第 2 年秋后条播，第 3 年春幼苗出土。发芽适宜温度为 18 ℃ ~ 22 ℃。出苗前要保湿遮阴，移植时需带土球，因枸骨须根稀少，操作时要特别防止散球，同时要剪去部分枝叶，以减少蒸腾，否则难以成活。

（七）价值

1. 药用价值

化学成分：三萜皂苷及其苷元；黄酮及其苷类（槲皮素、异鼠李素和金丝桃苷）；多酚

类及其衍生物（3，4- 二咖啡酰鸡纳酸和 3，5- 二咖啡酰鸡纳酸）；脂肪酸类（长链脂肪酸或醇链状倍半萜）。药理作用：降血脂作用，对高血脂有良好的预防作用；抑菌作用，对金黄色葡萄球菌、沙门氏菌和大肠杆菌均有一定的抑菌活性；抗生育作用，枸骨可使小白鼠生育功能下降；单体化合物的药理作用，枸骨中含有大量的熊果酸，研究证明，熊果酸具有镇静、消炎、抗菌、抗糖尿病、抗溃疡和降低血糖等多种生物效应。近年来发现，熊果酸具有较显著地提高免疫的作用及抗致癌、抗促癌、诱导 F9 畸胎瘤细胞分化和抗血管生成作用。枸骨叶中含有槲皮素和金丝桃苷，具有较强的镇痛、增强脑组织血流量和抗脑缺血性损伤等活性。据《古今本草》的记载：枸骨根，性微凉，味微苦，无毒；可作滋补强壮药，有疏风清热、凉血解毒、祛风通络、补肾健骨、逐风疗痹、止痛之功效；可用于治疗风湿性关节酸痛，腰肌劳损、筋骨痛、疝痛、头痛、牙痛、瘰疬、臁疮、流火、黄疸型肝炎、淋巴管炎、荨麻疹、白带过多和慢性腹泻等多种病症。枸骨叶，味苦，气凉，无毒；入肝入肾之药，有清热养阴、平肝益肾、退骨蒸等功效，主治肺痨咳嗽咯血、骨蒸潮热、头晕、目眩、耳鸣、高血压、肾虚腰痛、劳伤失血、风湿痹痛、腰膝痿弱、骨结核、跌打损伤、头痛、牙痛、黄疸型肝炎等症。枝叶烧灰，淋取汁，涂白癜风，亦可作稠煎敷之，枝叶和以赤糖、红枣或乌枣同煎，可补肝肾，健腰膝，又能生津止渴，以叶代茶。枸骨子，苦、涩、微温，有滋阴益精、活血化瘀、坚强筋骨、填补髓脏、固敛精血、止泻、止血、固下止咳之功效，可用于治疗筋骨疼痛、身体虚弱、崩带、泄泻、淋浊、白带过多和慢性腹泻等症，用于阴虚内热，作滋养解毒药，与女贞子同功，也可用其泡酒服。另外，枸骨树皮也有补阴、益肝肾之功效，用其浸酒，可补腰脚令健，可用来治疗风湿性关节炎等病。

2. 苦丁茶

苦丁茶是一种我国南方各民族最常用的传统植物代用茶，在民间的饮用历史悠久。苦丁茶具有清热解毒、清心降火、健胃消积、止咳化痰、生津止渴、明目、抗辐射、抗衰老、活血化瘀、降血压、降血脂、降胆固醇等功效。

3. 环保价值

具有滞尘作用。

4. 园林价值

枸骨的枝叶稠密，叶形奇特，深绿光亮，入秋红果累累，经冬不凋，鲜艳美丽。枸骨是良好的观叶、观果树种，既作基础种植及岩石园林材料，也可孤植于花坛中心、对植于前庭、路口，或丛植于草坪边缘。同时，它是很好的绿篱及盆栽材料，选其老树桩制作盆景亦饶有风趣。果枝可供瓶插，经久不凋。装饰应用既可在庭院作绿篱栽培，也可盆栽陈设于厅堂，放在几架上，因其带刺勿让儿童触摸，以免受伤。

5. 经济价值

种子含油，可制作肥皂；树皮可作染料。其叶含皂苷、鞣质、苦味质等；其树皮含生物碱等。

（八）研究概况

关于枸骨光合特性的研究，何理坤等（2011）比较了无刺枸骨与枸骨的光合特性差异。尤杨等（2014）研究了无刺枸骨的光合特性，认为无刺枸骨净光合速率日变化规律呈双峰曲线，有午休现象。王利英等（2009）研究了枸骨的荧光特性，认为枸骨具有较高的电子传递活性和防御光抑制破坏的能力，而且电子传递效率明显高于其他植物。关于枸骨化学成分的研究，周曦曦等（2013）、范琳琳等（2011）报道了其根的化学成分；周思祥（2012）报道了其叶的化学成分。关于枸骨繁殖，储建新（1996）研究了枸骨的扦插育苗繁殖；周喜军（2008）研究了枸骨的组织培养。

参考文献：

[1] 储建新．枸骨夏插育苗试验 [J]. 江苏林业科学，1996，23（3）：46-47.

[2] 周曦曦，许琼明，周英，等．枸骨根的化学成分研究 [J]. 中药材，2013，36（2）：233-236.

[3] 范琳琳，陈重，冯育林，等．枸骨根的化学成分研究 [J]. 中草药，2011，42（2）：234-236.

[4] 周思祥，姚志容，李军，等．枸骨叶的化学成分研究．中草药，2012，43（3）：444-447.

[5] 王利英，楼炉焕，王超，等．3 种冬青属植物气体交换参数及叶绿素荧光特性 [J]. 浙江林学院学报，2009，26（1）：27-31.

[6] 何理坤，李雪芹，金松恒．枸骨和无刺枸骨不同光强下光合能力的比较 [J]. 中国农学通报，2011，27（13）：37-41.

[7] 尤扬，张晓云，王贤荣，等．无刺枸骨秋季光合特性的初步研究 [J]. 资源开发与市场，2014，30（5）：523-525.

[8] 彭国全，杨冬梅．枸骨的药用功效与保健作用 [J]. 江西农业学报，2011，23（6）：79-82.

[9] 左文健，梅文莉，曾艳波，等．枸骨的化学成分和药理活性研究进展 [J]. 安徽农业科学，2011，39（27）：16560 - 16562.

十七、大叶胡颓子

（一）名称

elaeagnus macrophylla Thunb.，属名：*elaeagnus*[希]，*elaion* 油 +*agnos* 牡荆，胡颓子属（胡颓子科）；种加词，*macrophylla*，大叶的。命名人 Thunb.（Carl Peter Thunberg，1743—1828）。

别名：圆叶胡颓子。

英文名称：Longleaf Elaeagnus。

（二）形态特征

常绿直立灌木，高 2 ~ 3 米，无刺；小枝呈 45°开展，幼枝扁棱形，灰褐色，密被淡黄白色鳞片，老枝鳞片脱落，黑色。叶厚纸质或薄革质，卵形至宽卵形或阔椭圆形至近圆形，长 4 ~ 9 厘米，宽 4 ~ 6 厘米，顶端钝形或钝尖，基部圆形至近心脏形，全缘，上面幼时被银白色鳞片，成熟后脱落，绿色，干燥后黑褐色，下面银白色，密被鳞片，侧脉 6 ~ 8 对，与中脉开展呈 60° ~ 80°，近边缘 3/5 处分叉而互相连接，两面略明显凸起；叶柄扁圆形，银白色，上面有宽沟，长 15 ~ 25 毫米。花白色，被鳞片，略开展，常 1 ~ 8 花生于叶腋短小枝上，花枝褐色，长 2 ~ 3 毫米；花梗银白色或淡黄色，长 3 ~ 4 毫米；萼筒钟形，长 4 ~ 5 毫米，在裂片下面开展，在子房上骤收缩，裂片宽卵形，与萼筒等长，比萼筒宽，顶端钝尖，内面疏生白色星状柔毛，包围子房的萼管椭圆形，黄色，长 3 毫米；雄蕊的花丝极短，花药椭圆形，花柱被白色星状柔毛，顶端略弯曲，超过雄蕊。果实长椭圆形，被银白色鳞片，长 14 ~ 18 毫米，直径 5 ~ 6 毫米；果核具 8 肋，内面具丝状棉毛；果梗长 6 ~ 7 毫米。花期 9—10 月，果期次年 3—4 月（见图 2–17）。

（三）分布

产于山东、江苏、浙江的沿海岛屿和台湾。日本、朝鲜等国家也有分布。各地庭园常有栽培，以供观赏。

（四）生境及习性

喜光、根系发达，耐干旱瘠薄，对土壤要求不严，抗海风、海雾，较耐寒、耐修剪。产于山东海滨青岛、威海、海滨岛屿，崂山东部海拔 300 米以下低山阳坡及近海大小岛屿也有分布。伴生种有红楠、黄连木、山茶、竹叶椒、玉铃花、四照花、流苏、野花椒、爬行卫矛、络石、木通、美丽胡枝子、芫花、白羊草、黄芩、柴胡、桔梗、黄背草、萱草等。形成常绿及落叶阔叶林景观。

图 2–17　大叶胡颓子（上图：果实；下左图：叶片背面；下中图：花柱；下右图：果实及萼片）

（五）繁殖方法

1. 播种繁殖

5 月采种，去果肉；清洗，晾干。用 0.5% 高锰酸钾溶液浸泡 0.5 小时，冲洗干净后，条播或点播。

2. 扦插繁殖

初春，选取 2 年生枝条作插穗，培养基质为河沙。

3. 分株繁殖

春季将大墩劈开，带根移栽，成活率高。

（六）价值

1. 园艺价值

四季常绿，叶色翠绿，匐枝优美，白花芳香四溢，果实奇特，色泽美观，花果期长达20天，花果叶枝俱佳，是一年四季均可观赏的优良花木。可用于公园、庭院及街道绿化，也可用于山岩坡地的立体绿化，或用于攀缘棚架，墙角、墙垣的绿化。

2. 药用价值

其根叶果均可入药，有收敛、止泻、平喘、止咳、治吐血不止的功效，民间常以果皮代替丹皮应用，可用于治妇科病。其叶及根中不仅含有甾体或三萜类糖及苷类，还含有有机酸、蛋白质、氨基酸、多肽、皂苷、强心苷等。根及叶中含有多种活性物质，而且有多种药理功能。其根茎叶对4种常见呼吸道感染菌和革兰氏阳性菌有较强的抑制作用。其叶片具有明显的止咳作用，粗提物40毫克/千克低剂量就表现出与高剂量二氧丙嗪片一样的止咳效果。对革兰氏阴性菌也有显著的抑菌效果。由于大叶胡颓子具有显著的抑菌效果，因此利用这一乡土药材资源具有非常重要的理论意义和实际应用价值（赵智博,2010；刘建萍,2011；王干,2013；杨梦璇,2014）。

3. 生态学价值

作为防护林树种，大叶胡颓子对于荒山水土保持具有重要意义，同时它也是荒山造林、基岩和沿岸海防护林优选树种。

（七）研究概况

关于大叶胡颓子的抑菌作用，赵智博等（2010）、刘建萍等（2011）研究了大叶胡颓子茎的抑菌活性，指出大叶胡颓子茎提取物对铜绿假单胞菌、金黄色葡萄球菌、克氏杆菌、大肠杆菌和枯草杆菌有较强的体外抑制作用。关于大叶胡颓子止咳作用的研究，杨梦璇等（2014）研究认为，大叶胡颓子叶具有显著的止咳作用。关于大叶胡颓子化学成分的研究，刘建萍等（2010）研究了其茎和叶片的化学成分。张燕琴、刘建萍（2010）研究指出，大叶胡颓子茎中含有多种药理活性成分，有望成为防癌新资源。

参考文献：

[1] 刘建萍，由宝昌，张晓晖，等．大叶胡颓子根和茎抗菌作用的研究[J]. 时珍国医国药，2011，22(3)：641-642.

[2] 赵智博，张雨辰，卢奕丽，等．大叶胡颓子茎的抗菌活性研究[J]. 安徽农业科学，2010，38(17)：8989- 8991.

[3] 由宝昌，刘建萍，张晓晖，等．大叶胡颓子茎的化学成分预试及抗菌作用研究 [J]. 北方园艺，2010（10）：220-222.

[4] 刘建萍，由宝昌，梁树乐，等．大叶胡颓子根和茎化学成分预试的对比研究 [J]. 山东农业科学，2010（4）：37-39.

[5] 张燕琴，刘建萍．大叶胡颓子茎化学成分预试及抑制亚硝化反应的检测 [J]. 安徽农业科学，2010，38（25）：13684- 13686.

[6] 刘文萱，王干，刘建萍，等．大叶胡颓子茎正丁醇萃取物的抗菌作用研究 [J]. 安徽农业科学，2012，40（26）：12863-12898.

[7] 杨梦璇，庄秀玲，孙雪雁，等．大叶胡颓子叶止咳作用的研究 [J]. 时珍国医国药，2014，25（6）：1343-1344.

[8] 刘建萍，由宝昌，荆亚铃，等．大叶胡颓子叶抑菌作用的研究 [J]. 北方园艺，2011（1）：144-145.

[9] 杨开静，张琦，卢威，等．大叶胡颓子叶乙酸乙酯部抗菌作用的研究 [J]. 安徽农业科学，2011，39（14）：8311 - 8312.

[10] WANG Wenyu, WANG Chaoyun, YU Yan, et al.The Anti - inflammatory and Antiasthma Activities of the Extracts from the Leaves of Elaeagnus macrophylla Thunb . [J].Medicinal Plant, 2015（6）：28-29, 33.

[11] ZHAO Zhi-bo, ZHANG Yu-chen, LU Yi-li, et al. Study on Antibacterial Effects of Elaeagnus macrophylla Thunb.Stems[J]. Medicinal Plant, 2010, 1（6）：18-20.

十八、台湾蚊母树

（一）名称

distylium gracile nakai，属名：*distylium*，[希]，*dis*，二，双 +*stylos*，花柱，蚊母树属（金缕梅科）；种加词，*gracile*，细的。命名人 Nakai（1882—1952），日本植物学家，东京大学教授、小石川植物园园长、国立科学博物馆馆长。

名称由来：其叶片为蚊虫的寄生体。在叶片中间存在一个像绿豆一样的凸起，幼虫极小，成熟后飞出，叶面中间便形成空洞，但对母树无影响，所以称为蚊母，虫害主要为蚊母瘿蚜及介壳虫。彩色“鼓泡”不是病害，所以使用杀菌剂没有效果 。它是一种虫害，即扁蚜科杭州新胸蚜（*neothracaphis hangzhouensis*）寄生形成的虫瘿。在华东地区这种虫，每年 11 月侨蚜迁回蚊母上产生孤雌胎生有性蚜，有性蚜觅偶交配产卵于叶芽内；3 月初孵化后，蚜虫爬到刚长出的蚊母树嫩叶上刺吸汁液，导致幼叶上长出大小不一的虫瘿 ；在蚊母叶芽萌动时，卵孵化为干母，刺吸新叶，被害处产生凹陷，虫体四周叶肉组织因受刺激而隆起，逐渐将干母虫体包埋构成虫瘿，形成瘿瘤；6 月上旬，瘿瘤破裂，有翅迁飞蚜飞出，迁往越复寄主。与温

度湿度有关，4—5 月为高发期，离溪水边越近发生的痘痘越多。

别名：米心树、蚊母、蚊子树、中华蚊母。

英文名称：taiwan distylium。

（二）形态特征

常绿小乔木，高达 10 米；嫩枝纤细，有褐色星状柔毛，老枝秃净无毛，有皮孔，芽体有褐色星状绒毛。叶广椭圆形，长 2 ~ 3 厘米，宽 7 ~ 20 毫米；先端钝，有由中肋突出的小尖突，基部广楔形；上面深绿色，无毛，稍暗晦，下面秃净无毛；侧脉 3 ~ 4 对，在上面不明显，在下面略凸起，全缘，或靠近先端每边各有 1 ~ 2 个小齿突；叶柄长 2 ~ 4 毫米，有星状柔毛。花未见。果序总状，腋生，长 1.5 ~ 3 厘米，有蒴果 1 ~ 3 个。蒴果卵圆形，长约 1 厘米，被星毛，宿存花柱极短（见图 2–18）。它和中华蚊母树非常接近，只是后者叶片矩圆形，宽不过 1 厘米，先端较尖，叶柄较短。

图 2–18　台湾蚊母树（A，植株；B，叶面上虫瘿）

（三）分布

分布于我国台湾及浙江普陀山。在普陀山的生长地点包括：①东北（坡向）佛顶山；②正东（坡向）慧济禅林处；③西南（坡向）慧济禅寺墙后；④东南（正趣亭）。

（四）生境及习性

在微酸性沙质土或轻黏土中生长最佳。它喜光，亦较耐阴，喜湿润，怕干旱。台湾蚊母树群落中，台湾蚊母树和天仙果群落重要值占50%，平均高度6.2米，平均胸径18.44厘米，其中台湾蚊母树重要值占38.5%，其胸径级呈“L”形。台湾蚊母树平均密度最小，0.2株/平方米。其在营养级投资策略上，横向显著大于纵向。

（五）繁殖方法

1. 播种繁殖

冬播：选择长势旺盛的母树，果实9月份成熟时即可采摘。日晒脱粒，用水洗净，除去瘪种及杂质，晾干后干藏。苗圃地的选择应为有机质丰富的酸性土、中性土或微酸性土，pH为5～7.5；整地开沟条播，播种沟深3～4厘米，行距25厘米，将干藏的蚊母种子均匀播于沟内，覆盖1～2厘米的细土；再用锯末松针覆盖。春播：第2年2月中旬，将干藏的种子拿出，浸种12小时，沥干后条播，播后覆盖1～2厘米细土，保持湿润，30天出苗（杨银虎，2015）。

2. 扦插繁殖

硬枝扦插：在3月份进行，插穗选择1～2年生半木质化枝条，扦插基质与苗圃地相同，但不施肥，扦插需搭棚遮阴；扦插枝条长度10～15厘米，上部保留2～3片叶子，100 ppm ABT或IBM浸泡下端2小时，扦插深度为枝条的2/3；20天后可生根。嫩枝扦插：在5—6月或8—9月进行，扦插枝条选当年生半木质化枝条，扦插基质为粗河沙、泥炭、蛭石、珍珠岩等。枝条长度10～12厘米，清晨或下午4时后采条，速喷500～1 000倍ABT或IBM液，10秒速插（杨银虎，2015）。

（六）价值

可用于制作盆景：蚊母树干苍劲，枝叶茂密，四季常青，枝条柔软，易于蟠扎造型，萌芽力强，耐修剪，较易繁殖，极少病虫害，室内、外摆放皆宜，是制作盆景的佳材。

参考文献：

[1]夏青，章桂亮，吴仁烨，等.福建农林大学金山校区植物群落多样性分析[J].福建林业科技，2014（3）：69-75.

[2]胡军飞．浙江普陀山主要林型群落结构特征分析[J].浙江农林大学学报，2016，33(5)：768-771.

[3]杨银虎，佘新军，吴风璨．蚊母繁育技术[J].中国花卉园艺，2015（22）：50-51.

[4]郭勇．蚊母树育苗技术研究[J].林业建设，2000（2）：21-25.

十九、芙蓉菊

（一）名称

crossostephium chinense（*L.*）*Makino*，属名：*crossostephium*，[希]，*krossoi*，缨络 +*stephos*，王冠，千年艾属（菊科）；种加词，*chinense*，中国的。命名人 Makino（1862—1957），日本植物学家，专业于分类学研究。他是日本第一位使用林奈分类系统分类日本植物的植物学家，因此被称为“日本植物学之父”。

别名：香菊、玉芙蓉、千年艾、蕲艾、白艾、白香菊、海芙蓉。

英文名称：chinense crossostephium

（二）文化

芙蓉菊原产于我国南方，算得上是一种栽培历史悠久的风水吉祥植物。古代诗人对芙蓉菊很青睐，有诗文记载，在古代的酒令中就有“三字同头芙蓉菊，三字同边杨柳槐，要观杨柳槐，先赏芙蓉菊”之句，由此可见芙蓉菊在当时人们心中的地位。芙蓉菊自古就是深受人们喜爱的一种吉祥的风水植物。现在，在民风淳朴的岭南，还有很多人把芙蓉菊作为辟邪吉祥植物。

芙蓉菊的意义有很多，人们喜欢它的吉祥寓意，所以在生活中应用广泛。有些人在新屋落成时，会在新楼房门口摆放芙蓉菊，寓意护宅吉祥。一些传统的节日，如端午节，很多人就会把芙蓉菊插在门口，护宅驱邪。芙蓉菊至今都被当作一种能够辟邪的吉祥植物。蕲艾（芙蓉菊）的枝叶在燃烧时产生的烟剂对人畜无害，气味芬芳，又能达到消毒杀菌、除害防病的目的，所以民间至今一直在使用。因此，也就有了“清明插柳，端午插艾”的谚语。古时的老人、小孩都有一个肚兜，里面装有蕲艾，将蕲艾捶软、铺匀，蒙以丝被，细针密线缝好，睡觉时缚在腹部能防腹部着凉，再配以姜桂还可以治腹部畏寒疼痛等症。有些家庭把蕲艾晒干装枕，制成枕囊。每天枕卧时既可闻花香清芳四溢，又能去火，防治感冒，使人不致昏睡。据《清宫二年记》中记载，慈禧太后每年到秋菊傲霜怒放时节，总要采摘大朵菊花，暴晒后装入枕袋，置头下就寝。

（三）形态特征

半灌木，高 10 ~ 40 厘米，上部多分枝，密被灰色短柔毛。叶聚生枝顶，狭匙形或狭倒披针形，长 2 ~ 4 厘米，宽 4 ~ 5 毫米，全缘或有时 3 ~ 5 裂，顶端钝，基部渐狭，两面密被灰色短柔毛，质地厚。头状花序盘状，直径约 7 毫米，有长 6 ~ 15 毫米的细梗，生于枝端叶腋，排成有叶的总状花序；总苞半球形；总苞片 3 层，外中层等长，椭圆形，钝或急尖，叶质，内层较短小，矩圆形，几无毛，具宽膜质边缘。边花雌性，1 列，花冠管状，长 1.5 毫米，顶端 2 ~ 3 裂齿，具腺点；盘花两性，花冠管状，长 1.5 毫米，顶端 5 裂齿，外面密生腺点。瘦果矩圆形，长约 1.5 毫米，基部收狭，具 5 ~ 7 棱，被腺点；冠状冠毛长约 0.5 毫米，撕裂状。花果期全年（见图 2–19）。

（四）分布

产于我国中南及东南部（广东、台湾），中南地区时有栽培。中南半岛、菲律宾、日本也有栽培。在舟山群岛主要分布于中街山列岛、嵊泗列岛。

（五）生境及习性

芙蓉菊喜温暖、怕炎热，生长适温 15 ~ 30 ℃，较耐寒，一般能耐 –5 ℃ 低温；喜阳光充足且较耐阴，光照过强或过弱均不利生长；喜潮湿环境，空气湿度大有利生长，耐涝且较耐干旱；喜腐殖质深厚、疏松、排水透气性好、保水保肥力强的沙质土；土壤酸碱度为中性至微酸性，最适 pH 为 6.5。其抗逆性、适应性很强，除用于盆景欣赏外，还广泛用于园林绿化、盐碱地改造等（石峰，2008）。

图 2–19 芙蓉菊

（六）繁殖方法

1. 组织培养

带腋芽的茎段是较好的组培外植体。最佳灭菌时间为茎段 75 % 酒精 20 秒，0.1 % HgCl 2 分钟；叶柄 75 % 酒精 20 秒，0.1 % HgCl 21 分钟。最适宜的初代培养基为茎段 MS+0.1 毫克 / 升、NAA+2.0 毫克 / 升 6–BA，愈伤组织诱导率可达 80.6 %；叶柄 MS+1.0 毫克 / 升、NAA+2.0 毫克 / 升 6–BA，愈伤组织诱导率可达 83.3%。继代培养以茎段为外植体，MS+0.2 毫克 / 升、NAA+2.0 毫克 / 升 6–BA 培养基的增殖系数最高。继代苗在 MS 培养基中生根率为 80.6%，1/2MS 培养基中生根率为 86.1%（陈雷娟，2012）。

2. 扦插繁殖

在生长季节进行，一般选择充实健壮的枝条，多年生老枝及当年生嫩枝均可，长短不限，扦插基质可用河沙、珍珠岩、蛭石等排水良好的基质，插后浇透水，保湿，适当遮光，半个月左右可以生根，1 个月左右可以上盆（王小军，2009）。

3. 播种繁殖

通常在 4—5 月进行，一般采种后即行播种，播种两周后发芽，在幼苗阶段最忌骤雨侵袭，往往会使幼苗毁于一旦。苗期防雨成为育苗阶段成败的关键。

4. 高空压条

宜在 5—6 月进行，先于成熟枝条处进行环剥，然后裹上泥土，外包塑料薄膜，待新根长出后剪离母株，分栽。

（七）价值

1. 园林价值

适合在我国沿海地区要求栽植耐盐碱、抗海风树种的绿地中应用，如港口码头、滨海公园绿化、沿海风景林、防护林等。2 ~ 3 年生的芙蓉菊可培养成矮小灌木，在园林绿地中进行片植，或者作为块拼图植物与其他植物搭配，亦可以作为垂直绿化材料。其根系小而密，能够在瘠薄的土壤上生长，吸附于岩石缝。另外，其种子极多，繁殖更新能力强。在边坡、石子宕口绿化时具有特殊的作用。它也可用于公共绿地绿化，用来布置花坛花境，给人以庄重的感觉。目前在国内应用较少，值得推广发展。

芙蓉菊自然形成整齐的半球形树冠，一般无须修剪和整冠，因而又可作为盆景、盆栽观赏。将 3 株茎部的筷子粗细的芙蓉菊并栽于盆中，初植时，呈鼎足形，彼此相距约 1 厘米，待其生长良好后，用铁丝在距离土面约3厘米处缚紧，使三者茎部紧密紧贴在一起。当它们生长正常且融为一体后，拆除铁丝，即形成粗壮的枝干，观赏价值提升许多。但是，并栽后树冠各异，必须整冠使之融为一体。方法是剪枝、摘心，反复多次，冠形便圆整了（张绍宽，2001）。

2. 药用价值

《本草纲目》中记载："艾叶本草 …… 自成化以来，则以蕲州者为胜，用充方物，天下重之，谓之蕲艾。相传他处艾灸酒坛不能透，蕲艾一灸则直透彻，为异也。"其性味辛苦，微温，能祛风湿，可治疗风湿关节痛、胃脘冷痛，并能治风寒感冒、支气管炎、百日咳以及痈疽、疔疮等；具有平喘镇咳、调整免疫、护肝利胆等作用，并具有改善肝功能和抗肝纤维化作用，患者在服用过程中无不良反应；外用可治皮肤瘙痒、阴痒湿疹及疥癣等。以蕲艾搓手或煎水浴身，可防治皮肤病。对于产妇和婴儿，用艾叶洗浴可以消毒强身。蕲艾油具有杀菌止痒、消毒、驱避蚊蝇、醒脑提神等功能（胡国柱，2007）。

杨秀伟（2008）研究认为其化学成分为蒲公英赛醇乙酯、蒲公英赛醇、α－香树脂醇乙酯、β－香树脂醇乙酯、β－谷甾醇、3β－乙酰氧基－12－乌苏烯－11－酮、尿嘧啶和5-O-甲基-myo-肌醇。傅德贤等（2008）研究其挥发油主要成分为异石竹烯。邹磊（2007）研究认为其含有六个黄酮类化合物：5，7－二羟基－3'，4'，5'－三甲氧基黄酮；粗毛豚草素；3'，4'－二甲氧基－5'，5，7－三羟基黄酮；万寿菊黄素－3，6，7－三甲醚；石杉黄素；槲皮素－7-O-β-D－葡萄糖苷。

（八）研究概况

杨秀伟等（2008）、傅德贤等（2008）、李钟等（2008）、邹磊（2007）等研究了芙蓉菊的化学成分，探讨了其全草所含生物碱种类、黄酮种类、挥发油成分等。陈雪鹃（2013）研究了芙蓉菊的核型，染色体为二倍体（Z_n=Z_x=18），相对长度组成I.R.L=8M_2+8M_1+2S，臂比值变化范围为1.03 ~ 1.72，核型公式为Z_n=2_x=14m+4sm，核型不对称系数为56.67%，核型类型为1A，未观察到随体。李健等（2009）研究了芙蓉菊花粉母细胞尖树分裂，认为型胞质分裂，减数分裂中期Ⅰ染色体基本构型为9个二价体，其中太行菊和芙蓉菊每个花粉母细胞（PMC）平均染色体配对构型分别为0.51 Ⅰ +8.92 Ⅱ +0.03 Ⅳ和0.04 Ⅰ +8.61 Ⅱ +0.02 Ⅲ +0.17 Ⅳ；部分花粉母细胞后期Ⅰ和后期Ⅱ及末期Ⅰ和末期Ⅱ发现有染色体桥、落后染色体、微核及不同步分裂等减数分裂异常现象。蒋霞等（2009）研究了其生药学，阐明了其药材的解剖结构。还有多位学者研究了其栽培和药用价值。

参考文献：

[1] 杨秀伟，邹磊，吴琦，等．芙蓉菊化学成分研究[J]. 中国中药杂志，2008，33（8）：905-908.

[2] 陈雪鹃，张晟慧，王亚，等．芙蓉菊染色体核型分析[J]. 中国观赏园艺研究进展（2013），2013：52-55.

[3] 黄有军，夏国华，郑炳松，等．芙蓉菊盐胁迫下的生长表现和生理响应[J]. 江西农业大学学报，2007，29（3）：389-408.

[4] 傅德贤，邹磊，杨秀伟．芙蓉菊中黄酮类化学成分的研究[J]. 天然产物研究与开发，2008（2）：265-268.

[5] 陈雪鹃，吴珏，李雪珂，等．芙蓉菊组培快繁技术的研究[J]. 中南林业科技大学学报，2012，32（7）：100-104.

[6] 李健，陈发棣，陈素梅，等．太行菊和芙蓉菊花粉母细胞减数分裂过程[J]. 南京农业大学学报，2009，32（4）：43-46.

[7] 蒋霞，廖月葵，张涛．芙蓉菊的生药学鉴定[J]. 中国民族民间医药，2009（1）：15-17.

[8] 吴琦，杨秀伟，邹磊，等．α-葡萄糖苷酶抑制活性跟踪分离芙蓉菊中的活性成分[J]. 中国中药杂志，2009，34（17）：2206-2211.

[9] 杨秀伟，吴琦，邹磊，等．芙蓉菊中艾菊素和草蒿素结构的NMR信号表征[J]. 波谱学杂志，2008，25（1）：117-127.

[10] 胡国柱．家庭必备中药——蕲艾[J]. 肝博士，2007（6）：52-53.

[11] 石峰，黄振．芙蓉菊的栽培[J]. 特种经济动植物，2008（4）：25-26.

[12] 李钟，梁燕凤，陈思之．芙蓉菊的生药鉴定及其挥发油提取工艺研究[J]. 广东药学院学报，2008，24（6）：547-549.

二十、寒竹

（一）名称

chimonobambusa marmorea（*Mitford*）*Makino*，属名：*chimonobambusa*［希］，*cheimon*，冬天+*bambusa*，簕竹属。方竹属（禾本科）；种加词，*marmorea*，具大理石纹的。命名人 Makino（1862—1957），日本植物学家，专业于分类学研究。异名命名人 Mitford（Algemon Bertram Freeman-Mitford，1937—1916），英国植物学家、外交家、作家、收藏家。

别名：观音竹（浙江普陀山）。

英文名称：Marble Bamboo。

（二）形态特征

灌木状竹类，竿高1～3米，基部数节环生刺状气生根，径粗0.5～1厘米；节间圆筒形，长10～14厘米，绿色并带紫褐色，竿壁厚，基部节间近实心；竿环略凸起；箨环起初有1圈棕褐色绒毛环，以后渐变无毛；竿每节分3枝，以后可成多枝。箨鞘薄纸质，宿存，长于其节间，背面的底色为黄褐色，间有大理石状灰白色色斑，无毛，或仅基部疏被淡黄色小刺毛，鞘缘有不明显而易落的纤毛；箨耳缺；捧箨舌低矮，截形或略作拱形；箨片呈锥状，长 2 ~ 3 毫米，其基部与箨鞘相连处几无关节。末级小枝具 2 叶或 3 叶；叶鞘近革质，鞘缘具少量纤毛；鞘口缝毛白色，长 3 ~ 4 毫米；叶舌低矮；叶片薄纸质至纸质、线状披针形，长 10 ~ 14 厘米，宽 7 ~ 9 毫米，次脉 4 对或 5 对。花枝呈总状或圆锥状排列，末级花枝细长，基部宿存有数片由小到大的苞片，中、上部具假小穗 1 ~ 4 枚；假小穗细线形，长 2 ~ 4 厘米，苞片 2 片，腋内具芽或否；小穗含 4 ~ 7 朵小花，最下 1 或 2 朵不孕而具微小的内稃及小花的其他部分；小穗轴间长 3 ~ 4 毫米，平滑无毛；颖 1 或 2 片或偶可无颖，膜质，淡褐色，披针形或卵状披针形，长 6 ~ 8 毫米，先端尖或渐尖，具 5 ~ 7 纵脉；外稃纸质，绿色或稍带紫色，先端渐尖，平滑无毛，卵状披针形，长 6 ~ 7 毫米，具 5 ~ 7 纵脉和小横脉；内稃薄纸质，与外稃约等长，先端截平或微具 2 齿裂，背部具 2 脊，脊上无毛，脊间及脊外至两边缘均各具 2 脉；鳞被卵形，近内稃一侧的较窄而呈宽披针形，长约 2 毫米，边缘近上端疏生纤毛；花药长 3.5 ~ 4 毫米；子房细长卵形，顶端冠以短花柱，后者近基部即分裂，柱头 2 个，羽毛状。颖果圆柱形，呈坚果状，长约 6 毫米（见图 2–20）。

图 2–20　寒竹

（三）分布

产于我国浙江和福建等省区，日本也有。模式标本系从日本移栽到英国邱园的植株上所采得。舟山群岛只分布于普陀山。

（四）生境及习性

本种开花特性与其他竹类相似，据易同培介绍，该种属于连续开花竹种，即竹林所有竹株并不是一次性全面开花后死亡，而是竹内个别小竹丛先开始开花结实，以后每年都有少量小竹丛继续开花结实，不开花的小竹丛和正常竹类一样生长并可分蘖和发新笋，如此循环，年复一年，开花不止。竹林中既有开花竹丛，又有正常生长而不开花竹丛，还有已开过花的枯死竹，每年开花后所结果实能天然更新，幼竹不断发生成长，这一过程可持续 20 年以上，直至衰老全部开花结实死亡，新竹更新复壮为止。

（五）繁殖方法

种子繁殖：随采随播，发芽率可达26%。

（六）价值

观赏价值：抗性强，耐修剪，适合盆栽，制作盆景，也可以孤植、对植于庭院及建筑入口。与观赏花卉或地被植物组合，与山石建筑配合，能创造出优美的景致。

（七）研究概况

易同培（1989）给 *chimonobambusa marmorea* 拟了新名称"寒竹"。胡成华（1994）研究了寒竹的胚胎学，指出寒竹雄蕊、小孢子及雄配子体的发育特点是小孢子形成连续型，小孢子四分体为田字型、绒毡层腺质型、成熟花粉粒二细胞型；花粉粗具单一萌发孔；雄配子初为近圆形、后为略不规则形，成熟的雄配子体具二雄配子，闭花受精；雌蕊二心皮合生，一室侧膜胎座，一胚珠倒生珠被二层，厚珠心。大孢子和雌配子体发育特征是胚囊发育属蓼型，反足细胞多达几十个，胚乳发育为核形，胚体发育为禾草形，胚型为P+PP形，果皮与种皮不能分离，外珠被逐渐退化，内珠被仅为1或2层栓质细胞，并与较为发达的子房壁共同形成籽实皮。

参考文献：

[1] 胡成华，喻富根．寒竹胚胎学观察与研究[J]. 竹子研究汇刊，1994（6）：69.

[2] 魏建芬，喻富根．红杆寒竹的园林应用[J]. 江苏农业科技，2011（2）：286-287.

[3] 应叶青，喻富根．自然低温对红杆寒竹生理特性的影响[J]. 竹子研究汇刊，2010（3）：10-14.

[4] 应叶青，喻富根．自然干旱胁迫及复水处理对红杆寒竹生理特性的影响[J]. 浙江林学院学报，2010（4）：513-517.

二十一、短穗竹

（一）名称及学名考证

Brachystachyum densiflorum（Rendle）Keng，属名：*brachystachyum*［希］，*brachys*，短 +*stachys* 穗子，短穗竹属禾本科；种加词，*densiflorum*，具密花的。命名人Keng（1897—1975），我国禾本科植物分类奠基人，江苏江宁人。1926年，毕业于东南大学生物系，1933年，获美国乔治华盛顿大学哲学博士后学位。回国后曾任中央大学教授，新中国成立后任南京大学教授，兼中山植物园研究员，"九三学社"社员。先后在我国发现禾本科的川方竹、短穗竹、隐子草、三蕊草、异颖草、冠毛草等6个新属和124个新种。著作有《中国种子植物分科检索表》《中

国种子植物分类学讲义》《中国主要植物图说——禾本科》。其子耿伯介也是著名的禾本科植物分类学家。异名命名人 Rendle（Alfred Barton Rendle，1865—1938）英国植物学家，出生于刘易金姆（Lewisham），在剑桥圣奥拉法学院和圣约翰学院受过教育，专门从事植物学研究。1905 年，他出席国际维也纳植物学大会，并被任命为国际植物命名法规编辑委员会成员。他撰写的《有花植物分类学》于 1934 年出版，第二版却相隔 20 年。此外，他是大英百科全书第十一卷编辑。

英文名称：Shortspikilet Vamboo。

（二）文化

张玉霄和曾春霞通过对该族 25 属 108 种植物的广泛取样，利用单拷贝（或低拷贝）核基因 GBSSI 序列对其进行了深入研究。结果表明，基于 GBSSI 的基因树中包括 13 个主要分支。在属的水平，这些分支比叶绿体片段具有更好的分辨率，但叶绿体和核基因系统树存在冲突，主要体现在两方面：一方面可能是由于信息位点不足造成的，另一方面可能是由于不完全谱系分选、杂交和基因渐渗引起的。此外，结合分子系统学、形态学、细胞学和地理分布，首次提出短穗竹（*brachystachyum densiflorum*）、巴山木竹（*bashania fargesii*）和月月竹（*chimonobambusa sichuanensis*）等为杂交起源。基因树之间的冲突以及基因树与形态分类的冲突，表明青篱竹族具有复杂的进化历史，需要重新评价一些重要形态学性状的分类学意义。诸葛强 2004 年研究认为短穗竹归并于广义的青篱竹属（*arundinaria*），其中大明竹与巴山木竹、鼓节矢竹与矢竹、少穗竹与短穗竹和肿节竹关系极为密切，均得到较高的 bootstrap 的支持。

（三）形态特征

秆散生，高达 2.6 米，幼秆被倒向的白色细毛，老秆则无毛；节间圆筒形，无沟槽，或在分枝一侧的节间下部有沟槽，长 7 ~ 18.5 厘米，在箨环下方具白粉，以后变为黑垢，秆壁厚约 3 毫米，髓作横片状；秆环隆起；节内长 1.5 ~ 2 毫米。箨鞘背面绿色，老则渐变黄色，无斑点，但有白色纵条纹，以后条纹减退显紫色纵脉，被稀疏刺毛，边缘生紫色纤毛；箨耳发达，大小和形状多变化，通常椭圆形，褐棕色或绿色，边缘具长 3 ~ 5 毫米的弯曲繸毛，后者通常为浅褐色或更淡；箨舌呈拱形，褐棕色，边缘生极短的纤毛；箨片披针形或狭长披针形，绿色乎带紫色，向外斜举或水平展开。秆每节通常分 3 枝，上举，彼此长短近乎相等。末级小枝具 2 ~ 5 叶；叶鞘长 2.5 ~ 4.5 厘米，草黄色，质坚硬，具纵肋和不明显的小横脉，边缘上部生短纤毛，鞘口具数条长约 3 毫米的直硬繸毛；叶舌截形，高 1 ~ 1.5 毫米；叶片长卵状披针形，长 5 ~ 18 厘米，宽 10 ~ 20 毫米，先端短渐尖，基部圆形或圆楔形，上表面绿色，无毛，下表面灰绿色，有微毛；次脉 6 或 7 对，有明显的小横脉，叶缘之一边小锯齿较密，而另一边则锯齿较稀疏，通常微反卷；叶柄长 2 ~ 3.5 毫米。假小穗 2 ~ 8 枚，紧密排列于通常缩短的花枝上，小穗长 1.5 ~ 3.5 厘米，含 5 ~ 7 小花；小穗轴节间长 1 ~ 3 毫米，

上部被呈毡状的微毛；颖片 1 ～ 3 片，第一颖为鳞片状，具 1 脉，上部被有较长的茸毛，其余 2 颖与外稃相类似而稍短；外稃卵状披针形，长 8 ～ 10 毫米，具 9 ～ 11 脉，背面的下部无毛，上部则有较密的小刺毛，中脉延伸成小尖头；内稃稍长或接近等长于其外稃，背部具 2 脊，顶端梢 2 裂，下部无毛，上部遍体具较长的茸毛，脊上生纤毛；鳞被 3 个，罕或 4 枚，其中 1 枚稍小，呈倒卵形或匙形，长 3.5 ～ 4.5 毫米，下面具脉纹数条，背部被较密的细毛，边缘具较粗纤毛；花药成熟时可长达 7 毫米；花柱较长；柱头 3 个，羽毛状，长 5.5 ～ 7 毫米，成熟果实未见。笋期 5—6 月，花期 3—5 月（见图 2–21）。

（四）分布

产于江苏、安徽、浙江、江西、湖北、广东等省，主要分布于福建省邵武市，江苏的南京（紫金山、栖霞山、幕府山）、江浦（老山）、江宁（牛首山、汤山）、句容（宝华山）、苏州（上方山）、无锡（马山）、溧阳（深溪）和宜兴（善卷洞、罄山），浙江的杭州、安吉、临安、奉化、定海和泰顺，安徽的歙县、黄山、祁门、广德、休宁、太平、青阳、黟县、岳西及滁县等地。模式标本采自江苏和浙江太湖沿岸地区。在舟山群岛分布于本岛与桃花岛。

图 2–21　短穗竹

（五）习性及生境

生长于低海拔的平原和向阳山坡路边。适宜生长于气候温暖、湿度稍大的低海拔平原、丘陵和低山坡地，在 pH 为 5 ～ 8、富含有机质的土壤上生长良好，通常呈小片纯林分布或为疏林下的灌木层片。短穗竹具有较高的 LCP、LSP，属半阳性植物，AQY 值最小；在夏季能以较低的水分消耗生产较多的植物所需的有机物质，对干旱环境具有较强的适应能力，具有较强的耐旱能力。短穗竹生长于朴树（*celtissinensis pers*）、黄连木（*pistacia chinensis*）、黄檀（*dalbergia hupeana*）疏林下，郁闭度 0.4 ～ 0.5，短穗竹处于灌木层，盖度 50%，高 1.5 ～ 2 米，伴生种有蔷薇、山胡椒、毛梾（*cornus walteri*）、三角枫（*acer buergerianum*）及蓬蘽（*rubus hirsutus*）等。出笋期在 5 月上旬至 6 月上中旬，前后约 40 天，但主要集中在 5 月中下旬的 20 天。

（六）保护级别

短穗竹是第一批列入《中国稀有濒危植物保护名录》的竹种，中国特有单种属植物，稀有种，现为我国三级重点保护植物。

（七）繁殖方法

苗圃地要求：土壤肥力中等以上，且排水良好的沙壤土；靠近水源、路边及造林地，便于灌溉、运输和栽植；地势平坦或坡度小于5° 的矮坡地。

竹鞭要求：挖取竹鞭应具备鞭芽及笋芽，鞭龄在2 ~ 3年，挖取时间应在竹笋出土1个月前为宜，一般在2月上旬至4月下旬进行。

栽植方法：将挖出的竹鞭按60 ~ 90厘米长截断，放入生根液中浸泡，捞出放入沟中，覆土3 ~ 6厘米，压实侧方灌溉。于苗床上搭棚。5月下旬至6月下旬，进行断鞭分株育苗，成活率可以达到95%。苗期控制温度15 ~ 25℃，保持土壤湿润。

（八）价值

1. 园林绿化价值

可作庭院观赏竹种，其竹竿圆而平滑，节间较长，枝叶茂密，林相整齐，颇具观赏性；固碳释氧能力，降温、增湿能力在试验竹种中最强，有一定的耐阴性，耐旱性适中；在城市园林绿化中可采用片植或林植的种植形式，适用于风景区绿化以及城市公园或庭院的造景。

2. 经济价值

竹竿可以制作伞柄、钓鱼竿，也可用于编制家庭用具或用于造纸。笋味略苦。

3. 科研价值

短穗竹为我国特有种，形态上与日本的业平竹属（*semiarundinaria*）相似，对研究竹类分类系统有一定的科学意义。经研究，天目山是其分化变异中心，也是起源中心。关于其是否为杂交起源，分类地位是否归并到广义的青篱竹属，还有待进一步研究。

（九）研究概况

吴莹等（2014）研究了其光合特性，指出短穗竹的净光合速率为双峰曲线，并伴随午休现象；蒸腾速率为单峰型。短穗竹表现出较高的LCP和较低的LSP、AQY，说明其对光的适应性较窄，弱光下光能利用率较低。邓飞等（2007）研究了其保护措施，指出短穗竹老竹林的就地复壮措施：在林地中划出面积约200平方米的样地进行复壮，清除样地北缘水竹

（*phyllostachys heteroclada*）林扩展侵入植株，并砍出 1.5 米的隔离道，防止水竹再次侵入；清除所有杂木；剪去短穗竹的开花株、病株和枯株；旱季进行人工灌溉。邓飞等（2000）研究其生物学特征，指出短穗竹属植物的出笋期在 5 月上旬至 6 月中上旬。5 月中旬生长最快，5 月下旬生长减慢。短穗竹的核形研究，染色体数目为 14。周少卿等（2015）研究了短穗竹对干旱胁迫的适应机制。

参考文献：

[1] ZHANG Y X, ZENG C X, LI D Z. Complex evolution in Arundinarieae（Poaceae：Bambusoideae）：Incongruence between plastid and nuclear GBSSI gene phylogenies [J]. Molecular Phylogenetics and Evolution, 2012（63）：777-797.

[2] 邓飞，周康，何树兰，等．短穗竹属植物的生态地理分布、生物学特性及其保护 [J]. 植物资源与环境学报，2000，9（4）：57-58.

[3] 诸葛强，丁雨龙，续晨，等．广义青篱竹属（Arundinaria）核糖体 DNAI TS 序列及亲缘关系研究 [J]. 遗传学报，2004，31（4）：349-356.

[4] 吴莹，荣俊冬，郑晶晶，等．短穗竹夏季光合特性及其影响因子研究 [J]. 中国农学通报，2014，30（13）：40-44.

[5] 周少卿，李艳星，何天友，等．干旱胁迫下珍稀竹种适应机制初步研究 [J]. 竹子研究汇刊，2015，34（2）：56-60.

[6] 邓飞，贾春，刘兴剑，等．南京市珍稀濒危植物的分布与保护 [J]. 植物资源与环境学报，2007，16（2）：60-63.

[7] 吴莹．五种中国特有观赏竹生态效应及园林应用研究 [D]. 福州：福建农林大学，2014.

二十二、锦花九管血

（一）名称

ardisia brevicaulis Diels var. violacea（*Suzuki*）*Walker*，属名：*ardisia* [希]，ardis，物体的尖端、刺、枪头。紫金牛属（紫金牛科）。种加词，brevicaulis，短茎的；变种加词 *violacea*，蓝紫色的，似堇菜的。命名人 Diels（Ludwig Diels，1874—1945）是德国植物学家，他出生于汉堡的一个学者家庭，1900—1902 年曾经到南非、爪哇、澳大利亚和新西兰旅行并搜集标本，第一次世界大战前还到过新几内亚，20 世纪 30 年代曾到厄瓜多尔。他搜集了大量的完模标本，尤其是澳大利亚和厄瓜多尔的植物，丰富了许多新种，他关于茅膏菜科的专论至今仍然是最全面的。他搜集的标本都保存在柏林植物园中，但都毁于第二次世界大战的战火中。1913 年，开始担任柏林植物园的副园长，1921 年担任园长，直至在柏林逝世。变种命名人 Walker 编写的《东亚植物文献目录》及由 Wallker 著写的《东亚植物文献目录・补编 I》中，收集东亚的植物文献相当充分，至今仍是研究我国和东亚植物的重要参考书。1938 年，《东亚植物文献

目录》由哈佛大学阿诺德森林植物园出版，共719页。异名命名人Suzuki：S.Suzuki，S铃木，日本植物学家。

别名：裹堇紫金牛（台湾）、堇叶紫金牛。

英文名称：Shortstem Ardisia。

（二）文化

锦花九管血兼具紫金牛属锯齿组 *Sect. Bladhia* 和圆齿组 *Sect. Crispardisia* 的特征，可能是这两个类群之间的过渡类型，对紫金牛属的分组具有较高的研究价值。对研究浙江与台湾两地的植物区系有一定学术价值。

（三）形态特征

植株较小，具匍匐生根的根茎；直立茎高10 ~ 15厘米，幼嫩时被微柔毛，除侧生特殊花枝外，无分枝。叶片坚纸质，狭卵形或卵状披针形，或椭圆形至近长圆形，顶端急尖且钝，或渐尖，基部楔形或近圆形，叶长2 ~ 6.5厘米，宽0.6 ~ 2厘米，近全缘，具不明显的边缘腺点，叶面微带红色，背面带淡紫色，被细微柔毛，侧脉较少，具疏腺点，侧脉（7 ~ ）10 ~ 13对，与中脉几成直角，至近边缘上弯，连成远离边缘的不规则的边缘脉；叶柄长1 ~ 1.5（ ~ 2）厘米，被细微柔毛。花序伞形，单生；花梗长1 ~ 1.5厘米，花长4 ~ 5毫米，花萼基部连合达1/3，萼片披针形或卵形，长约2毫米，外面有或无毛，里面无毛，具腺点；花瓣粉红色，卵形，顶端急尖，长约5毫米，有时达7毫米，外面无毛，里面被疏细微柔毛，具腺点；雄蕊较花瓣短，花药披针形，背部具腺点；雌蕊与花瓣等长，无毛，具腺点；胚珠6枚，1轮。果球形，直径约4毫米，鲜红色，具腺点，宿存萼与果梗通常为紫红色。花期6—7月，果期10—12月（见图2-22）

图2-22 锦花九管血（植株及果实）

（四）分布

产于我国台湾北部、杭州云栖和平阳，生于海拔100米以下的丘陵谷地常绿阔叶林和毛竹林下草灌丛中。浙江新记录种，仅分布在浙江省杭州云栖、台湾北部乌来、桃宜公路巴棱

至四棱山区以及台湾巴福越、尖石、北横乡等地区。最近在浙江舟山白泉乡蔡家岙毛竹坞、建德绿荷塘以及台湾巴福越、尖石、北横乡等地区均有少量发现。

（五）生境及习性

生长速度很慢，喜阴庇环境，要求土壤肥沃，富含腐殖质。

（六）保护级别

该种于 1994 年被列为浙江省珍稀濒危植物。

（七）繁殖方法

1. 扦插繁殖

插穗：带 2 叶的嫩枝作为插穗。扦插基质：田园土：泥炭：珍珠岩（1：1：1）为基质。用 50% 遮阳网遮阴。

2. 种子繁殖

种子发芽适温 25℃，低温和高温均不利于堇叶紫金牛种子的萌发。种植土壤为富含有机质的肥沃土壤。

（八）价值

1. 药用价值

全株入药，有祛风解毒之功效，适用于治疗风湿筋骨痛、痨伤、咳嗽、喉蛾、蛇咬伤和无名肿毒；根有当归的效用，又因其根横断面有血红色液汁渗出，故有血党之称。能清热利湿、活血化瘀、舒筋活络、强筋健骨，对治疗跌打损伤、止咳平喘、抗炎抑菌、抗肿瘤、抗生育、驱逐肠道及骨内寄生虫等方面有奇效。

2. 园林价值

锦花九管血株型紧凑，美观大方，小巧玲珑，叶密滴翠，红果秀丽，煞是美丽，同时具有较强的耐阴性和耐旱性，具备许多观赏花卉不能匹及的坚韧品格和顽强生命力，适于盆栽于阳台或窗台等处，煞是惹人陶醉。其挂果期长，可持续到春节前后，作为一种年宵花卉势必越来越受到人们的喜爱。锦花九管血可种植于庭院花坛、花境的阴处或者树荫角隅，丰富了群落层次结构，夏天繁花似锦，秋天果实累累，在园林中能够营造一种“虽由人作，宛自天开”“源于自然，高于自然”的景观效果。锦花九管血根系发达，可丛植、片植或群植于园林绿化带、绿篱中或者在墙脚、水边、密林内配置，能起到隔离空间、装饰环境、烘托主景的作用。其果实晶莹剔透，是一种诱鸟植物，增加了园林中的灵动美，能够营造一种人与自然和谐相处的效果。

（九）研究现状

目前对锦花九管血的研究较少，仅限于对分类学研究和组织培养方面的报道。马凯等（2012）研究了锦花九管血的群落结构特征与物种多样性，将锦花九管血生存群落分为3个类型：甜槠—栲树林、杉阔混交林和杉木人工林。主要乔木层种群结构为单峰型的枫香，拟赤杨、马尾松为阳性乔木树种，无正常更新能力，在演替后期比较稳定的群落中，将最终衰退消失；间歇型的青冈、木荷、乌药等为不连续生长型，更新具有波动性和机会性，介于顶极群落先锋种和优势种之间；逆J字形的杉木、甜槠、栲树、山矾等常绿阔叶乔木树种，为顶极群落的优势种。

参考文献：

[1] 马凯，夏国华，闫道良，等．珍稀濒危植物堇叶紫金牛生存群落结构特征及物种多样性[J]. 浙江农林大学学报，2012，29（4）：498-509.

[2] 代英超，徐奎源，马凯，等．珍稀濒危植物堇叶紫金牛对持续干旱的生理响应[J]. 生态学报，2015，35（9）：2954-2959.

[3] 张云，夏国华，马凯，等．遮阴对堇叶紫金牛光合特性和叶绿素荧光参数的影响[J]. 应用生态学报，2014，25（7）：1941-1948.

[4] 王刘圣丹，邱丝丝，夏国华，等．堇叶紫金牛的组织培养与快速繁殖[J]. 植物生理学通讯，2010，46（6）：615-616.

[5] 方文哲，姚淦．紫金牛属研究资料[J]. 植物分类学报，1979，17（4）：99-100.

[6] 黄美娟，刘小辉，邓娅玲，等．朱砂根的组织培养和快速繁殖[J]. 植物生理学通讯，2007，43（6）：1149-1150.

[7] 谢文远，王国民，张宏伟，等．珍稀濒危植物堇叶紫金牛的分布新发现及保护利用[J]. 浙江林业科技，2008，（增刊）：45-47.

[8] 刘博文，韩璇，王志芬，等．舟山市定海区重点保护野生植物资源现状调查[J]. 安徽农业科学，2014，42（19）：6256-6257.

[9] 马凯．堇叶紫金牛的生物生态学特性研究[D]. 杭州：浙江农林大学，2012.

[10] 江香梅，龚斌，叶金山．朱砂根生物、生态学特性及形态变异[J]. 江西农业大学学报，2005，27（4）：596-601.

[11] 田振华，骆红梅，何燕．贵州紫金牛属药用植物的种类与分布[J]. 华西药学杂志，1996，11（3）：193-195.

二十三、红山茶

（一）名称

camellia japonica Linn.，属名：*camellia*，是纪念17世纪捷克植物史作者及旅行家耶稣教徒George Joseph Camellus。山茶属（茶科）。种加词，*japonica*，日本的。命名人Linn.（瑞典语：Carl von Linné，1707—1778），受封贵族前名为Carl Linnaeus，由于瑞典学者阶层的姓常拉丁化，也可写成*Carolus Linnaeus*，瑞典植物学家、动物学家和医生，瑞典科学院创始人之一，并担任第一任主席。他奠定了现代生物学命名法双名法的基础，是现代生物分类学命名的奠基人。他的很多著作是用拉丁文写的，他的名字在拉丁语中是*Carolus Linnæus*（在1761年之后为*Carolus a Linné*）。1707年，出生于瑞典南部斯莫兰的一个小乡村里。他在乌普萨拉大学接受了高等教育，并在1730年开始教授植物学。1735—1738年，他居住在国外并做研究。他在荷兰出版了第一版的《自然系统》（*Systema Naturae*）。之后，回到瑞典的乌普萨拉，担任医学和植物学教授。1740年，他的旅行遍及瑞典各地，搜集和分类各种植物和动物。1750—1760年，他继续搜集和分类各种动植物，并将成果出版了好几卷。当他逝世的时候，已经是欧洲最受赞誉的科学家之一。瑞士哲学家卢梭在给林奈的信中写道，"告诉他我知道地球上没有人比他更伟大。"德国学者歌德写过："除了莎士比亚和斯宾诺莎，再没有其他的先人对我的影响比林奈更强。"瑞典作家斯特林堡说过："林奈实际上是个诗人，只不过碰巧成为一个博物学家。"除了这些赞誉外，他还被称为"植物学王子""北方的博物志"以及"第二个亚当"。

别名：茶花（广群芳谱）、红山茶（浙江植物志）、山茶、海棠花。

英文名称：Japanese Camellia。

（二）文化

红山茶有红色、淡红色、白色、黄色等多个花色，多为重瓣，是中国十大名花之一，被誉为"花中娇客"，作为我国传统名花，它是我国重庆市市花，云南省省花，浙江省宁波市、金华市、温州市市花，江西景德镇市市花，其栽培历史悠久，园艺品种极多，为著名观赏花木之一，其中个别品种（如"铁壳宝珠"）的花蕾可供药用。名贵观赏品种有十八学士、六角大红、赤丹、状元红、皇冠等63个品种。山茶被称为"胜利花"，为中国传统园林花木，郭沫若曾用"茶花一树早桃红，百朵彤云啸傲中""艳说茶花是省花，今来初见满城霞；人人都道牡丹好，我说牡丹不及茶"的诗句赞美山茶花盛开的景观。早在隋唐时期山茶花就已进入宫廷与百姓家庭，到了宋代栽培山茶花日盛。南宋诗人范成大曾以"门巷欢呼十里村，腊前风物已知春"的诗句来描写当时成都海六寺山茶花盛况。明代李时珍的《本草纲目》、王象晋的《群芳谱》和清代朴静子的《茶花谱》等对山茶花作了详细的描述。7世纪传到日本，

18 世纪传到欧美，在舟山群岛它与日本红山茶为同一物种，而且舟山是红山茶起源地之一。

1700 年，英国外科医生从中国将山茶的标本寄回英国，这是欧洲人第一次见到山茶花。1793 年，英国人哈库斯托恩将油茶带回英国。1792 年，一位英国东印度公司的船长将“千百叶”及相应的复色品种带到欧洲。1850 年，英国人富奥丘恩把黄色的茶梅引入英国。1868 年，法国传教士贝路尼意采集了 17 个山茶新种带回了巴黎自然科学博物馆。自此，英法植物和园艺界陷入对山茶花的痴迷中，这股热情蔓延至市民阶层。19 世纪的法国作家小仲马的代表作《茶花女》写女主角特别喜爱山茶花，每逢外出，随身必带茶花。她佩戴的茶花就是“千叶白”，如今叫作“雪塔”。玛格丽特是一位很善于推销自己的出色营销师，她用一朵简单的白色山茶花就完成了个性的定位，山茶花成为她的标志。

花语：谦逊、理想的爱、美德、可爱。

（三）形态特征

灌木或小乔木，高达 9 米，嫩枝无毛。叶革质，椭圆形，长 5 ~ 10 厘米，宽 2.5 ~ 5 厘米，先端略尖，或急短尖而有钝尖头，基部阔楔形，上面深绿色，干后发亮，无毛，下面浅绿色，无毛，侧脉 7 ~ 8 对，在上下两面均可见，边缘有相隔 2 ~ 3.5 厘米的细锯齿。叶柄长 8 ~ 15 毫米，无毛。花顶生，红色，无柄；苞片及萼片约 10 片，组成长 2.5 ~ 3 厘米的杯状苞被，半圆形至圆形，长 4 ~ 20 毫米，外面有绢毛，脱落；花瓣 6 ~ 7 片，外侧 2 片近圆形，几离生，长 2 厘米，外面有毛，内侧 5 片基部连生约 8 毫米，倒卵圆形，长 3 ~ 4.5 厘米，无毛；雄蕊 3 轮，长 2.5 ~ 3 厘米，外轮花丝基部连生，花丝管长 1.5 厘米，无毛；内轮雄蕊离生，稍短，子房无毛，花柱长 2.5 厘米，先端 3 裂。蒴果圆球形，直径 2.5 ~ 3 厘米，2 ~ 3 室，每室有种子 1 ~ 2 个，3 爿裂开，果爿厚木质。花期 1—4 月（见图 2-23）。

（四）分布

我国四川、台湾、山东、江西等地有野生种，分布于浙江省的镇海、奉化、象山、舟山等地。在舟山群岛主要分布于朱家尖岛、桃花岛、中街山列岛、普陀山、梅山岛、大榭岛等处。在国内各地被广泛栽培。

（五）生境与习性

山茶花是一种深根性的耐阴树种，性喜温暖、湿润及半阴环境，怕高温、忌烈日。适宜水分充足、空气湿润环境，忌干燥；半耐阴性，宜于散射光下生长。土壤要求偏酸性，pH5 ~ 6 为宜，并且为疏松排水良好的腐叶土，近中性的疏松、肥沃湿润和排水良好的沙壤土，不耐旱瘠，忌盐碱土和积水，略耐修剪。山茶花耐冻，但对冻害忍耐力又与品种、长势、树龄大小、低温持续时间及土壤含水率有关。一般生长最适温度为 20 ℃ ~ 25 ℃，在不低于 4 ℃ 或不高于 35 ℃ 的温度范围内仍可生长。要求较高的湿度，尤其在 7—8 月正值高温干旱季节，更需及时浇水抗旱。

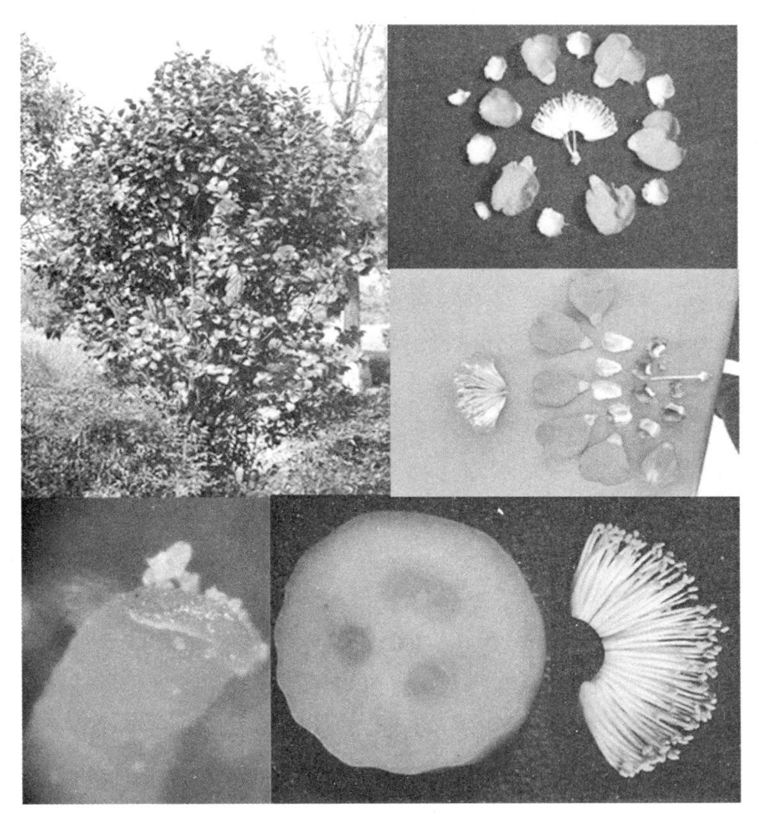

图 2-23 红山茶植株及花解剖（下左图：柱头；下中图：子房横切；下右图：雄蕊群）

（六）保护级别

红山茶为国家二级保护植物。

（七）繁殖方法

1. 组织培养

秦雯雯（2007）研究了以其茎尖为材料建立山茶快速繁殖体系。山茶芽诱导、增殖适宜培养基为改良 MS+6-BA1.5 毫克 / 升 +NAA0.1 毫克 / 升。杨凯（2013）研究了山茶胚中段和末段胚状体的愈伤诱导。董慧慧（2007）研究认为，MS+6-BA2.0 毫克 / 升 +2，4-D0.5 毫克 / 升是耐冬山茶愈伤组织的最佳培养基，培养基的 pH 为 5.5，叶柄作为外植体诱导的情况最佳。

2. 种子处理

杨成利（2011）研究认为，山茶种子常温浸种 24 小时发芽率达 85%，萌发适宜温度为 25℃，GA3 处理 800 毫克 / 升，发芽率可达 90%。

3. 扦插繁殖

韦晓娟（2012）研究了其扦插基质，指出黄心土：河沙 =2：1 为适宜基质。宗树斌（2010，2012）研究了激素对两种山茶花品种扦插成活的影响，指出 NAA1000 毫克 / 升对“威尔逊”最适合；GA31000 毫克 / 升对“六角大红”最适合。同时，研究了山茶花扦插育苗苗高的生长规律，苗高生长最快的阶段是 6 月 20 日至 8 月 8 日，占总生长量的 41.6%。赵玉宏（2005）研究认为，冬季扦插基质最好用锯末，夏季以河沙为扦插基质，而且生根率高于冬季，0.012 5% ~ 0.1%ABT1 号生根粉对扦插生根有促进作用。冬季扦插 11 月 20 日，当年生木质化休眠枝。夏季扦插 5 月 25 日，半木质化枝条。插穗长 10 ~ 15 厘米，留 1 ~ 2 片叶子。李佰文（2004）研究认为，以 pH5 ~ 6 的腐殖土作基质，当年生半木质化绿色枝条作插穗，100 毫克 / 千克 ABT6 号生根粉浸泡插穗 15 小时，6 月上旬至 8 月上旬处理最佳，生根率达 92.4%。彭玉华（2001）研究了最佳扦插时期，指出夏季和初秋是最佳扦插时期。

4. 嫁接方法

常用于扦插生根困难的品种。刘贤王（2007）研究认为，“十八学士”嫁接技术试验是以 15 年生油茶为砧木进行嫁接，成活率可达 53.3%。以当年生或前 1 年生半木质化叶芽饱满花枝作为接穗，嫁接方法为劈接法，嫁接时间为 4—5 月。

（八）价值

1. 药用价值

已有研究表明，山茶花具有抗氧化、止血、抗炎、抑菌、抗癌等生物活性。山茶花味甘苦而辛凉，入肝肺二经，有凉血止血、散瘀消肿等功效。常用于治疗吐血、鼻出血、咯血、血崩、痔疮出血、血淋、创伤出血、跌打损伤、烫伤，煎汤内服或研磨用麻油调敷外用，被收录于《中华人民共和国卫计委药品标准蒙药分册》中。山茶花主要含有黄酮类、三萜类、有机酸、皂苷、鞣质等化学成分。在国内，对山茶花的化学成分研究并不很多。侯蕾（2011）等从西南红山茶花中分离并鉴定了槲皮素等 10 个化合物；杨甲月（2005）从滇山茶花中分离得到 4 个新化合物；在国外关于山茶花的化学成分研究，只有 Hyang-Hee Lee（2011）等对其抗氧化物质酚酸和黄酮苷等进行分离鉴定，并从中得到了相关化合物。药理研究表明，山茶花具有保护胃黏膜及止血作用，有益于预防和治疗糖尿病。山茶花总黄酮 TFC 具有明显的抗血小板聚集、抑制血栓形成的作用，TFC 对心肌缺血、缺氧损伤有明显的保护作用。

2. 观赏价值

山茶花自古以来就是名贵的观赏花卉，它不仅花形优美、花色绚丽、娇艳异常，而且开花后经久不调，吐蕊于红梅之前，凋零于桃李之后，虽历经冰雪风霜，依旧繁花朵朵，

深得人们的赞赏。它对有害气体二氧化硫有很强的抗性，对硫化氢、氯气、氟化氢和铬酸烟雾也有明显的抗性，适用于存在有害气体污染的工厂区绿化，可起到保护环境、净化空气的作用。

3. 色素食品添加剂

山茶花花色有粉红、玫瑰红、深红等，含有丰富的红色素。山茶花花瓣中含有丰富的维生素、蛋白质、脂肪、淀粉和各种微量的矿物质等营养物质，山茶花花蕾甲醇提取物对乙醇诱导的大鼠胃黏膜损伤具有保护作用，山茶花精油有减少皮肤皱纹的作用，同时山茶花性甘凉而味苦辛，是消臭、止血、散癖、消肿、治疗痢疾的良药。红山茶花瓣拖油或拖面油煎后掺糖可食用。因此，山茶花是开发天然无毒食用红色素的良好材料（张艳芳，2012）。

4. 食用价值

去掉雌雄蕊的花瓣可食用，既可做“沙拉”点心，又可做山茶饼，具有健胃奇效。李辛雷（2010）等对浙江红山茶等花的可溶性糖、蛋白质、维生素 C 和 β－胡萝卜素及水解氨基酸等营养成分进行了测定，认为浙江红山茶等含有丰富的蛋白质、微量元素和必需氨基酸，有一定的营养价值。作为重要蜜源植物，山茶蜜为琥珀色，浓稠，味芳香，为优质蜜。种子含有不饱和脂肪油，俗称“山茶油”，以江西、湖南、云南产者为佳，茶油半透明、半干性，富含亚油酸，主要供食用，特别适合心脑血管病患者。

（九）研究概况

1. 关于花粉活力研究

杨成利（2009）研究了耐冬山茶花粉活力，指出耐冬山茶是以异花授粉为主并且人工授粉、结实膨大率并不高的植物。耐冬山茶的花粉生活力为 35.71% ~ 90.29% 不等，不同耐冬山茶品种间存在一定的差异。王翔（2008）指出，4 个品种的花粉寿命最长可达 37 天。4 个品种的耐冬山茶柱头在开花 1 ~ 7 天内均具可授性。

2. 关于化学成分研究

马俊蓉（2015）研究了红山茶化学成分，含有酚酸类、儿茶素类、黄酮醇及糖苷类物质。

3. 关于光合特性的研究

朱向涛等（2011）研究指出，耐冬山茶的光补偿点为 32 微摩尔 /（平方米・秒），光饱和点 1 233 微摩尔 /（平方米・秒），最适生长温度为 18 ℃ ~ 20 ℃。光合速率日变化和季节变化均呈现单峰变化曲线。

4. 关于红山茶胁迫生理的研究

陈代慧（2013）研究了红山茶抗寒生理，测定叶片中超氧化物歧化酶（SOD）活性、丙二醛（MDA）含量、游离脯氨酸、可溶性蛋白以及叶绿素含量指标的变化。顾艳红（2006）、陈绍（1992）分别研究了铝胁迫和干旱胁迫下的光合生理特性。

5. 关于遗传多样性的研究

林立等（2012）研究了日本岛屿山茶遗传多样性，胡仲义（2013），研究了 26 个川茶花品种亲缘关系，林立等（2013）研究了舟山群岛野生山茶种群遗传多样性，地理距离与遗传距离具有显著相关性（$r=0.9653$，$P<0.05$），表明岛屿隔离对山茶种群的遗传分化具有重要影响。林立等（2012）还研究了岛屿地理隔离对山茶种群遗传结构的影响，对分布在我国浙江和山东的 8 个山茶种群共 240 个个体进行了遗传结构分析。地理距离与遗传距离具有显著相关性（$r=0.8567$，$P<0.05$），岛屿地理隔离对山茶种群的遗传分化具有重要影响。林立等（2012）研究中日 5 个岛屿山茶种群遗传多样性，岛屿地理隔离对山茶种群遗传分化具有重要影响。基于岛屿山茶种群遗传结构的分析，建议加强我国岛屿自然种群的就地保护力度。

6. 关于种群生态的研究

张治国等（2000）研究了中国分布北界的山茶种群大小结构和空间格局，该种群的实际频数符合负二项分布，由此判定种群的分布格局为聚集分布。从大小金字塔看，它属于 Bodenheimer 所述的下降型种群。张治国还研究了青岛山茶（camellia japonica）种群的群落学特征，分析了以山茶为优势种的常绿阔叶矮林的种类组成、生活型谱、空间结构、生态结构。

7. 关于山茶花的园林应用研究

侯海毅（2009）研究了山茶花在园林绿化中的应用。

8. 关于山茶花的品种分类研究

陈清炮（1992）探讨了浙江省山茶花品种分类，认为山茶花的演变主导因素是由于雄蕊、雌蕊、萼片的瓣化及其花瓣折皱、纵裂数目的自然增加所致。因而，根据瓣数分为单瓣、半重瓣、重瓣 3 类，按照花瓣的形态及其排列情况分为 5 组，在组以下又根据花冠形状分为 10 型，并以颜色等特征划分为 200 余个品种。

参考文献：

[1] 林立，胡仲义，王国明 . 舟山群岛野生山茶种群遗传多样性的 ISSR 分析 [J]. 植物资源学报，2013，14（4）：594-599.

[2] 董洋龙，於林江，周拓，等．基于 ITS 技术的 11 个茶花品种遗传多样性分析 [J]. 中国农学通报，2013（13）：145-149.

[3] 林立，胡仲义，李纪元，等.10个山茶岛屿天然居群的遗传多样性分析 [J]. 园艺学报，2012（8）：1531-1538.

[4] 孙迎坤，李纪元，殷恒福．山茶花 CjAPL1 基因正义表达载体的构建及对拟南芥的转化分析 [J]. 园艺学报，2014（4）：789-796.

[5] 林立，倪穗，李纪元，等．中日 5 个岛屿山茶种群遗传多样性研究 [J]. 广西植物，2012（3）：298-303.

[6] 胡兴华，王燕，邹伶俐，等．山茶品种 SSR 指纹图谱分型技术反应体系的优化 [J]. 中国农学通报，2013（1）：127-131.

[7] 冷寒冰，秦俊，胡永红．春秋季不同环境下山茶的光合特性研究 [J]. 中南林业科技大学学报，2011（12）：29-33.

[8] 朱向涛，刘庆华，王奎玲，等．耐冬山茶光合特性研究 [J]. 中南林业科技大学学报，2011（9）：76-79.

[9] 季春峰，徐林初，钱萍，等．世界名贵山茶品种研究 [J]. 江西林业科技，2011（4）：9-11.

[10] 王奎玲，革少华，刘庆超，等．部分耐冬山茶栽培品种的 AFLP 分析 [J]. 中国农业科学，2011（3）：651-656.

[11] 林立，李纪元，倪穗，等．岛屿地理隔离对山茶种群遗传结构的影响 [J]. 林业科学研究，2012，25（3）：378-384.

[12] 倪穗，李纪元，王强.20 个茶花品种遗传关系的 ISSR 分析 [J]. 林业科学研究，2009（5）：623-629.

[13] 翟玫瑰，李纪元，徐迎春，等．遮阴对茶花幼苗生长及生理特性的影响 [J]. 林业科学研究，2009（4）：533-537.

[14] 杨志玲，李纪元，范正琪．山茶属红山茶组物种间及其与品种杂交亲和性研究初报 [J]. 林业科学研究，2004（5）：680-684.

[15] 陈析丰，查笑君，范文杰，等．山茶花叶片 DNA 提取及 RAPD 反应体系的研究 [J]. 植物研究，2007（2）：218-223.

[16] 王奎玲，刘庆超，黄鑫，等．耐冬山茶孢粉学研究 [J]. 中国农学通报，2007（11）：267-272.

[17] 吴建慧，周蕴薇，戴恩兰．两个山茶品种光合荧光参数日变化对春季低温的响应 [J]. 经济林研究，2012（1）：40-44.

[18] 蒋新龙．山茶花红色素的提取及其性质初探 [J]. 园艺学报，2006（2）:344-348.

[19] 周蕴薇，戴恩兰．低温诱导下山茶蛋白质的变化 [J]. 经济林研究，2010（3）：118-121.

[20] 邹家丽，邓鹜远，和七一，等．山茶花中多酚提取的方法及其抗氧化活性测定研究[J]. 北方园艺，2013（13）：103-107.

[21] 刘庆焕，赵世伟，张佐双，等．温室条件下不同品种山茶的光合特性[J]. 园艺学报，2003（1）：65-68.

[22] 张治国，王仁卿．中国分布北界的山茶（Camellia japonica）种群大小结构和空间格局分析[J]. 植物生态学报，2000（1）：118-122.

[23] 吴雅文，张宁，白天，等．中日两国山茶花的渊源及异同[J]. 世界林业研究，2015（4）：81-84.

[24] 王立翠，张亚利，李建，等．山茶属植物在长三角地区公园中应用的研究[J]. 江西农业科学，2009（12）：82-85.

[25] 金哲雄，曲中原．山茶叶化学成分研究（Ⅰ）[J]. 中草药，2010（7）：1068-1072.

[26] 侯蕾，于大永，冯宝民，等．西南红山茶花化学成分的分离与鉴定[J]. 时珍国医国药，2011，22（7）：1701-1703.

[27] 杨甲月．滇山茶花和岩棕的化学成分研究[D]. 兰州：兰州大学，2006.

[28] HYANG-HEE LEE，JEONG-YONG CHO，JAE-HAK MOON，et al. Solation and Identification ofAntioxidative Phenolic Acids and Flavonoid Glycosides from Camellia japonica Flowers[J].Biotechnol. 2011，52（3）：270-277.

二十四、小蜡

（一）名称

ligustrum sinense Lour.，属名：*ligustrum*，[拉]植物原名；ligo，结合，束缚。女贞属（木犀科）；种加词，*sinense*，中国的。命名人 Lour.（Joao de Loureiro，1717—1791），葡萄牙传教士、古生物学家、医生及植物学家。他于 1790 年在 *Flora cochinxhiensis* 中以桂花 *osmanthus fragrans* 为模式建立了木犀属 *osmanthus*，凌霄属 *campsis* 是由 Lour.1790 年设立的，鹤顶兰属 *phaus* 也是由 Lour.1790 年设立的。中国著名的树木漆树 *Rhus verniciflua* 也是由 Lour. 发现的。他也是西方首位确认土沉香树的人，他用 30 年在越南学习当地药用植物，为所发现的植物订定学名，因而成为研究该地区植物的世界权威，确定沉香为瑞香科植物中的一个属，土沉香是这个属的一个品种。1742 年，他去往南圻，并在此生活了 30 年。他专注于亚洲植物的研究，并于 1790 年出版了《南圻植物志》（*Flora Cochinchinensis*），该书被誉为亚洲植物的百科全书。

别名：黄心柳（云南）、水黄杨（湖北）、千张树（四川）、山指甲、垂枝女贞、银枝小蜡、小紫甲树、水白蜡、水冬青、鱼蜡树、蚊子花、山雪子、青皮树、水栒骨、蒲地江、土茶叶、小叶冬青、小叶水蜡树、楝青等。

英文名称：Chinese Privet。

（二）形态特征

落叶灌木或小乔木，高 2 ～ 4（2 ～ 7）米。小枝圆柱形，幼时被淡黄色短柔毛或柔毛，老时近无毛。叶片纸质或薄革质，卵形、椭圆状卵形、长圆形、长圆状椭圆形至披针形，或近圆形，长 2 ～ 7（2 ～ 9）厘米，宽 1 ～ 3（1 ～ 3.5）厘米，先端锐尖、短渐尖至渐尖，或钝而微凹，基部宽楔形至近圆形，或为楔形，上面为深绿色，疏被短柔毛或无毛，或仅沿中脉被短柔毛，下面为淡绿色，疏被短柔毛或无毛，常沿中脉被短柔毛，侧脉 4 ～ 8 对，上面微凹入，下面略凸起；叶柄长 28 毫米，被短柔毛。圆锥花序顶生或腋生，塔形，长 4 ～ 11 厘米，宽 3 ～ 8 厘米；花序轴被较密淡黄色短柔毛或柔毛以至近无毛；花梗长 1 ～ 3 毫米，被短柔毛或无毛；花萼无毛，长 1 ～ 1.5 毫米，先端呈截形或呈浅波状齿；花冠长 3.5 ～ 5.5 毫米，花冠管长 1.5 ～ 2.5 毫米，裂片长圆状椭圆形或卵状椭圆形，长 2 ～ 4 毫米；花丝与裂片近等长或长于裂片，花药长圆形，长约 1 毫米。果近球形，径 5 ～ 8 毫米。花期 3—6 月，果期 9—12 月（见图 2-24）。

图 2-24　小蜡（上图：植株；下左图：花解剖；下中图：花柱及子房；下右图：柱头）

（三）分布

产于江苏、浙江、安徽、江西、福建、台湾、湖北、湖南、广东、广西、贵州、四川、云南。陕西西安有栽培。越南也有分布，马来西亚也有栽培。模式标本采自中国香港。在舟山群岛分布于本岛、梅山岛、大榭岛、普陀山、朱家尖岛、桃花岛。

（四）生境及习性

生于山坡、山谷、溪边、河旁、路边的密林、疏林或混交林中，海拔 200 ~ 2 600 米。喜温暖的气候，喜光，较耐阴。对土壤的适应性较强，山野间常见野生小蜡。生性强健，耐修剪。

（五）繁殖方法

1. 扦插繁殖

根据不同地区当年气候状况，剪取当年生枝条半木质化枝条，1 年内可剪穗 2 次，剪穗条时间为 5 月中旬、9 月上旬。保留母本高度：地栽当年的母本剪穗高度 15 厘米，2 年生、3 年生和 4 年生母本剪穗保留母本高度分别为 25 厘米、30 厘米和 35 厘米，对 5 年生及以上不再当作母本。剪穗条长度为 2.5 厘米，保留 2 个侧芽、2 片（对生）叶片，基部平切口。基质配方（体积比）为苇末：黄心土：珍珠岩：有机肥 = 4：4：1：1。采用大田苗床时用黄心土作扦插基质。采用吲哚乙酸 2+ 萘乙酸 6+ABT6 号生根粉 2，浓度 200 毫克 / 升，穗条基部速蘸 2 秒。扦插后浇水保湿，适当遮阴。25 天后生根（郑勇平等，2014）。

2. 播种繁殖

初冬采收成熟果实，摊薄堆放于阴凉处；翌年早春条播，也可随采随播，播后覆草。

（六）价值

1. 药用价值

其味苦，性凉，具有清热利湿、解毒消肿的功效，主治感冒发热、肺热咳嗽、咽喉肿痛、口舌生疮、湿热黄疸、痢疾、痈肿疮毒、湿疹、皮炎、跌打损伤等。药理试验证明，其叶对金黄色葡萄球菌、伤寒杆菌、甲型副伤寒杆菌、绿脓杆菌、大肠杆菌、弗氏痢疾杆菌、肺炎杆菌有极强的抗菌作用。其果实有滋补肝肾、抗感染之功效。欧阳明安（2003）研究认为，从小蜡树茎叶甲醇提取物的水溶性部分得到 5 个酚性成分、两个木脂素类化合物。从女贞小蜡树（*ligustrum sinense Lour.*）茎叶甲醇提取物的水溶性部分得到 1 个新的和 6 个已知酚性苷成分。

2. 经济价值

小蜡是绿化树和蜜源植物。其果实可酿酒，种子可制皂，茎皮可制人造棉。小蜡精油含氧芳香成分多，含量高，精油稳定性好。成分为反式－桂酸甲酯、反式－桂酸乙酯、1，2－二甲基苯、苯乙酸乙酯、1,4－二甲基苯、苯乙酸乙酯等化合物，还含有微苯乙醇、芳樟醇、顺式茉莉酮等化合物，以此确定小蜡精油的品质和香型（罗心毅等，1993）。

3. 食品色素、食品添加剂

成熟的小蜡浆果富含紫红色素，具有很好的利用前景。推断小蜡色素为花色苷类色素，属于水溶性色素。小蜡色素在酸性条件下，对热有一定的耐受性，但在高温下不稳定；耐可见光和紫外光的性能较好；该色素的 pH 着色范围较宽，可根据不同需要，调节 pH 得到不同色泽，尤其适合酸性紫红色食品色泽稳定性的保持和使用。抗坏血酸和防腐剂山梨酸钾对该色素的稳定性无影响，而氧化剂 H_2O_2 对色素的稳定性较差，在使用中，应尽可能地避免使用铁、铜、锡制品，以免影响色素色泽的稳定性（李进等，2008）。小蜡果皮色素在纯水中的溶解性最佳，属水溶性色素，紫外线对色素的色度影响最大，直接照射可使色素的色度大幅度下降（储敏，2006）。

4. 园林价值

小蜡适宜做绿篱或修成圆球、圆柱等各种形式。可修除基蘖，留取高干培养成乔木，栽植在墙边、路旁、草坪林缘，或者制作盆景。常植于庭园观赏，丛植林缘、池边、石旁均可；规则式园林中常可修剪成长形、方形、圆形等几何形体，也常栽植于工矿区。其干老根古、虬曲多姿，宜作树桩盆景。

（七）研究概况

①小蜡的抗性研究。小蜡的半致死温度为 –7.12 ℃。自然降温过程中相对电导率出现“下降—升高”的趋势，脯氨酸含量出现不断上升趋势，两者在深度休眠达到最小（刘艺等，2010）。②小蜡对重金属的富集研究。小蜡叶片富集主要来自道路交通产生的大气重金属污染物，市区干线的叶片富集量高于城郊公路，城郊公路高于对照点，雨水的冲刷能够减少小蜡叶片表面重金属含量。同时，小蜡叶片对重金属的富集，在 4—7 月的富集速度或富集增量高于 7—10 月，这与小蜡叶片的生长趋势相一致（胡星明等，2009）。小蜡叶片对大气中的 Pb 和 Cr 的富集能力较强，可能是 Pb 和 Cr 的良好指示植物，可用于环境监测。③关于小蜡的化学成分药用价值及繁殖的研究。林生（2015）对小蜡的化学成分进行了研究，从乙醇提取物中共分离得到 115 个化合物，涉及二萜、三萜、香豆素、木脂素、脂肪酸衍生物和简单芳香类等，其中新化合物 41 个。

参考文献:

[1]郑勇平，葛金伟，邵春荣，等．“银姬”小蜡扦插繁殖[J].中国花卉园艺,2014(12):40-42.

[2]国家中医药管理局《中华本草》编委会．中华本草：第六册[M]．上海：上海科学技术出版社，1999：191-192.

[3]屈信成，胡琦敏，李振麟，等．小蜡树叶的生药学研究[J]．中国民族民间医药，2012：41-42.

[4]罗心毅，辛克敏，洪江，等．小蜡精油的化学成分[J].云南植物研究,1993,15(2):208-210.

[5]李进，苏小红，原惠，等．小蜡色素稳定性研究[J].食品科学，2008，29(9):106-110.

[6]储敏．小蜡果皮水溶性色素的提取及光敏感性[J]．氨基酸和生物资源,2006,28(2):38-40

[7]刘艺，杨远庆，胡晓谅，等．3种园林植物耐寒性的研究[J]．安徽农业科学，2010，38(9):4875- 4876，4898.

[8]胡星明，王丽平，杨坤，等．城市道路旁小蜡叶片对重金属的富集特征[J].环境化学，2009，28(1):89-93.

[9]胡星明，王丽平，李恺，等．城市交通大气与土壤重金属对小蜡生物富集作用的影响[J].环境科学研究，2008，21(5):154-157.

二十五、东亚女贞

（一）名称

Ligustrum ibota Sieb. & Zucc. var. microphyllum Nakai， 属名：*ligustrum*，［拉］植物原名；*Ligo*，结合，束缚。女贞属木犀科。种加词，*ibota*，［日］*ibota* 水蜡树；变种加词：*microphyllum*，小叶的。命名人1：Sieb.（Philipp Franz von Siebold，1796—1866），德国内科医生、植物学家、旅行家、日本学家和日本器物收藏家。他生于德国巴伐利亚维尔茨堡城中的一个医生家庭，他的祖父、父亲和叔叔都是维尔茨堡大学的医学教授。1815年他在同一所大学开始学习医学。1822年，他开始作为外科医生服务于荷属东印度军队，驻扎在巴达维亚。他在很短的时间内学会了荷兰语和马来语，是派往日本的理想人选。1823年，出岛负责搜集日本列岛上的信息，外国人都不准离开贸易站，但作为一个医生，他却有机会。他治愈了一个有影响力的地方官员，被允许在贸易站以外做事以及应日本患者要求上门服务。他立即与科学家进行了联系。其中，有些人已经能读写荷兰文并被称为兰学家（dutch scientists）。日本官员曾鼓励一些科学家学习荷兰文以看懂荷兰人带来的书籍和地图之类的礼物。他的住宅迅速变成了举办讲座、会议和进行讨论的集会点。在这些接触的基础上，荷兰语成了通用

语，使日本获得了接触西方科学和发明的通道。此亦即 Philipp Franz von Siedold 于 1824 年在出岛外开设的教授兰学的鸣滝塾（日文）之功能。他作为一个普通医生也赢得了赞誉，虽然他不被允许通过服务接受付款，但是心怀感激的患者们赠送物品和文物给他作为替代。这是他的民族志得以收藏的基础。他收集了许多日常家庭用品、版画、工具和手工制品。他集中收集植物、种子、动物以及各种日常工具。他聘请本地艺术家来将动物、物体和日常做法的图像摹写于纸上，并付钱给三个职业猎人以捕捉珍稀动物。在他访问病人时，他尽可能多地收集天然材料，并且他的学生给了他许多类似的东西。在数月的幕府旅程中，他不仅收集到许多植物、动物和文物，还拥有了日本的地图。当这些东西数量太多时，它们被送往出岛。地图被日本当局发现了，西博尔德随后被控叛国罪并被指为俄罗斯间谍，因为拥有地图是被严格禁止的。经过一段时间的软禁（在此期间西博尔德的许多人际关系均被调查）之后，1829 年他被驱逐出日本，并被命令不得再次进入该国。他已将收藏品保存在几个城市，遍布荷兰莱顿以及比利时根特、布鲁塞尔和安特卫普等城市的机构中。在与家人团聚后，他决定搬到莱顿，住在 Rapenburg19 号紧邻运河的房子里。这房子与植物园共临一条运河，河对岸后来成了自然史博物馆。早在 1831 年，他就将自己的收藏向公众开放。在莱顿的几个地点展示其收藏后，1837 年他在 Rapenburg 的家中开了一家博物馆。后来，西博尔德的收藏被荷兰政府购买，新博物馆成了现在位于莱顿的国立民族学博物馆的前身。命名人 2：Zucc.（Joseph Gerhard Zuccarini，1797—1848），德国植物学家，慕尼黑大学植物学教授。他曾经帮助 Philipp Franz von Siebold 整理和研究其从日本搜集的植物标本，也对从墨西哥发现的植物进行过分类和鉴定。变种命名人：Nakai 中井猛之进，1882—1952），日本植物学家，东京大学教授、小石川植物园园长、国立科学博物馆馆长。

英文名称：Ligustrum East Asia。

（二）形态特征

落叶小灌木，高 0.5 ~ 1.5 米。枝淡灰褐色，开展，小枝被柔毛或微柔毛。叶片纸质，长圆形、长椭圆形、椭圆形至卵形，或倒披针形，长 0.8 ~ 2 厘米，宽 0.4 ~ 1.3 厘米，先端锐尖或钝，具微凸头，基部楔形或宽楔形，上面为深绿色，无毛或稀沿中脉被短柔毛，下面为淡绿色，无毛或沿中脉疏被短柔毛；叶柄长约 1 毫米，无毛或被短柔毛。圆锥花序着生于小枝顶端，长 1.5 ~ 3 厘米，宽达 2.5 厘米；花序轴被柔毛或微柔毛；花梗长 0.5 ~ 2 毫米，被短柔毛、微柔毛或无毛；花萼无毛或被微柔毛，长 1 ~ 2 毫米；花冠长 7 ~ 8 毫米，花冠管长 4 ~ 6 毫米，裂片卵形，长 1.5 ~ 2.5 毫米；花药宽披针形，达花冠裂片 1/2 处；花柱连柱头长约 3 毫米。果宽长圆形，长约 6 毫米，径约 5 毫米。花期 5—6 月，果期 8—10 月（见图 2–25）。

（三）产地

产于中国江苏连云港（云台山）、浙江普陀山和岱山县，也分布于韩国济州岛和日本九州。模式标本采自韩国济州岛。原变种产于日本，与本变种的区别在于前者植株较高，高3 ~ 5米，叶片较大，长1 ~ 4厘米，宽0.5 ~ 2.5厘米。在舟山群岛龙头、杜庄沙滩分布着大量的东亚女贞。

图2-25　东亚女贞

（四）生境及习性

生长于海拔100 ~ 450米的山顶石缝、山谷或溪边。

（五）繁殖技术

播种繁殖：10月份采种，晾晒，保持干燥。浸种，去掉果皮，与湿沙一起拌匀催芽，5 ~ 6天吐芽，30%吐芽后播种。宜春播，4—5月播种，沟播，覆土厚1 ~ 2厘米，覆土掺和沙子。保湿适当遮阴，20天左右出苗。

二十六、野梧桐（依据中国植物志中文版）

（一）名称

mallotus japonicus（*Thunb.*）*Muell. Arg.var.floccos.*，属名：*mallotus*，[希]mallotos，长有长毛的，似羊毛的。野桐属（大戟科）。种加词，*japonicus*，日本的。命名人Arg Jean Mueller（1828——1896）瑞士植物学家。异名命名人Thunb.（Carl Peter Thunberg，1743—1828），瑞典博物学家，出生于延雪平，在乌普萨拉大学学习自然哲学和医学，师从著名植物学家卡尔·林奈。

英文名称：Japanese Mallotus。

（二）形态特征

小乔木或灌木，高2 ~ 4米；树皮褐色。嫩枝具纵棱，其枝、叶柄和花序轴均密布褐色

星状毛。叶互生，稀小枝上部有时近对生，纸质，形状多变，包括卵形、卵圆形、卵状三角形、肾形或横长圆形，长 5 ~ 17 厘米，宽 3 ~ 11 厘米，顶端急尖、凸尖或急渐尖；基部圆形、楔形，稀心形，边全缘，不分裂或上部每侧有 1 裂片或粗齿，上面无毛，下面仅叶脉稀疏被星状毛或无毛，疏散橙红色腺点；基出脉 3 条；侧脉 5 ~ 7 对，近叶柄具黑色圆形腺体 2 颗；叶柄长 5 ~ 17 毫米。花雌雄异株，花序总状或下部常具有 3 ~ 5 分支，长 8 ~ 20 厘米；苞片钻形，长 3 ~ 4 毫米；雄花在每苞片内 3 ~ 5 朵；花蕾球形，顶端急尖；花梗长 3 ~ 5 毫米；花萼裂片 3 ~ 4 毫米，卵形，长约 3 毫米，外面密被星状毛和腺点；雄蕊 25 ~ 75，药隔稍宽；雌花序长 8 ~ 15 厘米，开展；苞片披针形，长约 4 毫米；雌花在每苞片内 1 朵；花梗长约 1 毫米，密被星状毛；花萼裂片 4 ~ 5，披针形，长 2.5 ~ 3 毫米，顶端急尖，外面密被星状绒毛；子房近球形，三棱状；花柱 3 ~ 4，中部以下合生，柱头长约 4 毫米，具疣状突起和密被星状毛。蒴果近扁球形，钝三棱形，直径 8 ~ 10 毫米，密被有星状毛的软刺和红色腺点；种子近球形，直径约 5 毫米，褐色或暗褐色，具皱纹。花期 4—6 月，果期 7—8 月（见图 2-26）。

图 2-26　日本野梧桐（上左图：植株；上右图：果实；中左图，雄花；中右图：雌花序；中图：雄花序；下左图：子房横切；下右图：柱头）

（三）分布

产于台湾、浙江和江苏。分布于日本。模式标本采自日本。

（四）生境及习性

多生于海拔 320 ~ 600 米林中。

（五）繁殖方法

野梧桐宜在早春二月播种，但种子发芽困难，故播种前用 5% 的草木灰水浸种，去掉种壳外面的油脂，再用 45 ℃的温水漫种催芽，就能提高发芽率和提早出土。造林方法可用直播，一般植株行距各 1 ~ 1.3 米，每穴簇播种子 15 ~ 20 粒，覆土厚 1 ~ 1.3 毫米，用手稍压实。如在瘠薄干燥的地方造林，株行距可密些，或与马尾松进行行间混交。在土壤较好的地方可让其天然下种更新，加以保护利用。

（六）价值

1. 药用价值

据《中华本草》中记载，野梧桐主治胃、十二指肠溃疡，肝炎，血尿带下，疮疡，外伤出血，胃脘痛，气郁不舒，嗳气等病症。在日本用于调节消化功能，用于治疗胃及十二指肠溃疡。在我国台湾民间用于治疗癌症等。药用部位根，味微苦、涩，性平。治疗慢性肝炎、脾肿大、白带、化脓性中耳炎、刀伤出血（程文亮等，2014）。化学成分：含有岩白菜素、鞣料云实素、柯子素等可水解鞣质，以及芸香苷、野梧桐烯醇、亚麻酸酯等。其树叶提取物有利胆作用。岩白菜素具有抗分泌、抗溃疡、抗炎、降血脂的功效，药理作用显示，部分鞣质具有显著的抗肿瘤活性。对单纯性疱疹病毒具有抑制作用（陆阳，1996）。

2. 经济价值

种子含油量达 38%，可作工业原料；小材质地轻软，可作小器具用材。星野正生（1989）认为可以作为动物的饲料。

（七）研究概况

1975 年，日本学者 Okabe H. 等从野梧桐的种子中分离出 8 个强心苷。它们分别是冠花毒配质、野桐配质、冠花灰配质和 pano 配质的 3–O– α – L – 吡喃鼠李糖苷等。杨士雄等（2013）研究认为，野桐花粉粒大小 22（22–28）× 26（24–30）微米。具有 3 孔沟，沟短；孔横长，与沟相交成十字形；表面具有粗颗雕纹，形态特征与白背叶相似。张新娟等（2012）研究了其抑菌活性，对金黄色葡萄球菌标准菌株、大肠埃希菌标准菌株、铜绿假单胞菌标准菌株、

白假丝酵母菌标准菌株均有不同程度的抑制活性。其中，野梧桐等 8 种中草药对标准金黄色葡萄球菌的抑制作用较好。Saijo 等（1989）从野梧桐种分离出 13 种鞣质化合物、17 个鞣质酸化合物及 4 个黄酮类化合物。

参考文献：

[1]程文亮，李建良，何伯伟等．浙江丽水药物志[M].北京：中国农业科学技术出版社，2014.

[2]湖南省林业科学研究所．湖南油料树种[M].长沙：湖南人民出版社，1963（06）：106.

[3]廖升，刘志侠．油料、肥料、饲料植物——野桐[J].生物学通报，1958（6）：15-16.

[4]许贵红，黄凡凤，邱敏婷，等．国产野桐属 Mallotus 的应用价值与栽培研究进展[J].安徽农业科学，2016，44（30）：1-2，11.

[5]张国文，陈梦菁．野桐属植物化学成分研究概况[J]中国药学，1988，23（6）：333-337.

[6]杨士雄，郑卓，陈碧珊，等．大戟科现代植物花粉形态[J].植物学报，2013，48（5）：550-560.

[7]张新娟，左国营，孙菱，等．滇东南 26 种中草药体外抗菌活性研究[J].中国热带医学，2012，12（4）：413-417.

[8]星野正生，徐天华．利用热带和亚热带木本植物作动物饲料[J].世界热带农业信息，1991（2）：50-51.

[9] SAIJO R，NONAKA G，NISHIOKA I. Tannins and relatedcompounds. LXXXVII. Isolation and characterization offour new hydrolyzable tannins from the leaves of Mallotus japonicas [J]. Chem Pharm Bull，1989，37（10）：2624-2630.

[10] SAIJO R，NONAKA G，NISHIOKA I. Phenol glucoside gallatesfrom Mallotus japonicas [J]. Phytochemistry，1989，28（9）：2443-2446.

[11]陈德力，张小坡，吴海峰，等．野桐属植物化学成分及其药理活性研究进展[J].中草药，2014，45（15）：2248-2264.

[12]陆阳．野梧桐的化学和药理研究概况[J].国外医药·植物药分册，1996，11（4）：147-149.

二十七、杨桐

（一）名称

Adinandra millettii（*Hook. et Arn.*）*Benth. et Hook. f. ex Hance*，属名：*adinandra*，[希]adinos，

密集的 +*aner* 雄蕊。杨桐属，黄瑞木属（茶科）。种加词，*millettii*，男性名。命名人 Benth. et Hook.f. ex Hance（1800—1884）是英国植物学家。他出生于朴次茅斯附近的斯托克镇，其父亲是一位造船工程师，他从来没有接受过正式学校教育，但由于从小随父亲在国外工作，7 岁时就会说法语、德语、俄语和瑞典语，在法国学习了数学和希伯来语。当他看到了德堪多的著作《法国植物》后，对鉴定植物品种产生兴趣，开始鉴别身边的植物。1823 年，他在伦敦认识了一批植物学家，1831 年他父亲去世，第二年他伯父去世，都给他留下了一笔丰厚的遗产，他可以独立地做自己感兴趣的工作。他到比利牛斯山区考察后，出版了第一部著作《比利牛斯和下朗格道当地植物分类》。1830—1834 年，他访问了欧洲几个重要标本馆，1836 年出版了《唇形科植物属和种》。1837 年冬季，他在维也纳博物馆的年报上发表了《豆科植物属评论》。1842 年，他定居赫里福德郡，帮助他的朋友德堪多编著《植物界自然系统概论》。

Joseph Dalton Hooker（1817—1911）是英国植物学家。他出生于萨福克郡的哈尔沃斯镇，其父亲 William Jackson Hooker 也是著名的植物学家，他从 7 岁时经常到格拉斯哥大学听他父亲的植物学讲课，很早就对植物的地理分布和库克船长的探险感兴趣。他从格拉斯哥中学毕业后到格拉斯哥大学学习医学，1839 年，获得医学博士学位，并作为海军军医参加罗斯船长到南极的探险，成为厄瑞玻斯号战舰上的助理外科医生。1847 年，他父亲已经是皇家植物园的园长，帮助他获得 1 000 英镑的资助出版他的著作《南极探险的植物》，并获得每年 200 英镑工作资助。他陆续出版了《南极植物》（*Flora Antarctica*）、《新西兰植物》（*Flora Novae-Zelandiae*）和《塔斯马尼亚植物》（*Flora Tasmaniae*）。1847 年 11 月 11 日，他离开英国前往印度为皇家植物园搜寻新品种，他乘船经尼罗河、苏伊士运河于 1848 年 1 月 12 日到达加尔各答，骑着象到米尔扎布尔，再乘船沿恒河到达西里古里，改骑马于 1848 年 4 月 16 日到达大吉岭。他以大吉岭为基地，考察了喜马拉雅山区的植物，还曾到过尼泊尔、孟加拉国和中国西藏等。1850 年 1 月和 2 月，他回到大吉岭，整理标本和日记，然后又到不丹和阿萨姆邦，1850 年 12 月 9 日起程回国。他在加尔各答出版了《喜马拉雅山日记》（*Himalayan Journals*）。

H. F. Hance 是英国植物分类学家，1844—1872 年在香港和中国内地采集植物标本。1844 年到香港任外交官，1848 年开始发表新种。1851 年返英，1852 年又到香港。1857 年到厦门，后住广州黄埔达 25 年之久，任领事。1866 年秋与 T. Sampson 到三水，1866 年到过海南水东 Suitung 港等地。1872 年秋到鼎湖山、七星岩。发表了 222 篇文章，包括大量新种。他的一生大部分时间在香港、黄埔以及厦门度过，从事外交和植物标本采集与研究，在 Hance 突然去世时，保存在香港的植物标本已达 22 437 号，整个标本馆的标本移送给大英博物馆。Hance 和他的莫逆之交、终生合作者 T. Sampson 共采得 6 354 336 份标本，新属和新种不计其数。

异名命名人 Hook.（William Jackson Hooker，1785—1865）是英国植物学家。胡克出生于诺里奇，父亲是一位神学家，精通德国文学，尤其喜好种植稀奇的植物，他在诺里奇中学毕业后，学习了鸟类学和昆虫学，后来开始对植物感兴趣。1809 年夏季，他到冰岛考察，搜集

了许多标本，但回程时发生了火灾，差点丧命，标本几乎都被毁，他凭记忆写出了《冰岛记游》，记录了冰岛的植物和居民生活。1814 年，他用了 9 个月时间到法国、瑞士和意大利考察植物，1816 年出版了第一部学术著作《英国叶苔属》。1820 年，他受聘担任格拉斯哥大学的植物学教授，第二年出版了《苏格兰植物》，发起并成立了格拉斯哥皇家植物学会和格拉斯哥植物园。1841 年，他被任命为皇家植物园首任园长。

Arn.（George Arnott Walker Arnott，1799—1868），苏格兰植物学家。他出生于爱丁堡，是 David Walker Arnott of Arlary 的儿子。他在爱丁堡学习法律。1845—1868 年，他在格拉斯哥大学作为植物学家及主导地位的客座教授。他与 Sir William Hooker 合作研究了北美洲的植物，与 Robert Wight 合作研究了印度植物。他是巴黎自然历史学会的会员、莫斯科皇家自然历史学会会员。

别名：毛药黄瑞木、猴糙、杨桐、黄枝叉。

英文名称：Millett Adinandra。

（二）文化

用其鲜活枝条编织而成的手工艺品——“木神”是日本国民传统的供神、祭祀、拜佛的吉祥物。在日本，杨桐被称为“神木”，将杨桐绑束成 7、9、13 枝为一束的“仙枝”祭神拜佛，认为它能够趋吉避凶，保佑家宅，因而每年的用量非常大，中国就成了它的首要进口国。在浙江临江的村庄，人们以这种树叶发家致富，杨桐在九月盛产，村民选择形状漂亮的树叶，手工采摘并包装好，销往日本。日本人认为这种捆扎的杨桐树叶能够驱魔辟邪，保佑家宅平安，是供奉祖辈上好的物品，被当作吉祥物。除了用来祭祀外，很多日本人还将它们作为花束装饰在家中。每 5 ~ 7 天更换一次，是一种常年使用的消费品，有稳定的市场。

（三）形态特征

灌木或小乔木，高 2 ~ 10 米，胸径 10 ~ 20 厘米，树皮灰褐色，枝圆筒形，小枝褐色，无毛，1 年生新枝淡灰褐色，初时被灰褐色平伏短柔毛，后变无毛，顶芽被灰褐色平伏短柔毛。叶互生，革质，长圆状椭圆形，长 4.5 ~ 9 厘米，宽 2 ~ 3 厘米，顶端短渐尖或近钝形，稀可渐尖，基部楔形，边全缘，极少沿上半部疏生细锯齿，上面亮绿色，无毛，下面淡绿色或黄绿色，初时疏被平伏短柔毛，迅即脱落变无毛或几无毛；侧脉 10 ~ 12 对，两面隐约可见；叶柄长 3 ~ 5 毫米，疏被短柔毛或几无毛。花单朵腋生，花梗纤细，长约 2 厘米，疏被短柔毛或几无毛；小苞片 2 片，早落，线状披针形，长 2 ~ 3 毫米，宽约 1 毫米；萼片 5 片，卵状披针形或卵状三角形，长 7 ~ 8 毫米，宽 4 ~ 5 毫米，顶端尖，边缘具纤毛和腺点，外面疏被平伏短柔毛或几无毛；花瓣 5 个，白色，卵状长圆形至长圆形，长约 9 毫米，宽 4 ~ 5毫米，顶端尖，外面全无毛；雄蕊约25枚，长6 ~ 7毫米，花丝长约3毫米，分离或几分离，着生于花冠基部，无毛或仅上半部被毛；花药线状长圆形，长 1.5 ~ 2.5 毫米，被丝毛，顶端有小尖头；子房圆球形，被短柔毛，3 室，胚珠每室多数，花柱单一，长 7 ~ 8 毫米，无毛。

果圆球形，疏被短柔毛，直径约 1 厘米，熟时黑色，宿存花柱长约 8 毫米；种子多数，深褐色，有光泽，表面具网纹。花期 5—7 月，果期 8—10 月（见图 2-27）。

（四）分布

产于安徽南部（歙县、休宁、祁门）、浙江南部和西部（龙泉、遂昌、丽水、泰顺、平阳、西天目山）、江西、福建、湖南（宁远、长沙、宜章、雪峰山、新宁、汝城、桂东、炎陵县、东安、莽山、城步）、广东、广西（西部山区除外）、贵州（黎平）等地区。模式标本采自浙江舟山。

（五）生境及习性

多生于海拔 100 ~ 1 300 米，最高可达 1 800 米，常见于山坡路旁灌丛中或山地阳坡的疏林中或密林中，也往往见于林缘沟谷地或溪河路边。杨桐的生长在夏季需较高的遮阴度（65% ~ 85%），冬季需较低的遮阴度（25% ~ 40%）；直射光能使杨桐植株矮化、枝条缩短，叶子呈日灼状红，生长缓慢。根系浅，对含有较多腐殖质林下沙壤土、壤土最为适宜，对黏重的黄红壤表现不良。前期生长缓慢，后期生长较快（傅益群等，1999）。

图 2-27　杨桐

（六）繁殖方法

1. 扦插繁殖

徐灵芝等（2010）研究认为，扦插基质为黄心土。插穗为木质化硬枝或半木质化软枝，粗 0.3 厘米，叶芽饱满。插穗长 5 厘米左右，只保留顶端 1 片叶子，其余全部去掉。保留 2 对叶芽。扦插一年四季均可，但以 5 月与 8 月为好。先用竹木签插孔，深度 2 厘米，扦

插方式为直插，浇定根水，60% 遮阴，温度控制在 35 度以下。以 NAA 处理扦插枝条，以 100 毫克 / 升和 500 毫克 / 升分别处理 24 小时和 10 秒效果最好（孙伟琴等，2005）。

2. 播种繁殖

傅益群等（1999）研究认为，10 月底采种，采种后堆放 1 周，浆果腐烂后用清水清洗，用 0.5% 高锰酸钾溶液消毒 3 ～ 5 天，阴干储藏。次年 3 月中旬拌细沙播种，以遮阳网遮阴。当年生苗可达 11.6 厘米。夏季适当遮阴是播种繁殖成败的关键，一怕高温失水，二怕阴雨渍水，三怕追肥浓度过高。

3. 嫁接繁殖

在 4 月初进行，杨桐为砧木，采用腹接和切接的方法（傅益群等，1999）。

（七）价值

1. 生物防火

主要防火树种为木荷（*schimasuperba* ）、杨桐（*adinandra millettii*）、杜英（*elaeocarpus sylvestris* ）、浙江红花油茶（*camellia chekiangoleosa*）、杨梅（*myrica rubra*）等。刘世勤等（2009）研究认为，以木荷—苦槠为防火林带，以林下连蕊茶、隔药柃、杨桐、乌饭树等常绿阔叶小乔木作为下木层为最佳防火组合。

2. 经济价值

可以作燃料，可作为蜜源植物。其开花泌蜜期长，蜜粉丰富，无大小年现象。杨桐蜜浅黄色，透明，结晶细，味甘甜清香（柯贤港，1996）。切枝出口，目前主要出口日本，由于日本国将其视为“神木”，而且使用量较大，因此带动国内杨桐生产产业。

3. 药用价值

常章富等（1996）研究认为，其根、叶入药，味苦，性凉，具有凉血止血、消肿解毒的功能，主治尿血、肝炎、作腮、疖肿、蛇虫咬伤。

4. 食用价值

果可食，味稍苦，含有丰富的氨基酸成分，包括苏氨酸、缬氨酸、蛋氨酸、亮氨酸、苯丙氨酸、赖氨酸等几种必需氨基酸（占 40.82%）和婴幼儿所需的组氨酸。食品色素：毛药红淡浆果红色素含量丰富，达 9% ～ 10 %，属水溶性花青普类，化学成分主要为黄酮类化合物，在酸性条件下呈现鲜艳的红色；具有一定的耐光性与耐热性，在 80 ℃下加热 2 小时，仍能保持较好的色价稳定；抗氧化还原性较弱；常见的食品添加剂，例如葡萄糖、蔗糖、苯甲酸钠、柠檬酸等对其无不良影响，在一定程度上还有增色护色的作用。红色素主要含有矢车菊素 -3- 芸香糖苷、矢车菊素 -3- 葡萄糖苷（黄芯婷等，2007）。

（八）研究概况

目前，国内外对杨桐的研究较少，主要集中在其繁殖育苗技术，枝条的保鲜技术及其苗期光合特性的研究等方面。傅益群等（1999）选取杨桐野生优良单株进行种子育苗、扦插、嫁接等多种方式的繁殖试验表明，嫩枝扦插的成活率可达 80% 以上。模拟杨桐的生境特点，进行栽培试验，表明落叶乔木和常绿乔木与杨桐以 2 ∶ 1 ∶ 10 的比例进行树种混交，对提高它的成活率、生长量、枝条质量是有效的。通过不同采枝量对其生长量的影响试验可知，采取合理的修剪方式能保证杨桐的持续利用。孙伟琴等（2005）研究表明，杨桐扦插生根属于皮部生根类型，用 NAA 处理插穗时以 100 毫克 / 升 处理 24 小时和 500 毫克 / 升处理 10 秒对杨桐扦插生根的促进效果最好。张焕贤等（1999）研究表明，不同激素处理下，以吲哚丁酸 200 毫克 / 千克保鲜效果为最佳，保鲜期达 40 天，保存率达 98%，比一般保鲜措施延长 35 天，保存率提高了 85%。其次为 ABT 生根粉 2 号，200 毫克 / 千克 的 α－萘乙酸和 2，4–D 达不到杨桐枝条保鲜期的要求，所以不宜选用。关于杨桐苗期的光合特性的研究表明，杨桐叶片净光合速率（Pn）的日变化曲线呈双峰型，具有“光合午休”现象，第 1 个峰值出现在 8 : 00 左右，Pn 达到 4.76 微摩尔 /（平方米・秒），第 2 个峰值出现在 15 : 00，Pn 为 3.19 微摩尔 /（平方米・秒）。造成光合午休的主要原因是受气孔调节。杨桐叶片 CO_2 补偿点为 74.0 微摩尔 / 摩尔，饱和点为 2 000 微摩尔 / 摩尔，杨桐叶片光补偿点为 37 微摩尔 /(平方米・秒），饱和点为 600 ~ 800 微摩尔 /（平方米・秒），杨桐的最适光合温度为 24 ℃ ~ 26 ℃（李梅，2009）。

参考文献：

[1] 徐灵芝，胡长顺，桂正文 . 杨桐扦插繁殖技术 [J]. 安徽林业，2010（3）: 51.

[2] 傅益群，方腾，黄建胜 . 杨桐的繁殖和培育技术试验研究 [J]. 浙江林业科技，1999，19（6）: 25–28.

[3] 孙伟琴，应叶青，钱莲芳，等 . 激素处理对杨桐扦插生根的影响 [J]. 江西林业科技，2005（3）: 15–16.

[4] 周子贵，罗福裕，王根寿，等 . 生物防火林带混交复层结构与配置及适地适树试验研究 [J]. 浙江林业科技，1996，16（3）: 7–14.

[5] 潘永柱，阙建勇，叶连宝 . 松阳县生物防火林带布设初探 [J]. 浙江林业科技，2012，32（3）: 50–54.

[6] 刘世勤，丰炳财，汪建敏，等 . 千岛湖库区防火林带结构与组成及其优化选择 [J]. 南京林业大学学报（自然科学版），2010，34（5）: 153–156.

[7] 张焕贤，徐正法．野生杨桐枝条保鲜技术研究简报 [J]. 江西林业科技，1999（3）：15-16.

[8] 刘小芬，刘剑秋．天然食用色素新秀毛药红淡 [J]. 植物杂志，2003（6）：7.

[9] 黄芯婷，刘剑秋，彭奇．黄瑞木果实红色素的分离及其化学结构研究 [J]. 植物资源与环境学报，2007，16（1）：31-34.

[10] 常章富，陈京荔，范冬梅，等．山茶科药用植物性效研究 [J]. 北京中医药大学学报，1996，19（1）：28-30.

[11] 柯贤港．闽北山区夏季主要蜜源植物——黄瑞木 [J]. 蜜蜂杂志，1996（4）：28-29.

[12] 吴家胜，应叶青，程晓建，等．杨桐不同立体经营模式比较研究 [J]. 浙江林学院学报，2007，24（5）：555-558.

二十八、赤皮青冈

（一）名称

cyclobalanopsis gilva（*Blume*）*Oerst*.，属名：*cyclobalanopsis*，*cyclobalan us*，（壳斗科）+[希]opsis 相似。槠树属，青冈属（壳斗科）。种加词，gilva，暗黄色的，淡黄褐色的。命名人 Oerst.（Anders Sandoe Oersted，1816—1872），丹麦植物学家、真菌学家、动物学家和海洋生物学家，专业特长 AMS。异名命名人 Blume（德语 Karl Ludwig von Blume，荷兰语 Charles Ludwig de Blume）（1796—1862）为德国与荷兰植物学家。他出生于德国的不伦瑞克，毕业于莱顿大学。他一生几乎都是在荷兰和荷属东印度群岛度过的。他曾是荷兰莱顿植物标本馆的馆长。他长期研究东南亚的植物，尤其对当时属于荷兰殖民地的爪哇的植物有很深的研究。1823—1826 年，他担任爪哇茂物植物园的农业部副主任。1855 年，他被选为瑞典皇家科学院外籍院士。荷兰国家植物标本馆的刊物以他命名为《布卢姆——植物分类学与植物地理学杂志》。

别名：赤皮椆、红周、赤皮、赤皮图、湖南石槠。

英文名称：Redbark Oak。

（二）文化

赤皮青冈是我国珍贵树种之一，由于多年的乱砍滥伐，天然资源枯竭，赤皮青冈林日渐减少，已沦为濒危树种。边材淡黄褐色，心材赤红色，纹理直，质地硬，硬度是松树的 5 倍。韧性强，是珍贵硬木树种之一。赤皮青冈木材用途广泛，天然资源比较稀缺，人工栽培技术不够成熟，人工造林稀少。赤皮青冈为中速生长树种，人们过度采伐天然赤皮青冈林，造成赤皮青冈资源不断减少，甚至有面临枯竭的危险。它是国家 3 级保护植物。绥宁县关峡苗族乡有一棵千年赤皮青冈古树，径达 2.8 米，高 30 米。

湖南通道县孟冲侗族村寨远离城镇，传统文化保留较完整，信仰原始宗教。将 8 棵赤皮青冈神树崇拜为神灵，节庆和祭祀活动都有祭拜神树，而且每一棵树都有一个神话传说。①孔子树（胸径 121 厘米，树高 26 米）；②财神树（胸径 103 厘米，树高 35 米）；③护寨神树（胸径 150 厘米，树高 29 米）；④鸳鸯树（胸径 94 厘米，树高 34 米；胸径 116 厘米，树高 26 米）；⑤美女神（胸径 114 厘米，树高 45 米）；⑥九锤锣（胸径 110 厘米，树高 25 米）；⑦救生树（胸径 134 米，树高 35 米）；⑧青云直上（胸径 85 厘米，树高 34 米）。

赤皮青冈果实是红腹松鼠最喜爱的果实之一。每当秋季来临，成熟的果实被风吹落，遍地都是，对红腹松鼠来说是最富足和最美好的时光，赤皮青冈的种子淀粉含量非常丰富，甚至可以制作豆腐。一般 2 ~ 3 棵长在一起。湖南怀化市具有全国独一无二的赤皮青冈纯林，而且每一棵树都是 300 年以上的古树，其中最大的一株树围 1 米多，高 40 多米，相当于 10 层楼高。

（三）形态特征

常绿乔木，一般高达 30 米（最高达 40 ~ 50 米），胸径可达 1 米，树皮暗褐色。小枝密生灰黄色或黄褐色星状绒毛。叶片倒披针形或倒卵状长椭圆形，长 6 ~ 12 厘米，宽 2 ~ 2.5 厘米，顶端渐尖，基部楔形，叶缘中部以上有短芒状锯齿，侧脉在叶面平坦，不明显，每边 11 ~ 18 条，叶背被灰黄色星状短绒毛；叶柄长 1 ~ 1.5 厘米，有微柔毛；托叶窄披针形，长约 5 毫米，被黄褐色绒毛。雌花序长约 1 厘米，通常有花 2 朵，花序及苞片密被灰黄色绒毛，花柱基部合生。壳斗碗形，包着坚果约 1/4，直径 1.1 ~ 1.5 厘米，高 6 ~ 8 毫米，被灰黄色薄毛；小苞片合生成 6 ~ 7 条同心环带，环带全缘或具浅裂。坚果倒卵状椭圆形，直径 1 ~ 1.3 厘米，高 1.5 ~ 2 厘米，顶端有微柔毛，果脐微凸起。花期 5 月，果期 10 月（见图 2–28）。

图 2–28　赤皮青冈

（四）分布

产于浙江、福建、台湾、湖南、湖北、广东、贵州等省，日本亦有分布。本种是青冈属

中东亚广布种，在分布区内为主要建群树种之一。舟山群岛分布于本岛与普陀山。

（五）生境及习性

生于海拔 300 ～ 1 500 米的山地，喜温暖湿润气候，喜肥沃、湿润、排水良好富含腐殖质的丘陵山地红壤。

（六）繁殖方法

1. 种子繁殖

当年果由青转黄绿色或黄褐色，并有部分坚果自然脱落时，果实采回后置流水或清水中浸泡 2 ～ 3 天，而后置阴凉通风处自然干燥 2 ～ 3 天，然后用润沙层积储藏。属于顽拗性种子，在自然条件下的萌发时间很长，发芽率较低。未经储藏的赤皮青冈种子的室内发芽率为 44.2%。内果皮与种皮对赤皮青冈种子萌发有物理性抑制。当同时去掉内果皮和种皮后，种子所需的发芽时间最短，发芽率达到最高，这说明内果皮和种皮的机械阻力和透气性是导致种子休眠的重要因素，内果皮和种皮一旦被剥除，休眠即解除。以 600 毫克 / 千克的浓度 GA3 激素处理效果较佳。必须开沟条播，条距 30 厘米，播种沟深 5 厘米，将种子均匀播于沟内。用山灰盖种，复土厚度为种子直径的 3 倍。必须在赤皮苗刚出土时就搭好荫棚（罗仲春等，1995）。

2. 容器育苗

将赤皮青冈种子进行沙藏，在种子的胚芽刚露头时进行播种，基质为泥炭 ∶ 谷壳 =7 ∶ 3，芽苗子叶全部出土后移栽到容器中，移栽时适当剪去主根，以促进侧根生长和避免窝根现象（叶晓霞等，2013）。吴小林等（2014）研究认为，随着基质中泥炭比例的增加，地径、生物量及根系指标值均呈现显著的先增高再降低现象，当泥炭所占比例为 60% 时，地径、各部位生物量及根系发育指标均达最大值。最优育苗方案为配比基质中泥炭 ∶ 谷糠体积比为 6 ∶ 4。

3. 组织培养

愈伤组织诱导培养基为 MS+1.0 毫克 / 升 6-BA+0.2 毫克 / 升 IBA。最佳增值培养基为 MS+1.0 毫克 / 升 6-BA0.3 毫克 / 升 IBA。最佳分化培养基为 MS+1.5 毫克 / 升 6-BA+0.1 毫克 / 升 IBA。丛生芽诱导培养基为 1/2MS+1.5 毫克 / 升 6-BA+0.1 毫克 / 升 TDZ。生根培养基为 1/4MS+1.0 毫克 / 升 6-BA+1.0 毫克 / 升 IBA（王艳娟，2015）。

4. 扦插繁殖

选择 2 ～ 3 年生中段枝条作插穗，长度在 8 ～ 12 厘米，基部以 200 毫克 / 升 GGR 生长调节剂处理 2 小时，扦插基质为珍珠岩 ∶ 黄心土 =3 ∶ 1，扦插后覆盖塑料薄膜保湿，成活率达 80%。

（七）价值

1. 经济价值

赤皮青冈边材淡黄褐色，心材赤红色，纹理直，质坚重，强韧性耐撞击，为优良硬用材之一。可供运动器材、纺织器材、车辆、滑车和军工用材。种子富含淀粉，壳斗、树皮含单宁，树体高大雄伟，寿命长（罗仲春等，1995）。

2. 园林价值

赤皮青冈树形高大，姿态挺拔，枝繁叶茂，四季常青，适应性强、分布广，既是城市绿化和园林建设的潜在优良乡土树种，又是优良的风景园林绿化树种，成片栽植成林，呈幽深之感，防风、防火、隐蔽，尤显奇效。

（八）研究概况

谢健（2011）对赤皮青冈的种群生态学进行了研究，主要包括赤皮青冈林的群落学特征、种群的年龄结构特征、空间分布及赤皮青冈林的生态种组划分等方面。陈国兴（2011）对福建赤皮青冈种子雨的特征进行了研究。吴丽君等（2014）对水分胁迫条件下的赤皮青冈幼苗进行研究，赤皮青冈通过减小生长量、增大根部生物量积累适应干旱的环境，而较高的束缚水含量、生长素（吲哚乙酸）、细胞分裂素（玉米素和油菜素内酯）和赤霉素含量降低，脱落酸和茉莉酸甲酯含量升高是其抗旱的生理基础。叶晓霞等（2013）对赤皮青冈的育苗技术进行了探索，为繁殖赤皮青冈实生苗提供了一定参考。景美清等（2012）对赤皮青冈种子质量与萌发特性进行了研究，掌握了种子的基本形态特征，得出了果皮和种皮是影响种子萌发的主要因素，去掉种皮和果皮，种子萌发所需的时间最短，发芽率最高。朱品红等（2014）建立了赤皮青冈的ISSR-PCR反应体系，为进一步开展赤皮青冈遗传多样性的ISSR分析奠定了基础。刘沁月等（2017）、李金华等（2014）研究了赤皮青冈人工混交林物种多样性与种间竞争，物种丰富度最高，多样性指数、优势度指数和均匀度指数均为草本层＞灌木层＞乔木层。赤皮青冈在与杉木、栲树、木荷间的竞争均处于劣势地位，与钩栲、白花泡桐、青冈、木油桐间的竞争占优势。谢健（2011）研究了赤皮青冈种群的生存分析，指出：赤皮青冈种群幼龄期有较高的死亡率；存活曲线趋于Deevey Ⅲ型；随龄级增大，生存率函数值单调减小，积累死亡率值则以较小的幅度单调增大；死亡密度值在Ⅲ－Ⅴ级间波动幅度较大；Ⅶ级危险率最高，Ⅲ级次之，Ⅳ级危险率最小；种群在不受强烈干扰的条件下能维持稳定。

参考文献：

[1] 罗仲春，徐玉书．赤皮青冈造林应用技术研究[J]. 中南林业调查规划，1995（3）：23-25.

[2] 叶晓霞，肖纪军，周红敏．赤皮青冈容器育苗技术[J]. 福建林业科技,2013,40(3): 147-149.

[3] 吴小林，张东北，楚秀丽，等．赤皮青冈容器苗不同基质配比和缓释肥施用量的生长效应[J]. 林业科学研究，2014，27(6): 794-800.

[4] 王艳娟．赤皮青冈组织培养技术研究[J]. 中南林业科技大学，2015.

[5] 谢健．赤皮青冈种群生态学研究田[D]. 福州：福建农林大学，2011.

[6] 陈国兴．福建（建瓯）赤皮青冈种子雨特征[J]. 福建林学院学报，2011，31(2): 161-164.

[7] 吴丽君，李志辉．不同种源赤皮青冈幼苗生长和生理特性对干旱胁迫的响应[J]. 生态学杂志，2014，33(4): 996-1003.

[8] 景美清，李志辉，杨模华，等．赤皮青冈种子质量与萌发特性研究[J]. 中国农学通报，2012，28(34): 27-30.

[9] 殷芳芳，林夏珍，胡丽鹏，等．不同防风措施对赤皮青冈容器苗的抗风效果[J]. 林业科技开发，2014，28(2): 125-128.

[10] 朱品红，李志辉，杨模华．赤皮青冈 ISSR-PCR 反应体系的建立与优化[J]. 中南林业科技大学学报，2014，34(6): 61-65.

[11] 刘沁月，罗梅秀，马良，等．赤皮青冈人工混交林物种多样性与种间竞争研究[J]. 湖南林业科技，2017，44(2): 38-44.

[12] 谢健．赤皮青冈种群的生存分析[J]. 福建林学院学报，2011，31(3): 254-256.

[13] 李金华，李志辉，王佩兰，等．湖南靖州特色种群赤皮青冈群落的研究[J]. 中南林业科技大学学报，2014，34(5): 56-58.

[14] 陆松全，吴和意，陆安信，等．湖南省通道县孟冲侗族村寨赤皮青冈神树调查[J]. 绿色科技，2014(8): 31-33.

[15] 吴丽君，李志辉，邹峰．水分胁迫对珍贵树种赤皮青冈幼苗生理特性的影响[J]. 中南林业科技大学学报 .2012，32(7): 10-13.

[16] 吴丽君，李志辉，戴玲，等．土壤水分胁迫下不同赤皮青冈种源生理特性的研究[J]. 中南林业科技大学学报，2014，34(2): 12-15.

[17] 汪丽，李志辉．植物生长调节剂对赤皮青冈扦插生根的影响[J]. 广西林业科学，2014，43(1): 24-29.

二十九、浙闽甜槠

（一）名称

castanopsis eyrei（*Champ.*）*Tutch.*，属名：*castanopsis*，属名 *castenea* 栗属（壳斗科）+[希]opsis 相似。栲属，锥栗属（壳斗科）。种加词，eyrei 甜槠。命名人 Tutch.（William

James Tutcher，1867—1920），英国植物学家。他在伦敦的英国皇家植物园做园丁时，开始研究植物学，真正成为植物分类学权威是在香港工作期间。1891年，他到达香港，1910—1919年担任当地的林业部门与植物学部门的管理工作。1892—1915年，他在香港、广东北江等地采集了大量植物标本。石笔木（*tutcheria dunn.*）就是纪念Tutch.而设立的属。他与Dunn.合作很好。20世纪初，Dunn.也在香港采集植物。Tutcher也以Dunn.的名字命名了新属：绣球茜属（茜草科）。1912年，Dunn.与Tutcher在丘园植物杂志上发表了《广东和香港植物志》，记载了梧桐科植物9属12种。*Flora of Kwang-tang and Hongkong*。异名命名人Champ.（John George Champion），英国军官。1847—1851年，在香港利用业余时间采集了大量植物标本，1851年离开香港时带走了500 ~ 600种标本。标本由Bentham和其本人研究，发表了许多新属和新种。

英文名称：Eyer Evergreen-Chinkapin。

别名：甜槠，茅丝栗（浙江），丝栗（湖南），甜锥（福建），反刺槠（台湾木本植物志），小黄橡、锥子（广西），曹槠，槠柴，酸橡槠。

（二）文化

这种第四纪冰川时期遗留下来的古老树种姿态婆娑。《本草纲目》记载：穗子，处处山谷有之。其木大者数抱，高二三丈，叶长大如栗，叶稍尖而厚坚光泽，锯齿峭利，凌冬不凋，三四月开白花成穗，如栗花；结实大如槲子，外有小苞，霜后苞裂子坠，子圆褐而有尖，大如菩提子；内仁如杏仁，生食苦涩，煮炒乃带甘，亦可磨粉。甜槠子，粒小，木文细白，俗名面槠。苦槠子，粒大，木文粗赤，俗名血槠，其色黑者名铁槠。《山海经》云：前山有木，其名曰槠。郭璞注曰：槠子似柞子，可食，冬月采之。福建一带常常把甜槠磨成粉蒸糕，也是极有特色的地方小吃。有的地方拿来做豆腐。

（三）形态特征

乔木，高达20米，胸径50厘米，大树的树皮纵深裂，厚达1厘米，块状剥落，小枝有皮孔甚多，枝、叶均无毛。叶革质，卵形，披针形或长椭圆形，长5 ~ 13厘米，宽1.5 ~ 5.5厘米，顶部长渐尖，常向一侧弯斜，基部一侧较短或甚偏斜，且稍沿叶柄下延，压干后常一侧叠褶，有时兼有两侧对称的叶，全缘或在顶部有少数浅裂齿，中脉在叶面至少下半段稍凸起，其余平坦，很少裂缝状浅凹陷，侧脉每边8 ~ 11条，甚纤细，当年生叶两面同色，2年生叶的叶背常带淡薄的银灰色；叶柄长7 ~ 10毫米。雄花序穗状或圆锥花序，花序轴无毛，花被片内面被疏柔毛；雌花的花柱2或3枚。果序轴横切面径2 ~ 5毫米；壳斗有1枚坚果，阔卵形，顶狭尖或钝，连刺径长20 ~ 30毫米，2 ~ 4瓣开裂，壳壁厚约1毫米，刺长6 ~ 10毫米，壳斗顶部的刺密集而较短，通常完全遮蔽壳斗外壁，刺及壳壁被灰白色或灰黄色微柔毛，若壳斗近圆球形，则刺少，近轴面无刺；坚果阔圆锥形，顶部锥尖，宽10 ~ 14毫米，无毛，果脐位于坚果的底部。花期4—6月，果次年9—11月成熟（见图2-29）。

（四）产地

产于长江以南各地，但海南、云南不产。模式标本采自香港黄泥涌。甜槠林属于典型常绿阔叶林中的栲类林群系组甜槠、木荷林群系。该群系在长江以南至北回归线以北的中山丘陵地带分布较为普遍。浙江产于安吉、临安、建德、奉化、开化、天台、遂昌、龙泉、庆元、龙泉、云和、丽水、缙云、瑞安、太顺、平阳等地。

图 2-29　浙闽甜槠

（五）生境及习性

见于海拔 300 ~ 1 700 米丘陵或山地疏或密林中。在常绿阔叶或针叶阔叶混交林中常为主要树种。有时成小片纯林。甜槠群落外貌呈深绿色，稍有闪烁光泽，树冠圆形，林冠呈波状起伏。春末夏初，淡黄色花序覆盖林冠，季相十分明显。甜槠林的群落组成中甜槠数量较多，密度大。乔木层除甜槠外，还有苦槠、栲树、红楠、木荷、青冈、杉木、厚皮香、虎皮楠、光叶石楠等。下木层种类较多，以常绿叶成分为主，多为柃木、马银花、朱砂根。草本层以苔草、狗脊为主，还有淡竹叶、里白、堇菜、深绿卷柏、卷毛耳草等。甜槠林是中亚热带地带性顶级森林群落，成层现象明显，可分为乔木层、灌木层、草本层，地被层不发达。有一定数量的层间植物，郁闭度可达 0.7 ~ 0.8，各层的优势种群水平分布呈密集连续状态，但伴生树种的水平配置多不一致，如甜槠优势种群呈块状分布，而许多非优势种群分布则呈零星分布。

（六）繁殖方法

种子繁殖：选择 20 ~ 40 年生的健壮母树采种。当刺苞转现黄褐色、微裂时，连种苞采回，或待其自然掉落后拾起来，采收壳斗，除去壳斗及杂物。及时水选，水浸 2 ~ 3 天，阴干后湿沙储藏。可室外坑藏，或随采随播，或春播。每亩播种量 50 千克。幼苗出土后要遮阴。1 年生苗高 2.3 ~ 5.5 厘米。2 年生苗方可上山造林（邹高顺等，2004）。

选择灌溉方便、日照时间较短的沙质壤土为育苗圃地。冬季深翻、施基肥整平做成高

20 厘米、宽 1.2 米、长不等（根据地形而定）的苗床。甜槠属中性树种，幼年耐阴，成年则需相应的光照条件，否则会出现偏冠与干形弯曲等弊病。造林地应选择半阳坡山地，土壤疏松、肥沃、略带润潮的酸性或中性的黄壤或黄棕壤地。

挖 50 厘米见方、深 40 厘米的穴造林。造林密度株行距为 1.7 米 ×2 米或 2 米 ×2 米。随起随造，起苗前适当修剪部分叶片，根部蘸泥浆，选无风的阴天或小雨天造林，成活率 90% 以上（林红，2010）。

（七）价值

甜槠属于中等防火树种。甜槠木质坚硬致密，强度大、耐冲击，是良好的用材树种，广泛应用于建筑、车辆、船舶、枕木、矿柱等；甜槠还具有很高的药用价值，可作药材使用，具有清热泻火、消肿止痛的功效。树皮和壳斗含鞣质。

树干通直，枝叶茂密，四季常绿，材质良好，用途广，繁殖容易，适应性强。可作营造针、阔叶混交林的树种和次生林抚育时的主要留养树种。宜庭园中孤植、丛植或混交栽植，或用作风景林、沿海防风林及工厂区绿化树种。

果实生食。《福建植物志》记载，邵武、秦宁一带习俗，“以其子为果品，磨之做冻尤佳，甜槠生食，味甘甜，加盐炒食味更佳”。代替瓜子，是客家冬日闲暇时的零食，亦可磨粉蒸糕，是饥年常见的救荒食品，也是极有特色的地方小吃。果实出仁率约 66%，含淀粉及可溶性糖约 61.9%，粗蛋白约 4.31%，粗脂肪 1.03%。可生食，也可作饲料，亦可酿酒（林红，2010）。刘仁林等（2009）研究了 10 种壳斗科植物果实营养，发现种子淀粉含量与还原性糖的含量，甜槠排在首位，蛋白质也排在首位。

药用：槠子仁味苦、涩，性平，无毒。食之不饥，令人健行，止泻痢，破恶血，止渴。皮、叶煮汁饮，止产妇血。嫩叶可用作贴疮，一日三换效果良好。

学术研究价值：为第四纪冰川时期遗留下来的古老树种，《山海经》中的“建木”即为此树种。

（八）研究概况

目前，关于甜槠的研究多集中于种群生态学与群落生态学方面。按照不同的研究区域划分，目前的研究多集中于武夷山自然保护区、安徽茶湾自然保护区、古田山自然保护区、贵州雷公山、湖南甜槠保护区、浙江天台山保护区等。杨青等（2014）研究了武夷山甜槠林多样性，武夷山大安源甜槠常绿阔叶林的物种组成较丰富，物种多样性水平较高；光照条件是导致该群落南坡多样性大于北坡的主要环境因素。李振基等（2000）研究了封闭与人为干扰条件下生物多样性的差异。人为干扰后的甜槠林的各项物种多样性指数值远比郁闭林高。林益明等（1996，1997，1998）研究了武夷山甜槠林的养分循环及群落生物量和生产力，指出其氮含量均大于磷含量，周转期氮 43 年，磷 40 年，氮元素周转比磷元素慢。甜槠群落的周转期钾 65 年，钠 62 年，钾元素周转比钠元素慢。51 龄甜槠群落钾、钠的富集率分别为 1.515

和 1.222，均大于 1，说明 51 龄甜槠群落中钾、钠仍在不断吸收累积。甜槠群落的生物量累积比为 29.48，已达成熟林的比率关系。李振基等（1998）研究了钙镁循环，指出钙镁总量分别为 1029.96 千克·公顷和 231.34 千克·公顷，钙、镁的富集率分别为 1.66 和 2.14。江华等（2013）研究了武夷山甜槠林土壤呼吸，土壤呼吸的日动态变化表现规律比较一致，都呈单峰曲线，但是峰值出现的时刻不同；同时土壤温度与土壤呼吸呈正相关；土壤体积含水量与土壤呼吸速率也成正相关；土壤温度和土壤水分成为影响土壤呼吸的主要因素；夏季土壤呼吸的速率高于冬季。其他林区的研究内容与武夷山林区相似。

参考文献：

[1] 邹高顺，康木水．珍贵壳斗科树种种苗繁殖研究 [J]. 林业勘察设计，2004（2）：15-20.

[2] 林红．甜槠林的经济价值与作用 [J]. 吉林农业：下半月，2010（8）：96.

[3] 刘仁林，王娟，廖为明．10 种壳斗科植物果实主要营养成分比较分析 [J]. 江西农业大学学报，2009，31（5）：901-905.

[4] 杨青，丁晖，方炎明，等．武夷山大安源甜槠常绿阔叶林群落物种组成及多样性分析 [J]. 植物资源与环境学报，2014，23（1）：44-50.

[5] 李振基，刘初钿，杨志伟，等．武夷山自然保护区郁闭稳定甜槠林与人为干扰甜槠林物种多样性比较 [J]. 植物生态学报，2000，24（1）：64-68.

[6] 林益明，李振基，杨志伟，等．武夷山甜槠群落氮、磷的累积循环 [J]. 厦门大学学报（自然科学版），1997，36（3）：460-465.

[7] 林益明，林鹏，李振基，等．武夷山甜槠群落的钾、钠累积和循环 [J]. 厦门大学学报（自然科学版），1998，37（2）：284-288.

[8] 林益明，林鹏，李振基．武夷山甜储群落的生物量和生产力 [J]. 厦门大学学报（自然科学版），1996，35（2）：269-275.

[9] 李振基，林益明，杨志伟，等．武夷山甜槠群落钙、镁的累积和循环 [J]. 应用生态学报，1998，9（6）：592-596.

[10] 江华，叶功富，黄义雄，等．武夷山天然甜槠林生态系统土壤呼吸日变化及影响因子研究 [J]. 海南师范大学学报（自然科学版），2013，26（1）：75-79.

[11] 郎飞，叶功富，黄义雄，等．武夷山甜槠天然林含碳率与碳贮量研究 [J]. 亚热带资源与环境学报，2012，7（4）：71-77.

三十、南五味子

（一）名称

kadsura longepedunculata Finet et Gagnep.，属名：*kadsura*，[日]kadsura，一种植物名。南五味子属（木兰科）；种加词，*longepedunculata*，有长花序柄的。命名人 Finet et Gagnep. Finet

（Achille Eug è ne Finet，1863—1913），法国植物学家，他专长于中国与日本本土的兰花研究。他是兰科 *arethusantha，hemihabenaria* 属以及 *monixus and pseudoliparis* 属的兰花物种分类学权威。与 Francois Gagnepain 专门从事番荔枝科一些植物种类的研究。1925 年，胡先骕以 *Neofinetia falcata* 命名兰花风兰属的物种以纪念他的荣誉。Gagnep.（Francois Gagnepain，1866—1952），法国植物学家，1934 年任法国植物学会主席，著有《东亚植物志》《印度支那植物志》，描述了三裂槭、长距槭。由 Karl Moritz Schumann 命名的姜科植物 *gagnepainia* 属就是为纪念 Francois Gagnepain 而命名的。

别名：土木香、紫荆皮（《日华子本草》）、小血藤。

英文名称：Longpeduncle Kadsura。

（二）文化与分类

《中国植物志》中记载的日本南五味子是福建和台湾的共有种，是常用的民间药。在台湾已经有深入的研究，但福建产的未见报道，甚至有的学者认为中国大陆不产日本南五味子，或认为大陆产的日本南五味子和长梗南五味子形态相似，提出合并为一个种。

（三）形态特征

藤本，各部无毛。叶长圆状披针形、倒卵状披针形或卵状长圆形，长 5 ~ 13 厘米，宽 2 ~ 6 厘米，先端渐尖或尖，基部狭楔形或宽楔形，边有疏齿，侧脉每边 5 ~ 7 条；上面具淡褐色透明腺点，叶柄长 0.6 ~ 2.5 厘米。花单生于叶腋，雌雄异株。雄花：花被片白色或淡黄色，8 ~ 17 片，中轮最大 1 片，椭圆形，长 8 ~ 13 毫米，宽 4 ~ 10 毫米；花托椭圆体形，顶端伸长圆柱状，不凸出雄蕊群外；雄蕊群球形，直径 8 ~ 9 毫米，具雄蕊 30 ~ 70 枚；雄蕊长 1 ~ 2 毫米，药隔与花丝连成扁四方形，药隔顶端横长圆形，药室几乎与雄蕊等长，花丝极短；花梗长 0.7 ~ 4.5 厘米；雌花：花被片与雄花相似，雌蕊群椭圆体形或球形，直径约 10 毫米，具雌蕊 40 ~ 60 枚；子房宽卵圆形，花柱具盾状心形的柱头冠，胚珠 3 ~ 5 叠生于腹缝线上；花梗长 3 ~ 13 厘米。聚合果球形，径 1.5 ~ 3.5 厘米；小浆果倒卵圆形，长 8 ~ 14毫米，外果皮薄革质，干时显出种子。种子2 ~ 3枚，肾形或肾状椭圆体形，长4 ~ 6毫米，宽 3 ~ 5 毫米。花期 6—9 月，果期 9—12 月（见图 2-30）。

（四）分布

产于江苏、安徽、浙江、江西、福建、湖北、湖南、广东、广西、四川、云南。模式标本采自四川城口。舟山群岛产于普陀山、朱家尖、桃花岛、中街山列岛。

（五）生境与习性

生于海拔 1 000 米以下的山坡、林中。属于暖地树种，喜温暖湿润气候，不耐寒，喜阴湿环境，对土壤要求不严，湿度大而排水良好的酸性土、中性土均能生长良好，根系发达，

主根粗壮，防风耐旱性强，对二氧化硫和烟的抗性较强，并耐修剪。

图 2–30　南五味子

（六）繁殖方法

扦插繁殖不易生根，大多采用种子繁殖。播种繁殖是比较理想、经济的育种方式。选择肥沃的沙质壤土或腐殖土。苗床高 15 厘米左右，床宽 1.2 米。春季播种，种子以 100 毫克 / 升 GA3 处理，如果以 KNO_3 处理种子，混合使用效果更好。播种时间 5 月上旬至 6 月中旬。播种方法为点播。株距 15 ～ 20 厘米。覆土厚度为 1.5 ～ 2 厘米。50% 遮阴。保湿 30% ～ 40%。3 ～ 4 周出苗。

（七）价值

1. 园林价值

南五味子藤蔓粗壮有力，绿叶浓郁而有光泽，花黄色而有淡香，红果鲜艳可爱，是叶、花、果均可欣赏的藤本植物。可用于篱垣绿化、棚架绿化、假山绿化、屋顶阳台绿化、立体花坛绿化（邓白罗等，2009）。

2. 药用价值

果实味辛苦，性温，有理气止痛、祛风通络、活血消肿之功效。主治胃痛、腹痛、风湿麻痹、痛经、月经不调、产后腹痛、咽喉肿痛、痔疮、无名肿痛、跌打损伤。

采收方法：8 月下旬至 10 月上旬进行采收，随熟随采。采摘时要轻拿轻放，以保障商品质量。其根茎需立冬前采挖，去净残茎，晒干备用（游春等，2011）。

南五味子果实挥发油的化学成分为萜烯类、萜醇类（秦翱等，2009）。

3. 营养价值

果实水分 87.5%，总糖 2.29%，总酸 0.03%，粗蛋白 0.66%，维生素 C 9.47%，粗脂肪 3.5%，单宁 0.000 94%。种子营养成分：水分 40%，总糖 1.79%，总酸 0.03%，粗蛋白 0.44%，粗脂肪 1%，单宁 0.015%，成熟种子含油量 37%（卓雄标等，2015）。

（八）研究现状

南五味子化学成分的研究，陈佳宝等（2015）研究了南五味子根的化学成分，得到 16 个新的化合物。卓雄标等（2015）研究了南五味子的果实的化学成分。黄泽豪、范世明（2012），沈报春（2004）研究了红木香木质素的结构。游春等（2011）研究了南五味子生药学，对药材的结构进行了研究。毕海燕等（2002）研究了南五味子属种子形态及其分类学意义，指出采自中国浙江的长梗五味子和采自日本的南五味子 K. japonica 的种皮纹饰均为网纹形、网眼菱形或多边形，网脊龙骨状，将 K. longipedunculata 并入 K. japonica 的分类学处理。吴泽民（1995）等研究了其核型指出，为 1B 型。首次在被子植物中发现，也许它显示了原始类群中的一种进化特点。$2n=28=2L+12M_2+12M_1+2S$。研究最多的是南五味子抗菌方面，吴少辉等（2012）研究认为介质 pH 及 Fe^{2+} 对南五味子提取物抑菌活性有显著影响，而温度、紫外光、超声波、保存时间、VC、Na_2SO_3、NaCl 和葡萄糖及其他金属离子对其几乎没有影响。南五味子乙醇提取物对食品腐败细菌具有显著的抑菌活性，有望开发成天然食品防腐剂。马永全等（2010）研究认为，五味子提取物对大肠杆菌、金黄色葡萄球菌、乙型副伤寒沙门氏菌 3 种食品常见致病菌均具有强的抑菌作用。

参考文献：

[1]邓白罗，谢碧霞，刘晖，等．南五味子的地理分布与园林应用[J]. 中南林业科技大学学报，2009，29（5）：184-186.

[2]游春，丁雄．彝族药长梗南五味子的生药学研究．中国民族民间医药[J]，2011（3）：4-5.

[3]卓雄标，林雄平，苏巧玲，等．南五味子果实营养成分的研究[J]. 宁德师范学院学报（自然科学版），2015，27（4）：418-420.

[4]秦翱，杨占南，周欣，等．黔产五香血藤挥发油的研究[J]. 华西药学杂志，2009（2）：147-149.

[5]陈佳宝，刘佳宝，崔保松，等．南五味子根的化学成分研究[J]. 中草药，2015，46（2）：178-184.

[6]黄泽豪，范世明．红木香中两个 7，8 位开环型木脂素的结构鉴定[J]. 时珍国医国药，2012，23（5）：1226-1227.

[7]毕海燕，林祁，刘长江，等．南五味子属（五味子科）的种子形态及其分类学意义[J].

植物分类学报，2002，40（6）：501-510.

[8]LIN Q.Taxonomic noteson some species of Kadsura （Schisandraceae）[J].Bull Bot Res，2002,22（4）：210-222.

[9]吴泽民，黄成林．五味子科两个种的核型比较研究[J].广西植物，1995，15（1）：47-51.

[10]吴少辉，叶伟娟，于新．南五味子提取物抑菌作用稳定性的研究[J].中国食品学报，2012，12（9）：144-151.

[11]吴少辉，叶伟娟，赵婷，等．南五味子乙醇提取物对食品腐败细菌的抑菌活性研究[J].中国食品学报，2012，12（8）：104-109.

[12]马永全，于新，黄雪莲，等．南药五味子提取物的抗菌及抗氧化作用[J].食品与发酵工业，2010，36（6）：45-48.

三十一、日本珊瑚树

（一）名称

viburnum odoratissimum Ker-Gawl. var. awabuki（*K. Koch*）*Zabel ex Rumpl*， 属名：*viburnum*，[拉] viburnum，植物原名。荚蒾属（忍冬科）；种加词，odoratissimum，具极香气味的；变种加词 awabuki，纪念人名阿瓦布。命名人 Ker-Gawl.（John Bellenden Ker Gawler，1764—1842），英国植物学家，1804 年 5 月改名为 Ker Bellenden，但是他沿用自己的名字 Bellenden Ker 一直到离世。应当指出，在 1801 年他专写作于 *recensio plantarum*，1816 年专写作于兰科（orchidaceae），1827 年专写作于鸢尾属 *iridearum genera*。从 1815 年到 1824 年，他编辑出版了 *edward' s botanical register*，而且 1837 年被公认为 Popular Phrases and Nursery Rhymes 古生物学（考古）的专家学者。这本书的第二版完成于 1840 年。Robert Brown（1773—1858），1810 年以他的名字命名了 *proteaceae* 科的 *bellendena* 属，以赞誉其对植物学的贡献。Zabel（Hermann Zabel，1832—1912），德国植物学家，专门从事树木学领域的研究。1856—1860 年在格赖夫斯瓦尔德被聘为植物园和博物馆助理。1869—1895 年，在 *Hannoversch Münden* 做森林树木园主任。退休后，他定居在哥达市。Rumpl.（Karl Theodor Rümpler，1817—1891）是德国植物学家和园艺家。他年轻时对植物产生了极大的兴趣，在米卢斯学习自然科学。共同求学的有 Wilhelm Gerhard Walpers。后来，他在柏林大学学习植物学、动物学和外语。从 1852 年开始与他的朋友 Gärtner-Lehr-Anstalt zu Erfurt 一起做了柏林大学的教员与检查员。1860 年成为 Erfurter Gartenbauvereins 的秘书以及农业协会的秘书。在 1873 年以前，他是爱尔福特新成立的农业学校的主任，是许多仙人掌物种的分类学权威，也是仙人掌科调查研究的专家。1886 年，他出版了 *Karl Friedrich Frsters'* 1846 "*Handbuch der Cacteenkunde in ihrem ganzen Umfange*"。异名命名人 K. Koch：Karl（Carl）Heinrich Emil（Ludwig）Koch（1809—1879），

德国植物学家。他堪称探索、采集、研究高加索地区包括土耳其东部植物的专家。但目前大部分的采集标本及收藏品已经丢失。他在德国堪称专业级的园艺工作者或园艺家。他出生于埃特斯堡，接近于魏玛。他曾研究、执教于耶拿 Würzburg 大学。1834 年在耶拿大学开始执教时是作为无薪大学教师被聘用的。他于 1836 年成为副教授。1836—1838 年进行了南俄罗斯的旅行考察，第二次考察在 1843—1844 年。第二次旅行的收获包括调查了小亚细亚、美洲、里海、高加索山脉。在第二次旅行之后，1847 年他定居于柏林大学，后来被任命为助理教授。1849 年，他成为柏林园艺学会秘书长。其贡献发表于其著作 *Wochenschrift fir Gartnerei und Pflanzenkunde* 中（1858—1872）。1859 年，他被任命为柏林农业高等学校的教授。后来，他在柏林去世。其主要工作及作品 *Reise durch Russland nach dem kaukasischen Isthmus*，*Fährtenabdrücke im bunten Sandstein*，*Hortus dendrologicus*，*Dendrologie* 。

英文名称：Japanese Viburnum。

别名：土木香、紫荆皮（《日华子本草》）、小血藤、法国冬青。

（二）形态特征

常绿灌木或小乔木，高达 10 ~ 15 米；枝灰色或灰褐色，有凸起的小瘤状皮孔，无毛或有时稍被褐色簇状毛。冬芽有 1 ~ 2 对卵状披针形的鳞片。叶革质，叶倒卵状矩圆形至矩圆形，很少倒卵形，长 7 ~ 13 厘米，顶端钝或急狭而钝头，基部宽楔形，边缘常有较规则的波状浅钝锯齿，侧脉 6 ~ 8 对。叶柄长 1 ~ 3 厘米，无毛或被簇状微毛。圆锥花序通常生于具两对叶的幼枝顶，长 9 ~ 15 厘米，直径 8 ~ 13 厘米；花芳香，通常生于序轴的第二至第三级分枝上，无梗或有短梗；萼筒筒状钟形，长 2 ~ 2.5 毫米，无毛，萼檐碟状，齿宽三角形；花冠白色，后变黄白色，有时微红，辐状，直径约 7 毫米，花冠筒长 3.5 ~ 4 毫米，裂片反折，圆卵形，顶端圆，裂片长 2 ~ 3 毫米；雄蕊略超出花冠裂片，花药黄色，矩圆形，长近 2 毫米；花柱较细，长约 1 毫米，柱头常高出萼齿。果实先红色后变黑色，卵圆形或卵状椭圆形，长约 8 毫米，直径 5 ~ 6 毫米；果核通常倒卵圆形至倒卵状椭圆形，长 6 ~ 7 毫米。有 1 条深腹沟。花期 5—6 月，果熟期 9—10 月（见图 2-31）。

（三）分布

产于浙江（普陀、舟山）和台湾。长江下游各地常见栽培。日本和朝鲜南部也有分布。舟山群岛只分布于朱家尖与桃花岛。

国家一级保护植物。

（四）生境及习性

日本珊瑚树是一种很理想的园林绿化树种。喜温暖湿润、阳光充足环境，稍耐阴，在深厚肥沃的中性壤土中生长旺盛，也适应酸性土和钙质土；根系发达、萌芽力强，耐修剪，易整形，生长迅速；对多种有害气体有较强的抗性，特别是对煤烟和有毒气体具有较强的

抗性和吸收能力，并有防尘、隔音、防火作用，抗寒力较强，尤其适合于城市做绿篱或园景丛植。

图 2-31　日本珊瑚树（上图：花序及植株；中图：花药及植株；下左图：花解剖；下中图：子房横切；下右图：子房及花柱）

（五）繁殖方法

1. 扦插繁殖

腐叶土 + 田园土（腐叶土：田园土 =1：1）作为扦插基质，基质厚 20 厘米，以春末夏初和夏末秋初最适宜。冬季扦插要做好苗床的保温工作。插条择幼龄或壮龄母树上生长发育良好的一年生粗壮枝条最容易成活。剪取长 10 厘米左右、含 3 ~ 4 个节间、留 2 ~ 3 片叶片（每个叶片剪去 1/3 ~ 1/2）的插穗。上端在芽的上方 1 厘米处截成平切面，下端在离芽 0.5 厘米处截成马耳形或平切。插穗截剪好后，用 500 毫克 / 升萘乙酸或 200 毫克 / 升 ABT 生根粉蘸 5 秒钟，随即用湿稻草遮盖或用农膜包裹，防止干燥（吴才华，2004）。45° 角插，覆土 1/3 ~ 1/2。

2. 种子繁殖

种子 9 月成熟，揉烂果肉，清洗出净种，晾干即可。可采用秋播或春播。日本珊瑚树种子休眠期长，生产上往往采取低温层积催芽或秋播。秋播种子可随采随播。将种子均匀地播

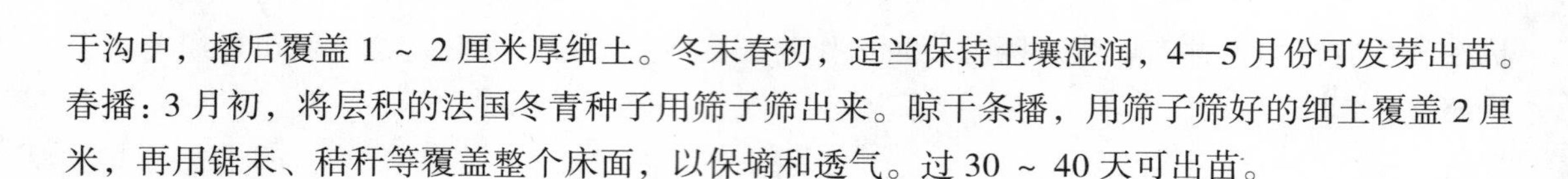
于沟中，播后覆盖 1 ~ 2 厘米厚细土。冬末春初，适当保持土壤湿润，4—5 月份可发芽出苗。春播：3 月初，将层积的法国冬青种子用筛子筛出来。晾干条播，用筛子筛好的细土覆盖 2 厘米，再用锯末、秸秆等覆盖整个床面，以保墒和透气。过 30 ~ 40 天可出苗。

3. 人工种子种植

以日本珊瑚树腋芽为繁殖体，4% 海藻酸钠（加 MS 基本培养基做人工胚乳）中加入 0.2% 多菌灵制成的人工种子在含 0.1% 多菌灵的 MS 基本培养液浸过的蛭石上萌发率最高，达 67.75%；在包裹基质中加入 0.5% 活性炭制成的人工种子在含有 0.1% 多菌灵的 MS 基本培养基上萌发率为 56.7%；较佳繁殖体为腋芽长度在 3 ~ 5 毫米之间的节段（冉景盛，1998）。

（六）价值

1. 园林绿化

主要适用于园林、庭院、公共绿地；有的种类具有较强抗性，也可作行道树，在公园中应用的荚蓬属植物，有的可孤植，有的可丛植，也可组团栽植，又可作剪形、造型植物。因对煤烟和有毒气体具有较强的抗性和吸收能力，是一种很理想的园林绿化树种。法国冬青的平均杀菌率为 72.7%，抑菌杀菌效果明显。适合于城区工矿企业、学校、医院、商业区等人口密集的地方种植，能改善空气质量，保护生态环境。

2. 防火树种

周子贵（1996）的研究表明，日本珊瑚树叶质肥厚多水，含树脂少，不易燃烧，具有较强的抗火能力。一般含水率高的树种燃烧时间长，含水率低的树种燃烧时间短。日本珊瑚树属难燃烧树种，而且具有较强的防风能力，可广泛用于防火、防风林带的建设。建议在山的交界和山脚处可选用日本珊瑚树、柑橘等小乔木控制地表火和林冠火的蔓延，真正发挥绿色森林防火屏障的效能，又有一定的经济效益。

3. 捕鱼

日本珊瑚树的树叶可以使鱼失去知觉，在南亚和冲绳岛地区用作麻醉剂来捕鱼已有上百年的历史。

4. 药用价值

它的枝叶可入药，有通经活络功效，主治风湿相搏、跌打肿痛、骨折。珊瑚树主要含有二萜类等化合物，该类化合物基本结构繁杂多样，但其生物活性有类似性。陈竺（2007）等利用二萜类化合物冬凌草甲素靶向治疗伴有 t（8；21）（q22；q22）染色体易位的急性髓系白血病，获得了重要进展，珊瑚树中的 *vibsanin* 型二萜类化合物也具有较强的抗肿瘤活性。

5. 绿色屏障

日本珊瑚树枝繁叶茂，挡光性强，可作绿色屏障遮挡不雅物体，改善城市景观。日本珊瑚树适合修剪成中篱或高墙，种植在围墙、池塘边、草坪边缘、高速公路两岸的风景林带、公园、小区的绿化林带等，具有极好的挡风、防尘、隔音、绿化环保作用。

6. 药食两用

日本珊瑚树果籽是一种富含生物活性物质的药食两用植物，并且具有良好的抗氧化活性。高效、安全的天然抗氧化剂是未来食品添加剂市场的发展方向。

（七）研究概况

日本珊瑚树防火性能的研究，周子贵等（1996）认为，日本珊瑚树是一种抗火能力很强的树种。日本珊瑚树化学成分的研究，李薇薇等（2011）研究指出，从日本珊瑚树中分离得到5个化合物，分别为a-香树脂醇（9），熊果酸（2），6α-hydroxylup-20（29）-en-3-on-28-oic acid（10），2a-hydroxyursolic acid（11），胡萝卜苷（4）。吴才华（2004）研究了法国冬青的扦插繁殖。冉景盛（1998）研究了以日本珊瑚树腋芽为繁殖体，采用不同包裹基质包裹制作人工种子。

参考文献：

[1] 周子贵，罗福裕，周雪长，等．杨桐等23个乔灌木树种抗火性能的研究[J]. 浙江林业科技，1996，16（2）：16-23.

[2] 李薇薇，史海明，王梦月，等．宜昌荚蒾和日本珊瑚树的化学成分研究[J]. 中国药学杂志，2011，46（16）：1234-1237.

[3] 程鹏．6种常绿阔叶树种扦插繁育技术研究[J]. 现代农业科技，2014，（17）：174-175.

[4] 吴才华．法国冬青的扦插繁殖[J]. 浙江林业，2004（5）：29.

[5] 冉景盛．日本珊瑚树腋芽人工种子的初步研究[J]. 重庆师范学院学报（自然科学版），1998，15（3）：78-81.

[6] ALI A，El-GAMAL. Gytotoxic lupane-，secolupane-and oleanane-type triterpenes from viburnum awabuki[J].Original Articles，2007（1）：191-197.

[7] 张义，吴中平，卫松．法国冬青种子萌发技术研究[J]. 安徽农业科学，2006，34（21）：5525-5526.

[8] 甘玉英．法国冬青扦插繁育技术[J]. 上海农业科技，2006，（4）：102-103.

[9] 田晓瑞，舒立福，张小罗，等．树种枝叶微观结构对树种燃烧性的影响研究[J]. 林业科学，2003，（4）：84-88.

三十二、紫弹树

（一）名称

celtis biondii Pamp.，属名：*celtis*，[拉]植物原名；[希]甘美的果实。朴属（榆科）；种加词，*biondii*，秦岭藤的。命名人 Pamp.（Renato Pampanini，1875—1949）意大利植物学家。

英文名称：biond hackberry。

别名：沙楠子树（《中国树木分类学》），异叶紫弹（《福建植物志》），毛果朴、全缘叶紫弹树（《东北林学院植物研究室汇刊》），黑弹朴（《广东植物志》）。

（二）文化

1985年，中国科学院古脊椎动物与古人类研究所的吴茂林等专家对玉蟾岩进行了实地考察，采集了少量的标本。在玉蟾岩文化堆积中收集了大量植物果核，经初步分析有40多种，目前能鉴定到种属的有17种，其中可供食用的有4种：中华猕猴桃、猕猴桃、野葡萄、梅。值得注意的是，朴树籽在遗存中最为丰富，其种类有紫弹朴、珊瑚朴。我国史前遗址经常伴随出土这种植物种子，如北京猿人遗址、陕西汉中的龙岗寺遗址等，朴树籽如此频繁地出现在史前遗址中，其地位如此突出，肯定与人们的生活息息相关。据推断，尽管肉质不多，但朴树籽也可供人们食用。

（三）形态特征

落叶小乔木至乔木，高达18米，树皮暗灰色；当年生小枝，幼时黄褐色，密被短柔毛，后渐脱落，至结果时为褐色，有散生皮孔，毛几乎可脱净；冬芽黑褐色，芽鳞被柔毛，内部鳞片的毛长而密。叶宽卵形、卵形至卵状椭圆形，长2.5～7厘米，宽2～3.5厘米，基部钝至近圆形，稍偏斜，先端渐尖至尾状渐尖，在中部以上疏具浅齿，薄革质，边稍反卷，上面脉纹多下陷，被毛的情况变异较大，两面被微糙毛，或叶面无毛，仅叶背脉上有毛，或下面除糙毛外还密被柔毛；叶柄长3～6毫米，幼时有毛，老后几乎脱净。托叶条状披针形，被毛，比较迟落，往往到叶完全长成后才脱落。果序单生叶腋，通常具2果（少有1果或3果），由于总梗极短，很像果梗双生于叶腋，总梗连同果梗长1～2厘米，被糙毛；果幼时被疏或密的柔毛，后毛逐渐脱净，黄色至橘红色，近球形，直径约5毫米，核两侧稍压扁，侧面观近圆形，直径约4毫米，具4肋，表面具明显的网孔状。花期4—5月，果期9—10月（见图2-32）。

（四）分布

产于广东东北部和北部、广西、贵州、云南、四川、甘肃东南部、陕西南部、河南西部和南部、湖北、福建、浙江、台湾、江西、江苏南部、安徽南部。日本、朝鲜也有分布。据记载，舟山群岛只产于桃花岛。

（五）生境及习性

多生于山地灌丛或杂木林中，还可生于石灰岩上，海拔 50 ~ 2 000 米。从 3 月上旬开始发芽进入生长期，4—7 月中旬为速生期，紫弹树 7 月下旬至 8 月上旬高生长趋缓，9 月上旬高生长逐渐停止。胸径自 3 月中旬新梢萌发后一直持续生长，紫弹树 4 月至 7 月下旬为速生期，8 月中旬后生长趋缓，9 月中旬逐渐停止。紫弹树 8 月中旬下层侧枝叶片逐渐发黄，9 月中旬叶片逐渐脱落，11 月中旬叶片几乎全部脱落（汪玉林等，2009）。

图 2–32　紫弹树（左图：植株；右图：果实）

（六）繁殖方法

种子繁殖：由于外皮均为木质化，播种前进行了低温沙藏催芽处理。3 月播种，用 1% $KMnO_4$ 溶液均匀喷施苗床，封膜 1 周后揭开；按行距 20 ~ 25 厘米、宽 7 ~ 8 厘米、深 5 ~ 7 厘米的规格开挖播种沟，以条播形式均匀播撒，覆土厚 2 厘米左右。以塑料薄膜覆盖，苗出土后及时揭去薄膜，1 个月后间苗，3 个月后施肥，苗前期生长较慢，3 个月后进入速生期（夏尚光等，2013）。

（七）价值

药用价值：紫弹树的叶、根皮、茎枝：味甘，性寒。叶：归心、胃经。根：归肺、胃经。茎枝：归肝、肾经。清热解毒，祛痰，利小便。主治小儿脑积水及小儿头颅软骨、腰骨酸痛、乳腺炎。外用治疮毒、溃烂。紫弹树的用法用量：50 ~ 100 克，外用，适量鲜叶加白糖，捣烂敷患处，每天换 2 次内服：煎汤，10 ~ 30 克。(《全国中草药汇编》) 通络止痛，主治腰背酸痛。(《中华本草》)

（八）研究进展

分类学研究，马恩伟（1980）研究了紫弹树的新组合变种全缘叶紫弹树 *Celtis biondii Pamp. var. holophylla*（*Nakai*）*E.W.Ma*，叶长圆形或倒卵形，先端长渐尖或狭渐尖，边缘具锯齿或近全缘。其分布区与紫弹树相似，应加以区别。陈征海等（1993）研究了浙江的新分布植物异叶紫弹树 *Celtis biondii Pamp.var.heterophylla*（*Levl.*）*Schneid.*，分布于岱山大长山岛、海边灌丛中、苍南马站、鬼洞、海边山坡林缘、南关岛。叶倒卵形至倒卵状椭圆形，顶端尾状或平截，有时顶端近平截而突然缩狭成长达 4 厘米的长尾状。苗婷婷（2014）等研究了其蒸腾耗水的规律，指出呈典型双峰型，主要峰值范围出现在 10：00—12：00 和 14：00—16：00。紫弹树的耗水速率在不同天气条件下都较高。紫弹树的日耗水量极显著于其他树种。张海波等（2016）研究了其根际 AM 真菌，指出石灰土紫弹树和单性木兰根际土 AM 真菌孢子丰度显著高于黄壤相同植物，石灰土紫弹树和红锥的 AM 真菌物种丰富度及 *Shannon* 多样性指数均高于黄壤同种植物。T. Yoshikawa 等（2012）研究了紫弹树种子散播前捕食果实的鸟类年纪变化规律。汪玉林等（2009）研究了紫弹树引种试验。

参考文献：

[1] 汪玉林，马骏，杨红明，等．珊瑚朴引种试验初报 [J]. 林业调查规划，2009，34（6）：136-139.

[2] 夏尚光，丁增发，李鹏翔．珊瑚朴、紫弹树引种育苗试验及苗期生长规律初报 [J]. 安徽农学通报，2013，19（12）：84-86，116.

[3] 马恩伟．中国朴属新分类群 [J]. 东北林学院植物研究室汇刊，1980，（2）：121-125.

[4] 陈征海，李根有，魏以界，等．浙南植物区系新资料 [J]. 浙江林学院学报，1993，10（3）：346-350.

[5] 苗婷婷，杨婷婷，丁增发，等．7 种园林绿化树种蒸腾耗水特性研究 [J]. 四川林业科技，2014，35（6）：84-87.

[6] 张海波，梁月明，冯书珍，等．土壤类型和树种对根际土丛枝菌根真菌群落及其根系侵染率的影响 [J]. 农业现代化研究，2016，37（1）：187-194.

[7] YOSHIKAWA，MASAKI T，ISAGI Y，et al. Interspecific and annual variation in pre-dispersal seed predation by a granivorous bird in two East Asian hackberries，Celtis biondii and Celtis sisensis[J]. Plant Biology，2012，（14）：506-514.

三十三、毛红椿

（一）名称

toona ciliata Roem. var. pubescens（*Franch.*）*Hand. -Mazz.*，属名：*toona*，[印]tun 植物原名。香椿属（楝科）；种加词，ciliata，具睫毛的，具缘毛的。变种加词，*pubescens*，有着短柔毛的。命名人 Roem.（Johann Jakob Roemer，1763—1819）在瑞士苏黎世是一名内科医生和植物学教授，也是一位昆虫学家。与奥地利植物学家 Joseph August Schultes 一起出版了林奈的《植物系统》第 16 版。Roemer 出版的 *Genera insectorum* 可以说是瑞士最有吸引力、最有影响的

昆虫学著作。其插图是由瑞士最有名的艺术家 J. R. Schellenberg 手工绘制并雕版印刷的精美图片。作为昆虫学家，他非常了解每一个昆虫的结构细节。1793 年，他被选为瑞典皇家科学院的外籍成员。胡椒科植物疆罂粟属（*roemeria*）就是以他的名字命名的。1787—1791 年出版了 *Magazin für die Botanik*，1797—1811 年出版了 *Flora Europaea*（*Norimbergae* [*N ü rnberg*] 14 *fasc.*），1806 年和 1810 年出版了 *Collecteana ad Omnem rem Botanicam Spectantia Partim e Propriis*，*Partim ex Amicorum Schedis Manuscriptis Concinnavit et Edidit*。变种命名人：Hand. - Mazz.（Heinrich R.E. Handel-Mazzetti，1882—1940）为奥地利植物学家。其出版了多部关于中国植物的著作。他曾到中国云南考察，是继英国人福雷斯特、瓦德之后在川西和滇北大规模采集植物标本的西方学者。因对分布中心在我国西南的报春花属和珍珠菜属植物有精深的研究，而被当时的学术界视为这两属植物研究方面的专家。由他主持编写的《中国植物总纲要》（*Symbolae Sinicae*），1937 年在维也纳全部出版至今仍然是我国植物学家的重要参考著作。1917 年秋，他在中国云南、西藏、四川、贵州等地对中国植物进行了大量调查、采集后，从贵州进入湖南，到达离武冈县城 5 千米的道教圣地云山，武冈云山保存良好的森林植被及与我国西南部植物大不一样的植物种类给他留下了深刻的印象。当年冬天，他从武冈到达长沙。从 1918 年春季开始，他在长沙周围进行了植物调查、采集，采集到了目前在长沙周围已绝迹的野生睡莲、中华萍蓬草等珍稀植物。1918 年春末夏初，他又从长沙出发，再次前往给他留下深刻印象的武冈云山，沿途采集、调查。1918 年 8 月 4 日和 8 月 8 日，两次在云山采到喜雨草标本。他离开中国后，当年陪同他进行调查采集的一批当地居民继续采集了几年标本，将标本寄往奥地利。Hand-Mazz 回国后，一直潜心研究中国植物。1936 年，他研究的喜雨草被当作一个新属、新种发表在《中国植物志要》上。他的著作共分 7 卷，分别为藻类、真菌、地衣、藓类、苔类、蕨类和种子植物。书中的内容非常丰富，对许多分类群都有较深入而有见地的探讨，是当时国际上研究我国植物的一部带有总结性的重要著作。他也因此被植物学界誉为中国叙述植物学的权威。这部著作至今对我国植物学者仍有重要参考价值。他还发表过《中国植物地理结构及其亲缘》（*The Phytogeographic Structure and Affinities of China*）等有关我国植物地理学的文献，并曾根据他在我国西南等地的调查资料，进行了全中国的地理分区工作。他带回的植物标本达 13 000 多号，他宛如发现了一个植物新大陆，最后他得出一个结论：中国不仅是中央花园，更是世界园林之母、世界的花卉王国。异名命名人 Franch.（Adrien René Franchet），在 20 世纪下半叶研究中国植物的法国学者以弗朗谢（A. Franchet）最为著名。他和当时的马克西姆维兹、赫姆斯莱等人一样，堪称那个时期研究中国植物的最杰出人物。他在研究我国的植物之前，曾对日本的植物做过不少研究。从 1878 年开始潜心于中国植物的研究。1881 年，他着手整理巴黎自然博物馆的植物标本，并进行相关的描述。他还鼓励在华的传教士积极为该博物馆收集标本。著名的传教士谭微道、赖神甫、法盖斯、苏里等采集的标本主要是由他研究定名的。在此基础上，他发表了大量的论文和著作，共记载中国植物 5 000 余种，新种 1 000 多个，新属约 20 个，其中相当一部分是赖神甫采自云南的植物。弗朗谢的主要著作有《谭微道植物志》（*Plantae Davidianae*）。此书分两卷，第一卷的副标题是“内蒙古、华北及华中的植物”，于 1884 年出版，记载北京、河北和内蒙古等地的植物 1 175 种，计新种 84 个。书后附标本图 27 张。第二卷的副标题是“藏东植物”，于 1888 年出版，记载川西宝兴植物 402 种，其中 163 种为新种。书后附有 17 张标本图，包括小木通（*clematis armandii*）、宝兴杜鹃（*rhododendron moupinense*）、腺果杜鹃（*Rhododendron Davidii*）和一张珙桐的彩图。谭微道所采的植物涵盖面很广，对西方了解中国的植物区系意义很大。弗朗谢曾试图系统整理赖神甫从我国云南送回的 20 万号植物标本，但终究力不从心，不得不放弃这一念头，转而描述其中新种。但即使这个任务他也未能完成。通过长期对我国西南植物的研究，弗朗谢认为我国西南的川西、藏东和滇北是杜鹃花科、百合、报春、梨、悬钩子、葡萄、忍冬和槭属植物分布的中心。他的上述看法大体是正确的，也为后来英国、美国和德国的植物学家继续这一地区植物的研究奠定了基础。

英文名称：Toon。

（二）文化

毛红椿（*toona ciliata var. pubescens*）为楝科（*meliaceae*）香椿属植物，美誉“中国桃花木”，属国家二级保护濒危物种（傅立国，1991）。资源总量少，面临物种濒危的严峻局面。与红椿的主要区别是小枝、总叶轴、叶柄、叶背、花梗及萼均有密生灰色绢状毛。

（三）形态特征

大乔木，高可达 20 余米；小枝初时被柔毛，渐变无毛，有稀疏的苍白色皮孔。叶为偶数或奇数羽状复叶，长 25 ~ 40 厘米，通常有小叶 7 ~ 8 对；叶柄长约为叶长的 1/4，圆柱形；小叶对生或近对生，纸质，长圆状卵形或披针形，长 8 ~ 15 厘米，宽 2.5 ~ 6 厘米，先端尾状渐尖，基部一侧圆形，另一侧楔形，不等边，边全缘，两面均无毛或仅于背面脉腋内有毛，侧脉每边 12 ~ 18 条，背面凸起；小叶柄长约 9 毫米。叶轴和小叶片背面被短柔毛，脉上尤甚。圆锥花序顶生，约与叶等长或稍短，被短硬毛或近无毛；花长约 5 毫米，具短花梗，长 1 ~ 2 毫米；花萼短，5 裂，裂片钝，被微柔毛及睫毛；花瓣 5 片，白色，花瓣近卵状长圆形，先端近急尖，长 4.5 毫米，宽 1.5 毫米，无毛或被微柔毛，边缘具睫毛；雄蕊 5 枚，约与花瓣等长，花丝被疏柔毛，花药椭圆形；花盘与子房等长，被粗毛；子房密被长硬毛，每室有胚珠 8 ~ 10 颗，花柱具长硬毛，柱头盘状，有 5 条细纹。蒴果顶端浑圆，木质，干后紫褐色，有苍白色皮孔，长 2 ~ 3.5 厘米；种子两端具翅，翅扁平，膜质。花期 4—6 月，果期 10—12 月（见图 2-33）。

（四）产地

喜马拉雅山西北坡、印度东部、孟加拉国、缅甸、泰国、越南，在我国产于江西、湖北、湖南、广东、四川、贵州和云南等省，安徽泾县是毛红椿分布的最北端；模式标本采自云南宾川。在浙江省主要分布于开化（古田山）、遂昌（九龙山）、龙泉（凤阳山）、平阳等地，仙居俞坑自然保护区亦有零星分布。在舟山群岛只产于桃花岛。树皮含单宁，可

提制栲胶。分布于山地和丘陵，垂直分布，海拔高度在220 ~ 3 500米。由于自然环境变化、开发过度以及其天然更新较慢等原因，毛红椿分布区在不断缩小，呈间断分布，极难见到成片分布的林分。

图2–33　红毛椿（左图：叶片；右图：植株）

（五）生境及习性

生于低海拔至中海拔的山地密林或疏林中。常与秀丽槭、杭州榆、青冈栎、紫楠等阔叶树混生。毛红椿生长快，树高年生长量为0.8 ~ 2.0米，胸径年生长量达1.0 ~ 2.0厘米，对土壤的适应性较强，能耐干旱和水湿，在土层深厚、肥沃、湿润、排水良好的地带生长良好。土壤有机质、全氮含量是影响毛红椿生长的较重要的生态因子。而pH及土壤质地并不是毛红椿生长的限制因子。能耐 –15 ℃的低温。毛红椿天然种群的幼苗个体向幼树阶段的发育不连续，以幼龄级的高死亡率为代价发育成幼树，然后进入成年生长阶段。种群数量大小依次为壮龄龄级 > 老龄龄级 > 幼龄龄级，保存有一定数量的成年林木，幼树个体比率较低，种群趋于衰退。第4径级（20年）以上进入生殖生长，大小年结实，间隔期1年。结实母树多数属林冠层林木，下层和林内母树大多不结实，进行根萌无性繁殖。濒危植物毛红椿受到"花多果少"的生殖制约。毛红椿播种第1年，高、地径生长量即可达1.0厘米和2.0厘米以上，第2年生长加快。第4 ~ 5年的高、地径生长量均超过1.0厘米和1.5厘米。可见，毛红椿早期速生的特点比较明显。4年生毛红椿的光能利用率可达0.6%（宗世贤等，1988）。

（六）繁殖方法

1. 种子繁殖

10月底至11月上旬，蒴果呈现褐色、黄色时及时采下，摊晒至种子脱出，去杂，装藏于袋内。苗圃地宜选沙质壤土或轻壤地，施足基肥。3月初播种，需用45℃的温水浸种24小时，拌细沙用于播种。苗床宽2 ~ 3米，采用条播，条距25 ~ 30厘米，播种沟深2 ~

3 厘米，播种量为 15 ~ 20 千克 / 平方米。播种后用焦泥灰覆盖，以不见种子为宜，并用稻草做条状覆盖。4 月上中旬苗木出土，及时掀盖。7 月进入快速生长期，9 月进入慢速生长期，10 月底停止生长。沈兴伟等（2006）、张丽等（2007）研究表明，低温（–5 ℃）保存种子有利于提高毛红椿种子潜在发芽率。王金厚等（2015）研究表明，低浓度（低于 1 ∶ 10）毛红椿果壳浸提液对种子发芽有促进作用，进而说明强酸抑制发芽，弱酸促进发芽。

2. 扦插繁殖

毛红椿根易产生不定芽，具有较强的萌芽能力，且插根育苗方法简便，成活率高。①根插技术，在苗木出圃时，结合根系修剪，采集种根，种根以粗 0.5 厘米以上的主根和主侧根为好，采集后及时剪截成长 10 ~ 15 厘米的小段，上口平，下口斜，根插穗剪好后按粗细分级育苗。扦插时严格分清"大小头"，保持大头朝上。择含沙量较高的新鲜黄心土插床，按株行距 20×（15 ~ 20）厘米进行斜插。露出地面 1 ~ 2 厘米（戴慈荣等，2010；刘郁林等，2012）。②茎插技术，1 年生苗干作插穗，长度 15 厘米，两端平剪；穗条部位以 1 级插穗（枝条基部）最好，2 级插穗（枝条中部）次之；IBA 浓度以 6×10^{-4} 毫克 / 升最好。做高床，消毒土壤，覆一层厚 5 厘米左右的黄心土，扦插深度为插穗的 2/3，约 10 厘米，插后浇水，搭棚遮阴（张纪卯等，2008）。

（七）价值

1. 木材价值

边材白色至浅红，心材淡红色、赤褐色至赭红色，花纹美观，香气浓郁，纹理直，结构细，加工易，剖面光滑，质软，耐腐性好，是建筑、车舟、茶箱、装饰、家具、雕刻的上等用材，素有"中国桃花木"的美称，是良好的工艺用材树种。

2. 园林价值

树干挺拔，树姿优美，也是优良的园林绿化树种，适合作行道树，也适合公园孤植或丛植。

（八）研究进展

毛红椿光合特性的研究概况，赵坤等（2011）研究了毛红椿的光合及水分生理，指出光饱和点为 1 535.7 微摩尔 /（米・秒），光补偿点为 53.53 微摩尔 /（米・秒），CO_2 饱和点为 2 230 微摩尔 /（米・秒），CO_2 补偿点为 101.17 微摩尔 /（米・秒）。吴际友等（2011）研究表明，毛红椿光合速率日变化呈双峰曲线，呈现出光合"午休"现象。张露等（2006）研究认为，强度遮阴（80%）光合"午休"现象不明显。毛红椿的胁迫生理研究，王树凤等（2007）研究了关于盐胁迫对两种珍贵速生树种种子萌发及幼苗生长的影响，指出随着 NaCl 浓度的增

加，种子萌发率和简化苗木活力指数均明显下降，高浓度 NaCl 处理后的种子具有较高的萌发恢复率，说明毛红椿种子具有较强的耐盐性。孙洪刚等（2014）研究了水分胁迫对毛红椿幼苗生长和生物量分配的影响，指出水分胁迫对毛红椿幼苗根系生长的限制作用明显大于对苗高生长的限制作用。关于毛红椿的群落学研究，刘军等（2010）研究表明，毛红椿天然林群落的物种多样性丰富，而且层次性较强。叶忠华等（2016）研究了毛红椿木材的力学性质，指出毛红椿幼龄材木材密度、力学强度均较低，随着树龄增加，密度、力学性能指标均有较大幅度提高，体积干缩系数逐渐减小。毛红椿的遗传多样性的研究，刘军等（2013）研究指出，边缘居群高于核心居群，特别是边缘居群的稀有地方等位基因数量明显多于核心居群。边缘居群的平均期望杂合度和观察杂合度都高于核心居群。刘军等（2008，2009）利用 SSR 分子标记及基于空间自相关分析，对分布在我国的毛红椿群体进行的遗传结构研究表明，毛红椿群体具有较低水平的遗传变异，而且群体间遗传距离与地理距离显著相关。关于毛红椿造林技术的研究，柴雄等（2009）研究了造林密度对树种早期生长的影响，指出毛红椿初植密度以 1 666 株 / 公顷为宜。

参考文献：

[1] 黄红兰，张露，郭晓燕，等．九连山毛红椿种群的结实特性及其生殖力 [J]. 林业科学，2013，49（7）：170-174.

[2] 宗世贤，黄致远，陶金川，等．毛红椿的生态地理分布及其南京引种的初步观察 [J]. 植物生态学与地植物学学报，1988，12（3）：222-231.

[3] 沈伟兴，吴道圣．毛红椿种子育苗 [J]. 林业实用技术，2006（4）：24.

[4] 戴慈荣，郑卫华，乔卫阳，等．毛红椿育苗和造林技术 [J]. 华东森林经理，2010，24（1）：25-27.

[5] 张丽，张露，胡松竹．贮藏方法对毛红椿种子发芽能力的影响 [J]. 林业科技开发，2007，21（4）：57-59.

[6] 张纪卯，康木水，连书钗．毛红椿扦插育苗试验 [J]. 西南林学院学报，2008，28（6）：57-64.

[7] 刘郁林，黄红兰，张露．毛红椿根插育苗技术 [J]. 林业实用技术，2012（2）：29.

[8] 郭晓燕，张莹莹，张露，等．浸种对 2 个毛红椿种源种子萌发和幼苗生长的影响 [J]. 浙江林业科技，2016，36（5）：64-68.

[9] 王金厚，乔春华，王立超，等．不同处理对毛红椿种子发芽的影响 [J]. 黄山学院学报，2015，17（3）：59-64.

[10] 甘文峰，余林，叶金山，等．珍贵用材树种毛红椿研究进展综述 [J]. 江西林业科技，2014，42（5）：33-37，53.

[11] LIU Yu-Bo, CHENG Xiang-rong, et al. Chemical Constituents of Toona ciliate var[J].Pubescens，2011，9（2）：115-119.

[12] 汪洋，冉勇军，王清河，等．红椿和毛红椿种植与医药化工研究进展 [J]. 湖北林业科技，2014，43 (6)：57-61.

[13] 赵坤，吴际友，陈瑞，等．毛红椿光合及水分生理生态特性 [J]. 中南林业科技大学学报（自然科学版），2011，31 (5)：87-91.

[14] 吴际友，程瑞，王旭军，等．毛红椿光合速率及生理生态因子的日变化规律 [J]. 湖南林业科技，2011，38 (2)：5-8.

[15] 张露，郭联华，杜天真，等．遮荫和土壤水分对毛红椿幼苗光合特性的影响 [J]. 南京林业大学学报（自然科学版），2006，30 (5)：63-66.

[16] 王树凤，陈益泰，徐爱春．盐胁迫对 2 种珍贵速生树种种子萌发及幼苗生长的影响 [J]. 植物资源与环境学报，2007，16 (1)：49 -52.

[17] 孙洪刚，刘军，董汝湘，等．水分胁迫对毛红椿幼苗生长和生物量分配的影响 [J]. 林业科学研究，2014，27 (3)：381-387.

[18] 刘军，陈益泰，罗阳富，等．毛红椿天然林群落结构特征研究 [J]. 林业科学研究，2010，23 (1)：93-97.

[19] 郭新弧，周树德，陈仁钧，等．安徽泾县毛红椿林的群落调查 [J]. 安徽师大学报（自然科学版），1983，(2)：63-71.

[20] 叶忠华，叶友章，刘晓辉，等．毛红椿木材物理力学性质研究 [J]. 山地农业生物学报，2016，35 (3)：072-075.

[21] 刘军，姜景民，邹军，等．中国特有濒危树种毛红椿核心和边缘居群的遗传多样性 [J]. 植物生态学报，2013，37 (1)：52-60.

[22] 刘军，陈益泰，姜景民，等．毛红椿群体遗传结构的 SSR 分析 [J]. 林业科学研究，2009，22 (1)：37-41.

[23] 刘军，陈益泰，孙宗修，等．基于空间自相关分析研究毛红椿天然居群的空间遗传结构 [J]. 林业科学，2008，44 (6)：45-52.

[24] 柴雄，毛玉明．造林密度对毛红椿等阔叶用材树种早期生长的影响 [J]. 浙江林业科技，2009，29 (6)：17-21.

三十四、牛鼻栓

（一）名称

fortunearia sinensis Rehd. et Wils.，属名：*fortunearia*，[人名] Robert Fortune（罗伯特·福琼，苏格兰植物学家，最早将茶自中国引进印度的人）。牛鼻栓属（金缕梅科）；种加词，*sinensis*，中国的。命名人 1：Rehd.（Alfred Rehder，1863—1949），工作于哈佛大学阿诺德植物园的园艺学家和分类学家。Rehder 来自德国，他最初被聘为阿诺德树木园的工人报纸的作家，早期工作是被派往欧洲为阿诺德树木园采购图书。《阿诺德植物园研究》

是从1919年开始创办的。Rehder与植物园的主任Charles Sprague Sargent是共同主编。他新版了*Manual of Cultivated Trees and Shrubs*，并撰写了*Bibliography of Cultivated Trees and Shrubs*和*The Bradley bibliography*，他与Ernest Henry Wilson是《威尔逊植物志》（*Plantae Wilsonianae*）和《杜鹃花手册》（*A Monograph of Azaleas*）的共同主编。Rehder首创了美国等温区系统，研究了平均冬季最低温度与特定植物抗寒性的关系。这个系统是如今美国农业部抗寒区地图使用的基础。1898年从德国赴美的Rehder也是对我国植物尤其是耐寒木本植物作过很多研究的树木学家。他长期在阿诺德树木园工作，后来成为哈佛大学的树木学教授。他研究、描述过威尔逊、洛克以及其他一些人收集的许多植物，并发表了不少文章。他出版过一些重要的树木学著作，包括《北半球寒温带地区栽培的耐寒树木索引》（*Bibliography of Cultivated Trees and Shrubs Hardy in the Cooler Temperate Regions of the Northern Hemisphere*）。命名人2：Wils. 威尔逊（Ernest Henry Wilson，1876—1930），出生在英国契平开普敦一个铁路工人家庭，家中有兄妹6人，他排行老大，13岁那年，成为一名花工，并被植物的绚烂多姿迷住了。后来，他在伯明翰技术学院学习植物学，到著名的有着东方气息的英国皇家园林——邱园深造，也许正是这个植物园绽放出的蓬勃的“东方之美”，最早勾起了威尔逊对古老中国的遐想和憧憬。当大牌的Veitch花木公司的哈里·维奇爵士选中他作为“植物猎人”前往中国西南时，他已是一个在园艺界有10年丰富经验的高级植物学人才了。他曾用12年时间深入中国西部，采集了4 500种植物标本，并将上千种植物种子带回西方。

（二）文化

牛鼻栓（*fortunearia sinensis Rehd. et Wils*）为金缕梅科（*hamamelidaceae*）是我国特有的单种属植物，亦是国家首批保护的珍稀植物，为第三纪古热带植物区系的后裔或残遗。国家二级保护植物。属于资源稀少、产区狭窄的珍贵物种，其木材坚韧，材质优良，树形优美，种子含油量高，具有很高的开发利用价值。

（三）形态特征

落叶灌木或小乔木，高5米；嫩枝有灰褐色柔毛，老枝秃净无毛，有稀疏皮孔，干后褐色或灰褐色；芽体细小，无鳞状苞片，被星毛。叶膜质，倒卵形或倒卵状椭圆形，长7 ~ 16厘米，宽4 ~ 10厘米，先端锐尖，基部圆形或钝，稍偏斜，上面深绿色，除中肋外秃净无毛，下面浅绿色，脉上有长毛；侧脉6 ~ 10对，第一对侧脉第二次分枝侧脉不强烈；边缘有锯齿，齿尖稍向下弯；叶柄长4 ~ 10毫米，有毛；托叶早落。两性花的总状花序长4 ~ 8厘米，花序柄长1 ~ 1.5厘米，花序轴长4 ~ 7厘米，均有绒毛；苞片及小苞片披针形，长约2毫米，有星毛；萼筒长1毫米，无毛；萼齿卵形，长1.5毫米，先端有毛；花瓣狭披针形，比萼齿短；雄蕊近于无柄，花药卵形，长1毫米；子房略有毛，花柱长1.5毫米，反卷；花梗长1 ~ 2毫米，有星毛。蒴果卵圆形，长1.5厘米，外面无毛，有白色皮孔，沿室间2片裂开，每片2浅裂，果瓣先端尖，果梗长 5 ~ 10 毫米。种子卵圆形，长约 1 厘米，宽 5 ~ 6 毫米，褐色，有光泽，种脐马鞍形，稍带白色（见图 2-34）。

图 2-34　牛鼻栓（左图：花序；中图：叶片；右图：植株）

（四）分布

分布于陕西、河南、四川、湖北、安徽、江苏、江西及浙江等省。在浙江产于杭州、临安、德清、宁波、天台等地。在舟山群岛只分布于舟山本岛。

（五）生境及习性

常生于山坡杂木林中或岩隙中、溪边灌丛中。

（六）繁殖方法

任立超等（2010）研究表明，阻碍牛鼻栓种子发芽的因素是坚硬的种皮。打破休眠的方法之一是自然沙藏，将种子均匀拌于湿沙盆中，保持沙子湿润，以便使种子长期吸收水分，并将盆置于荫蔽的室外，自然沙藏的时间为 4 个月，种子发芽率可以达到 98%。另一种打破休眠的方法是以 400 微克 / 毫升的 GA3 溶液浸泡 48 小时后恒温冷藏处理 3 个月，发芽率可以达到 97%。张袖丽等（1997）研究表明，种子的最佳萌发温度为 15 ℃ ~ 25 ℃。6-BA 和青霉素可以加速种子萌发和提高发芽率。

（七）价值

1. 种子营养价值及化学成分

牛鼻栓种子中脂肪和蛋白质含量较高，富含多种对人体有益的矿质元素和氛基酸，油脂中多为不饱和脂肪酸，具有治疗和预防心血管系统疾病以及抗癌的功效。张袖丽等（1997）研究认为，牛鼻栓种子含有粗蛋白 37.73%、粗脂肪 33.80%、淀粉 2.53% 和可溶性糖 2.75%，富含钾、钙、镁、铁、锌等矿质元素和 17 种氨基酸，具有很高的开发利用价值。

2. 药用价值

《全国中草药汇编》记载，牛鼻栓以枝、叶入药。叶含有岩白菜内脂、牛鼻栓苷。岩白菜素具有镇咳祛痰的功效，是治疗慢性支气管炎、肺气肿、肺心病、支气管哮喘等呼吸系统疾病的特效药物。岩白菜素还具有抗炎、护肝、抗溃疡、提高免疫力、抗脂质氧化及自由基清除的能力，具有良好的药用保健价值。性味苦、涩，平。归经：肾经。功能主治：益气，止血，主治气虚、刀伤出血。用法用量：5 ~ 8 钱，外用捣烂敷患处。《浙江天目山药植志》记载，治劳伤乏力：牛鼻栓根二至三两。水煎，冲黄酒、红糖，早、晚饭前各服一次。

3. 经济价值

牛鼻栓这个名字听起来颇为古怪，但有一定的道理，因为其木材黏韧，民间常用来制牛鼻栓。

（八）研究进展

分类学研究：章群等（1999）研究了金缕梅亚科 ITS 序列及其系统发育，发现秀柱花属是牛鼻栓属的姐妹群，支持将牛鼻栓属并入秀柱花族。傅志军（1994）研究表明，山白树属与牛鼻栓属亲缘关系密切，可组成一族，该族与蚊母树族有着较近的亲缘。傅志军（1995）研究了山白树属雄蕊发育与花粉扫描，发现山白树属与牛鼻栓属花粉形态相似，可组成一族或独立成一族，并描述了牛鼻栓属花粉形态：球形，三沟具瘤，外壁具粗细不一的细网。傅志军（1992）从木材解剖学也证明了山白树属与牛鼻栓属亲缘关系最近，可以组成一个族。木材特征为木材白色，木薄壁组织不发达到中等，导管分子末端间纹孔式梯状。导管分子无螺纹加厚。射线 4 列，多为 1 ~ 2 列。晶体有时存在。关于牛鼻栓内共生真菌的研究：吴振莹等（2013）研究认为牛鼻栓内生真菌为子囊菌群落，丝孢类无性型子囊菌 13 个属，腔孢类无性型子囊菌 14 个属，有性型子囊菌 6 个属。内生真菌常能提高植物宿主抵抗不良环境的能力，如干旱、病原菌等。

参考文献：

[1] 任立超，何云核．牛鼻栓种子萌发特性研究 [J]. 中国园艺文摘，2010（1）：5.

[2] 张袖丽，谢中稳，胡颍蕙．牛鼻栓种子的主要化学成分和萌发条件的初步研究 [J]. 安徽农业大学学报，1997（2）：100-104.

[3] 王继良，何瑾，邹澄，等．岩白菜素的研究进展 [J]. 中国民族民间医药杂志，2006（6）：321-325.

[4] 汪劲武．金缕梅科简记 [J]. 植物杂志，1996（5）：32-34.

[5] 贾良智，周俊．中国油脂植物 [M]. 北京：科学出版社，1987：179.

[6] 章群，施苏华，黄椰林，等．金缕梅亚科 ITS 序列分析及其系统发育初探 [J]. 中山

大学学报（自然科学版），1999，38（1）：107-110.

[7] 傅志军．山白树属及其近缘属聚类分析 [J]. 西北植物学报，1994（1）：73-76.

[8] 傅志军．山白树属系统研究Ⅳ．雄蕊发育与花粉扫描 [J]. 宝鸡文理学院学报（自然科学版），1995（3）：62-64.

[9] 付志军，高淑贞．山白树属的系统研究Ⅲ．木材解剖与扫描特征 [J]. 西北植物学报，1992，12（8）：188-192.

[10] 吴振莹，方玲，高强，等．牛鼻栓三裂轮簇霉菌发酵产物的抗氧化活性研究 [J]. 食品工业科技，2013，34（1）：113-120.

[11] WU Zhenying, YAN Shuzhen, ZHOU Shengliang, et al. Diversity of endophytic mycobiota in Fortunearia sinensis[J]. Acta Ecologica Sinica, 2014（34）：160-164.

三十五、木荷

（一）名称

schima superba Gardn. et Champ.，属名：*schima*，[希] schizo，分离，切开。[阿] 植物原名。木荷属（茶科）；种加词，*superba*，骄傲的，傲慢的，宏壮的，华丽的。

命名人 1：Gardn.（George Gardner，1810—1849），苏格兰博物学家，从事植物学研究。他的父亲是最先在阿登廷尼做园艺家的 Dunmore 伯爵。之后从 1816 年起，在阿德罗森成为 Eglinton 伯爵。1822 年，他的父母搬到了格拉斯哥，在那里他上了文法学校，并很好地掌握了拉丁语。他在格拉斯哥的斯特拉斯克莱德大学学习医学，1829 年成为一个外科医生。他的植物学工作给贝德福德公爵留下了深刻的印象。1836 年夏天，他从利物浦乘船去里约热内卢采集植物以及巴西北部的矿物、化石、贝壳、鸟类、哺乳动物、鱼类和其他自然历史标本。这些标本被送往国立植物园。他在巴西很多年（1836—1841）。1842 年，他被选为林奈学会会员。1843 年，被殖民政府以岛屿植物学家和佩勒代尼耶植物园园长的身份派往锡兰。在那里，他完成了巴西内陆旅行。他为完成巨著 *Flora Zeylanica* 采集了大量的标本，终因英年早逝而未完成此项工作。命名人 2：Champ.（John George Champion，1815—1854），英国植物学家、军官、探险家。1831 年，他在第九十五团任少尉，1838 年参加外交服务，后来获得上尉军衔。之后他滞留于爱沙尼亚岛屿，他的职责是把采集的标本带回锡兰。1847 年到香港，1847—1851 年在香港利用业余时间采集大量植物标本，1851 年离开香港回国时带有 500 ~ 600 种标本。标本由 Bentham 或其本人研究，发现许多新属和新种，如五列木属 *pentaphyllax Gardn. et Champ.*（五列木科）、秀柱花属 *eustigma Gardn. et Champ.*（金缕梅科）、*rhodoleia championii Hook.*（红花荷属，金缕梅科）、*millettia championii Champ.*（鸡血藤属，豆科）等。在香港，他在山地采集标本，后到福州鼓山，派人到武夷山、安徽收买茶种，运到宁波，同时在宁波采集；又经绍兴—兰溪—龙溪—衢州—玉山—武夷山—崇安—浦城—上海等地考察茶园，将采的茶苗、种子寄到印度，

本人返港，1850 年 4 月又到上海，调查花圃，得到不少花卉植物，后曾到宁波、舟山、普陀采集植物标本，12 月到上海；1851 年 2 月将茶苗 2 000 株、发芽种子 1 700 颗包装后经香港运到加尔各答转印度西北部茶园。

英文名称：Schima。

别名：荷木、木艾树、何树、柯树、木和、回树、木荷柴、横柴。

（二）文化

木荷是我国珍贵的阔叶树种，属国家二级保护树种。

花语：长久、和睦。

（三）形态特征

大乔木，高 25 米，嫩枝通常无毛。叶革质或薄革质，椭圆形，长 7 ~ 12 厘米，宽 4 ~ 6.5 厘米，先端尖锐，有时略钝，基部楔形，上面干后发亮，下面无毛，侧脉 7 ~ 9 对，在两面明显，边缘有钝齿；叶柄长 1 ~ 2 厘米。花生于枝顶叶腋，常多朵排成总状花序，直径 3厘米，白色，花柄长1 ~ 2.5厘米，纤细，无毛；苞片2个，贴近萼片，长4 ~ 6毫米，早落；萼片半圆形，长 2 ~ 3 毫米，外面无毛，内面有绢毛；花瓣长 1 ~ 1.5 厘米，最外 1 片风帽状，边缘多少有毛；子房有毛。蒴果直径 1.5 ~ 2 厘米。花期 6—8 月（见图 2-35）。

图 2-35　木荷（上左图：植株；上右图：花序；中左图：花解剖；中中图：子房横切；中右图：子房及花柱；下左图：柱头顶面观；下右图：花解剖及花药）

（四）分布

产于浙江、福建、台湾、江西、湖南、广东、海南、广西、贵州。浙江全省各地均产，舟山各个岛屿均有分布。

（五）生境及习性

喜光树种，幼年较耐庇荫。忍受 −11 ℃的极端低气温。深根性，对土壤的适应性较强，酸性土壤，如红壤、黄壤、黄棕壤，均可生长。pH5.5 最适宜。天然林中多与马尾松或壳斗科的槠、栲及樟科的樟、楠等常绿树种混生，能形成小面积以木荷为优势的群落。与马尾松混生时，森林群落的演替趋势是马尾松的优势将被木荷取代，这种群落属恢复或进展演替的类型，与常绿耐阴性树种混生时，则木荷位于上层林冠，是建群种，上层大乔木，胸有突出的板根（严文斌，2003）。

（六）繁殖方法

1. 种子繁殖

梁巍（2009）、严少义（2011）研究认为，先用 40 ℃ ~ 60 ℃的温水浸泡 24 小时后，再换 1 次清水，继续浸种 24 小时，放在通风背光的地方晾干，早晚用温水喷湿 1 次，并轻轻翻动，使种子能均匀吸收到水分。6 ~ 7 天后种子即可裂嘴，当有 40% 的种子裂嘴时即可播种。用 6 号 ABT 生根粉 200×10^{-6} 的溶液浸种 12 小时，放在通风背光的地方，早晚用温水喷 1 次，并轻轻翻动一下，使种子能全面吸收到水分。4 天种子裂嘴后即可播种。3 月中上旬（春分前后）播种。大田育苗采用撒播，播撒要均匀。播后用土（60% 黄心土，39% 火烧土，1% 钙镁磷）覆盖，覆盖时宜尽量薄，以不见种子为度。然后盖一层厚 3 厘米左右的稻草。容器点播时容器袋的营养土用清水喷透，每个袋子点播 1 粒种子盖上细土，厚度以不见种子为好。20天左右苗木即可出土。李铁华（2004）研究认为，通过冷水连续浸泡5天，或用质量浓度为 30 毫克 /100 毫升的赤霉素溶液浸种 24 小时，或采用低温层积 40 天，都能有效地解除休眠，促进萌发。

2. 扦插繁殖

9 月用长度为 10 厘米的插条，在浓度为 0.03% 的赤霉素溶液中处理 3 小时，插条平均成活率可达 81% 以上（蒋宗好等，1996）。张汉永等（2015）研究认为，采用体积比为 1 ∶ 1 的黄心土 + 河沙作为插床基质有利于插条生根；扦插前用 ABT-6 或 IBA 处理插条均有显著的促根效果，其中用浓度为 50 毫克 / 升的 ABT-6 溶液浸泡插条基部 10 小时，扦插生根率达 72%；带顶芽的插条抽梢率显著高于不带顶芽的插条。

3. 组织培养

徐位力（2006）研究认为，①种子萌发培养基：1/2MS+ 活性炭 0.15%；②芽诱导培养基：MS+6-BA 1.5 毫克 / 升 +NAA 0.5；③继代增殖培养基：MS+6-BA 1.0+NAA 0.2；④生根培养基：1/2MS+IBA0.5+ABT 1.0。有性繁殖过程中，后代容易性状分离，以致母树优良性状丢失，后代分化严重，个体差异大。组织培养技术有可能弥补上述缺憾。

（七）价值

1. 经济价值

防火树种，木荷着火温度高，含水量大，不易燃烧，组成的林带就像一堵高大的防火墙，能将熊熊大火阻断隔离，是营造生物防火林带的理想树种。木荷能抑制其他植物在其树下生长，形成空地，可从低处阻隔山火。既能单独种植形成防火带，又能混生于松、杉、樟等林木之中，起到局部防燃阻火的作用。

2. 药用价值

药用部位：木荷的根皮。采收和储藏：全年均可采收，晒干。辛，温，有毒。归经：脾经。功能主治：攻毒，消肿，主治疔疮、无名肿毒。用法用量：外用，捣敷。注意：本品因有大毒，不可内服。

3. 园林绿化价值

木荷属阴性，与其他常绿阔叶树混交成林，发育甚佳，木荷常组成上层林冠，适于在草坪中及水滨边隅土层深厚处栽植。木荷树形美观，树姿优雅，枝繁叶茂，四季常绿，花开白色，因花似荷花，故名木荷。木荷新叶初发及秋叶红艳可爱，是道路、公园、庭院等园林绿化的优良树种。

4. 用材价值

木荷木质坚硬致密，纹理均匀，不开裂，易加工，是上等的用材树种。

（八）研究进展

木荷传粉生物学研究，杨汉波等（2017）研究认为，中华蜜蜂（*apis cerana*）、白星花金龟（*protaetia brevitarsis*）和棉花弧丽金龟（*popillia mutans*）是木荷的主要传粉昆虫，中华蜜蜂是木荷最有效的传粉者。光合作用研究，黄儒珠等（2009）研究认为，同一生境，木荷的净光合速率与蒸腾速率均明显高于马尾松，尤其样地Ⅱ 两树种间的差异更显著，表明重建措施实施后，在生态恢复程度较高生境中，木荷生长 、竞争优势强于马尾松。赵平等（2008）

研究表明，适度高温处理均引起所有树种的光合能力下降，而且木荷和红锥下降的程度比黄果厚壳桂明显，意味着将来气候变化导致温度上升对演替后期树种黄果厚壳桂的光合过程的限制比演替早期的树种木荷和中生性树种红锥会更严重。张卫强等（2011）研究表明，净光合速率（Pn）日变化呈“单峰”曲线，（Pn）最大值均出现在 10：00 左右。胁迫生理研究进展，芮雯奕等（2012）研究表明，木荷在 10 天胁迫期间未受气孔限制，是极抗旱植物。冯慧芳等（2011）研究了 PEG 模拟干旱的生理响应，指出相对含水量小于对照，相对电导率均显著大于对照，脯氨酸含量呈现波动，过氧歧化酶（SOD）活性随胁迫时间增加而呈现先升后降的趋势，荷木叶片的丙二醛（MDA）含量先升后降，最后和对照水平相近。宋爱琴等（2006）研究表明，在同样的干旱胁迫下，木荷叶片 SOD 活性、POD 活性和脯氨酸含量在 19% 的土壤相对含水量下才出现增加，而 Chla、Chl 和 Car 含量则变化不大。在轻度淹水胁迫下，木荷叶片 SOD 活性、POD 活性和脯氨酸含量在同期规律不明显，木荷的耐受力强于白楸。王瑜等（2014）研究了铝胁迫对木荷幼苗光合的影响，表明在低浓度 Al（0.25 毫摩尔 / 升）处理下，木荷幼苗的光合色素含量、光合作用参数以及光响应特征参数均呈下降趋势，中、高浓度 Al 处理，除光合色素含量呈增加趋势外，光合作用参数、光响应特征参数均下降，且下降幅度随 Al 浓度的升高而增大。冯丽丽等（2011）研究了酸雨对气体交换的影响，重度酸雨导致叶片净光合速率、气孔导度、蒸腾速率和水分利用效率下降；植物叶片的质膜透性和丙二醛含量显著上升；重度酸雨的氮肥效应虽提高了叶片叶绿素含量，但单位叶绿素的净光合速率仍下降明显。木荷的群落学研究，王云泉等（2015）分析了东白山自然保护区木荷——马尾松群落结构及物种多样性，指出样地内木本植物物种总径级分布整体呈倒“J”形，群落总体更新良好，但马尾松幼苗储存不足，预示群落将由木荷—马尾松林向木荷林演替，发展为典型的常绿阔叶林。杨永川等（2006）研究了木荷种群的空间格局，主要的优势种木荷体现出聚集分布的特征，其中木荷的分布与林窗形成密切相关，而栲树则分布于限制性生境之中。胡砚秋等（2016）研究了木荷种群个体及生物量的点格局，指出木荷种群的径级结构为金字塔形，种群中有大量幼年个体，属增长型种群。木荷种群在 0 ~ 50 米尺度上均呈聚集分布。木荷个体间生物量分布相互独立，竞争不明显，显示出作为亚热带先锋树种的木荷有很高的资源利用效率。木荷的防火研究，木荷叶片含水量高，鲜叶着火温度为 450 ℃，燃烧热值 18. 37 焦 / 千克，油脂含量仅为 6%，不易燃烧。木荷是我国南方优良的防火树种，立地条件和林分年龄对木荷生长产生显著影响，营造防火与用材两用林，提高林分生产力，对改善和调节林区生态环境质量、景观质量以及抵御火灾的能力都具有重要的意义。化学成分研究，谢惜媚等（2008）研究表明，木荷花中含有酮代异佛尔酮、氧化芳樟醇、环氧芳樟醇、3,7- 二甲基 -2,6- 辛二烯 -1- 醇、白藜芦素、4- 羟基 -3,5,5- 三甲基 -2- 环己烯 -1- 酮、2,6,6- 三甲基 -1,4- 环己二酮、苯乙醇和 2- 甲基 -2- 壬烯 -1- 醇等 51 种挥发性化合物成分，约占相对总含量的 99%，挥发性成分中含氧化合物的含量超过 93%。这为对木荷挥发性成分的利用奠定了基础。

参考文献：

[1] 谢文雷．木荷种子不同方式育苗技术 [J]. 河北林业科技，2009（6）：63-64.

[2] 严少义．木荷播种育苗技术 [J]. 安徽林业科技，2011，37（1）：78.

[3] 李铁华．木荷种子休眠与萌发特性的研究 [J]. 种子，2004，23（6）：15-17.

[4] 严文斌．木荷生物学特性与混交林的营造技术 [J]. 安徽林业科技，2003（1）：23-24.

[5] 杨汉波，张蕊，宋平，等．木荷主要传粉昆虫的传粉行为 [J]. 生态学杂志，2017，36（5）：1322-1329.

[6] 黄儒珠，李机密，郑怀舟，等．福建长汀重建植被马尾松与木荷光合特性比较 [J]. 生态学报，2009，29（11）：6120-6129.

[7] 赵平，孙谷畴，曾小平．适度高温下亚热带阔叶树种叶片的光合速率和吸收光能的分配 [J]. 植物生态学报，2008，32（2）：413-423.

[8] 张卫强，曾令海，王明怀，等．东江中上游主要造林树种光合生理特征 [J]. 生态环境学报，2011，20（1）：51-57.

[9] 芮雯奕，田云录，张纪林，等．干旱胁迫对 6 个树种叶片光合特性的影响 [J]. 南京林业大学学报（自然科学版），2012，36（1）：68-72.

[10] 冯慧芳，薛立，任向荣，等．4 种阔叶幼苗对 PEG 模拟干旱的生理响应 [J]. 生态学报，2011，31（2）：371-382.

[11] 宋爱琴，陈圣宾，李振基，等．水分胁迫对生态恢复重要树种木荷与白楸幼苗的影响 [J]. 厦门大学学报（自然科学版 ），2006，45（z1）：109-113.

[12] 王瑜，王思荣，张玲玲，等．铝胁迫对木荷幼苗光合特性的影响及添加盐基阳离子和磷的调节作用 [J]. 热带亚热带植物学报，2014，22（1）：61-67.

[13] 冯丽丽，姚芳芳，王希华，等．低硫氮比酸雨对亚热带典型树种气体交换和质膜的影响 [J]. 生态学报，2011，31（7）：1911-1917.

[14] 王云泉，田磊，仲磊，等．东白山自然保护区木荷——马尾松群落结构及物种多样性分析 [J]. 浙江大学学报（理学版），2015，42（1）：38-46.

[15] 杨永川，达良俊，陈波．天童米槠——木荷群落主要树种的结构及空间格局 [J]. 生态学报，2006，26（9）：2927-2938.

[16] 胡砚秋，李文斌，崔佳玉，等．亚热带常绿阔叶林优势种个体及生物量的点格局分析 [J]. 生态学报，2016，36（4）：1066-1072.

[17] 蒋宗好，郭存银．木荷扦插试验 [J]. 福建林业科技，1996，23（3）：72-74.

[18] 张汉永，江彩华，张钦源．木荷无性繁育技术试验初报 [J]. 广东林业科技，2015，31（1）：68-71.

[19] 谢惜媚，陆慧宁．木荷花挥发性成分的 GC-MS 分析 [J]. 热带亚热带植物学报，2008，16（4）：373-376.

三十六、朴树

（一）名称

celtis sinensis Pers.，属名：*celtis*［拉］植物原名，［希］甘美的果实。朴属（榆科）；种加词，*sinensis*，中国的。命名人 Pers.（Christiaan Hendrik Persoon，1761—1836）为荷兰植物学家和真菌分类学家，出生于南非的好望角，是美洲的父亲与荷兰的母亲所生的第二个孩子。出生后不久，他的母亲去世，他 13 岁时到欧洲接受教育，一年后父亲去世。最初在哈利学习神学，22 岁到莱顿和哥廷根转学医学。1802 年搬到了巴黎，在那里度过了一段一生中特殊的时光，虽然此时的他已经是欧洲有名的植物学家，但经济十分困难，加上未婚、失业、贫困，他不得不捐出个人标本室及美丽橙色的房子，而租住在一个贫民区一样房子的顶屋。他最初的著作是 *Abbildungen der Schwamme*，1790 年、1791 年、1793 年分三部分发表。1805 年和 1807 年，他出版了两卷 *Synopsis plantarum*，同时描述了 20 000 种植物形态。但他的开创性工作在真菌，1801 年他完成了巨著 *Synopsis methodica fungorum*，是研究锈菌目黑粉菌的开篇之作。1815 年，他被选为瑞典皇家科学院成员。为了纪念他在植物学方面的贡献，“*persoonia*”属就是以他的名字命名的，这个属是澳大利亚的小乔木和小灌木。

英文名称：Chinese Hackberry。

别名：黄果朴、白麻子、朴、朴榆、沙朴。

（二）文化

黄梅戏电影《天仙配》和电视剧《新天仙配》都曾以朴树作为剧中的“槐荫树”，成了七仙女和董永爱情的见证者，也为朴树增添了一份浪漫的情愫。

朴树寿命长，各地均把寿命长的朴树称为“风水树”“祖宗树”。舟山市共有古树名木 1 689 棵，其中朴树就有 358 棵。舟山市定海区的古树名木种类也相当丰富，主要的树种有樟树、朴树、金桂等，其中樟科樟属的樟树最多，达 84 株，占 38.7%，其次是榆科朴属的朴树，达 26 株，占 12.0%。有些古树为舟山市定海区所特有，如晚稻杨梅；有些古树颇具海岛特色，如赤皮青冈、红楠、朴树等。

位于江苏如东县境内范公堤的南岸，从连云港到长江口，沿黄海的唯一一棵古树，高 16 米，树枝参差错落，矫若游龙，枯枝繁茂，远看蓬松如帐，故当地群众称之为“蓬蓬树”。这棵树正是朴树。因该树在浩瀚无垠的大海边，几千米之外都能看得到，故沿海渔民把它作为出海远航归来的航标，视之为生命之树，亲切地称它为“平安树”“神树”。它是如东的活菩萨，更是如东沧海夺田的见证。如东县委决定开发其文化价值，以“蓬蓬树”为中心，建立如东县树木博物苑或植物园。这株“蓬蓬树”相传是江南得道高僧于 300 年前所栽。

（三）形态特征

乔木，高达 30 米，树皮灰白色；当年生小枝幼时密被黄褐色短柔毛，老后毛常脱落，去年生小枝褐色至深褐色，有时还可残留柔毛；冬芽棕色，鳞片无毛。朴树的叶多为卵形或卵状椭圆形，但不带菱形，基部几乎不偏斜或仅稍偏斜，先端尖至渐尖；叶柄一样，密生黄褐色短柔毛，老时或脱净或残存，变异也较大。果梗常 2 ~ 3 枚（少有单生）生于叶腋，其中一枚果梗（实为总梗）常有 2 果（多的至具 4 果），其他的具 1 果，无毛或被短柔毛，果也较小，一般直径 5 ~ 7 毫米，很少有达 8 毫米的；核近球形，直径约 5 毫米，具 4 条肋，表面有网孔状凹陷。花期 3—4 月，果期 9—10 月（见图 2–36）。

图 2–36　朴树（A，植株；B，枝条及花序；C，树皮；D，树干：E，果实；F，花药着生方式；G，柱头顶端；H，雌蕊；I，雄蕊；J，花解剖；K，花药）

（四）分布

产于山东（青岛、崂山）、河南、江苏、安徽、浙江、福建、江西、湖南、湖北、四川、贵州、广西、广东、台湾。浙江全省各地均产。舟山群岛除了中街山列岛，各个岛屿都有分布。

（五）生境及习性

朴树喜光照，微耐阴，适应性强；喜深厚肥沃、疏松的土壤，对土壤质地要求不严，能适应微酸性土、微碱性土、中性土和石灰岩土；喜温暖气候和黏质壤土，pH 在 4.5 ~ 7.5 范围内生长良好；根系为深根性，抗风力强；连续 40 余天高温干旱对朴树正常生长影响不大；抗旱力强，也耐水湿和瘠薄，耐寒；朴树病虫害少，寿命长。多生于路旁、山坡、林缘，海拔 100 ~ 1 500 米。

（六）繁殖方法

1. 种子繁殖

赵海明（2015）研究表明，10 月份收集成熟的无病虫害的种子，堆放在一起，使其后熟，到 10 月底或 11 月初搓洗掉果皮和果肉后晾干。点播或条播，翌年春季种子出土。也可沙藏至第 2 年春播种，播种覆土厚为 1 ~ 3 厘米。30 天左右发芽出土。2 ~ 3 年便可出圃。邓元德等（2013）研究认为，室外湿藏和低温湿藏，有利于解除朴树种子的休眠，更显著提升朴树种子的出苗效果。3 月播种，在准备好的苗床内条状点播，筛细土覆盖，以不见种子为宜。播后用喷壶浇透水，苗床上搭好小拱棚，盖好透明塑料薄膜。

2. 扦插繁殖

陈开森等（2015）研究表明，以黄心土为基质，选用下部枝条作插穗，插穗基部经 IBA250 毫克 / 升浸泡 20 分钟等技术措施，可以显著提升朴树硬枝扦插的生根效果。蒋小庚等（2014）研究认为，扦插基质以黄心土：珍珠岩 =2：1，5 年生的母树上穗条扦插生根率高。

（七）价值

1. 园林绿化价值

朴树树体高大、雄伟，树冠宽广，树形美观，绿荫浓郁，成年后颇能显示出古朴的树姿风貌，实为园林建设中极具潜力的优良庭荫树、行道树、配景树。朴树可孤植或丛植，宜栽植于宽广场地，也可选作厂矿污染区绿化及防风、护堤树种。在一些地区也称诱鸟树，朴树果实成熟后，颜色红艳，是鸟类栖息、觅食的佳所。朴树对有毒气体有较强的抗性，尤其对二氧化硫、氟化氢、氯气抗性强，能吸收各种有毒气体，可以阻滞空气中的烟尘，起滤尘作用；可以分泌杀菌素，杀死空气中的细菌、病毒；可以减弱噪声。

2. 经济价值

木材为环孔材，材色淡黄，年轮明显，纹理直，结构粗，材质坚硬，木材干缩率低，重

量和强度中等，加工容易，切削面光滑。可供家具、建筑、枕木、农具等用。茎皮纤维强韧，可制绳索及供造纸、人造棉的原料。叶制土农药，可杀红蜘蛛。树皮含淀粉、鞣质、豆甾醇、植物醇等。种子含油 43%，可榨油供制肥皂、润滑油。

3. 药用价值

在中国和韩国、日本，朴树已作为一种民间药物，被广泛用于治疗胃病、腰痛、腹痛、荨麻疹、湿疹等疾病。朴树的根、皮、叶等部位入药具有清热凉血、消肿止痛、解毒治热的功效，外敷可治疗水火烫伤，还可用于治疗荨麻疹等皮肤疾病。目前，各国学者已从朴树中发现多种具有抗氧化、抗肿瘤、抗菌、抗炎、抑制乙酰胆碱酯酶（AChE）等活性的化学成分。已从朴树中分离得到黄酮类、三萜类、酚类、蒽醌类和酰胺类等化合物（谢莹莹等，2016）。

（八）研究概况

朴树胚胎发育的研究概况，任群等（1991，1993）研究认为，胚胎发育为茄型胚胎发育。合子休眠 20 天后才进行第一次分裂，合子在休眠过程中极性发生逆转。小孢子发生及雄配子体发育均早于大孢子发生及雌配子体发育。胁迫生理研究，周丹丹等（2016）研究认为，朴树叶绿素含量在每个盐胁迫浓度下均显著高于速生白榆；在非环境胁迫及较低盐胁迫条件下，朴树较速生白榆具有更好的光化学性能。郁慧等（2011）研究认为，干旱胁迫对叶绿体和线粒体超微结构的影响，轻度干旱胁迫下，朴树线粒体与叶绿体受损明显，重度胁迫下，朴树细胞内部受损最严重，表明朴树抗旱性较弱。韦小丽等（2005）研究了水分胁迫生理，指出水分胁迫条件下，随胁迫程度加剧，榔榆幼苗的综合抗旱能力最强，青檀次之，朴树较差。关于木材结构的研究，王传贵等（1994）研究了四种榆科树木的材性、木材的解剖特征、物理力学性质、化学成分及加工性质。关于朴树的群落学研究很多，主要有高邦权等（2005）对南京老山国家森林公园朴树种群结构与分布格局的研究，研究指出，朴树的分布格局多为集群分布，生存曲线分析表明：自Ⅱ级向Ⅲ级、Ⅳ级与Ⅴ级的发育过程中，死亡率逐渐降低。朴树种群以Ⅱ级（幼树）数量最多，Ⅰ 级（幼苗）、Ⅲ级（小树）、Ⅳ级（中树）和Ⅴ级（大树）数量很少或缺失，分析了Ⅰ缺失的原因。凌云等（2011）研究指出，朴树种群整体呈增长趋势，存活曲线属 Deevey Ⅱ 型。朴树种群至第Ⅵ龄级时，生存率仅为 0.5%，累计死亡率高达 99.5%，危险率曲线与死亡率和消失率曲线变化情况基本一致，反映朴树种群生长发育过程具有前期薄弱、中期稳定、后期衰退的特点。王林林等（2012）研究表明，朴树受到的种内竞争强度随着林木径级的增大而逐渐减小，朴树的种内竞争强度均小于种间。高浩杰等（2017）对桃花岛 1 公顷固定样地进行调查，分析了 15 个优势种群的生态位特征和种间联结性。结果表明，豹皮樟、红楠和野梧桐具有较大的生态位宽度，而朴树、柘和梾木的生态位宽度较小。闫淑君等（2013，2015）研究认为，朴树根萌苗生长过程中，由于母树根系营养供给的作用，在萌苗生长初期比实生苗生长快，但高度达到 40 厘米以后，这种优势逐渐减小，高度达到 80 厘米以后，生长优势已经不存在，其生长低于实生苗，即朴树根萌苗生长优势随着萌苗的生长而逐渐减小。林下的种子雨总量和完好种子比例均极显著高于林隙内，林隙内南北向的种子雨高于东西向的。朴树在林隙内主要采用实生更新，不是因为种子源比林下多，而是林隙内环境更适合其种子萌发和幼苗生长。

参考文献：

[1] 邓元德，刘志中．朴树种子不同贮藏方法的播种育苗试验 [J]. 福建林业科技，2013，40（3）：97-99，112.

[2] 陈开森，郭华．朴树硬枝扦插繁殖技术研究 [J]. 宜春学院学报，2015，37（6）：88-91.

[3] 蒋小庚，钱之华，邱国金，等．朴树硬枝扦插育苗技术试验 [J]. 中国林副特产，2014（6）：20-22.

[4] 姚和金．城乡绿化的好树种——朴树 [J]．江苏绿化，1997（5）：31.

[5] 任叔辉．朴树在生态园林建设中的应用研究 [J]. 防护林科技，2007（4）：108-109.

[6] 谢莹莹，房仙颖，萧伟，等．朴树化学成分及药理活性研究进展 [J]. 中国药学杂志，2016，51（19）：1635-1637.

[7] 任群，张昭洁，陈永喆，等．朴树的受精作用及胚、胚乳的发育 [J]. 山东大学学报（自然科学版），1993，28（1）：98-102.

[8] 任群，郑亦津，张昭洁．朴树大小孢子发生及雌雄配子体形成 [J]. 山东大学学报（自然科学版），1991，28（4）：467-476.

[9] 周丹丹，刘德玺，李存华，等．盐胁迫对朴树和速生白榆幼苗光合特性及叶绿素荧光参数的影响 [J]. 西北植物学报，2016，36（5）：1004-1011.

[10] 郁慧，刘中亮，胡宏亮．干旱胁迫对 5 种植物叶绿体和线粒体超微结构的影响 [J]. 植物研究，2011，31（2）：152- 158.

[11] 韦小丽，徐锡增，朱守谦．水分胁迫下榆科 3 种幼苗生理生化指标的变化 [J]. 南京林业大学学报（自然科学版），2005，29（2）：47-49.

[12] 王传贵，柯曙华，刘秀梅，等．琅琊山四种榆科树木的材性研究 [J]. 安徽农业大学学报，1994，21（1）：41-51.

[13] 高邦权，张光富．南京老山国家森林公园朴树种群结构与分布格局研究 [J]. 广西植物，2005，25（5）：406-412.

[14] 凌云，张光富，王锐．南京老山国家森林公园朴树种群动态 [J]. 生态与农村环境报，2011，27（2）：28-34.

[15] 王林林，唐坚强，张光富，等．南京朴树林竞争强度及其群落稳定性 [J]. 生态与农村环境学报，2012，28（6）：654-660.

[16] 高浩杰，袁佳，高平仕．舟山群岛次生林优势种群的生态位与种间联结 [J]. 热带亚热带植物学报，2017，25（1）：73 -80.

[17] 闫淑君，洪伟，林勇明，等．闽江口琅岐岛风景区朴树种群天然更新特征 [J]. 林业科学，2013，49（4）：147-151.

[18] 闫淑君，陈莹，陈英，等．闽江口琅岐岛朴树防护林种子雨时空分布特征 [J]. 东北林业大学学报，2015，43（1）：13-16，31.

三十七、刺楸

（一）名称

kalopanax septemlobus（*Thunb.*）*Koidz*，属名：*kalopanax*，[拉]*kalos*，美丽的 + 属名 *Panax*，人参属。刺楸属，五加科；种加词，*septemlobus*，具七裂片的。命名人 Koidz.（Gen' ichi Koidzumi，1883—1953），日本植物学家。他发表的论文与著作大多致力于蔷薇与梅亚科、槭树科的槭树、桑科的桑属以及其他一些植物的植物地理学方面的研究工作。他的名字有时也音译为 Gen'ichi 或 Gen ITI，或直接译为 Koizumi。

英文名称：Septemlobate Kalopanax。

别名：五叶刺枫 / 鼓钉刺（浙江土名），刺枫树（江西土名），刺桐（湖南土名），云楸（河北土名），茨楸、棘楸（吉林土名），辣枫树（广东土名）。

（二）文化

刺楸属于我国二级珍稀濒危保护植物。由于长期过度开发，刺楸这一珍稀树种资源已濒临灭绝，亟须恢复和扩大栽培。刺楸天然资源主要生于山地疏林中，呈少量散生分布状态，很少见有集中成片成块分布，天然更新恢复的速度慢，易成为稀缺资源。国家和一些地方通过立法和建立专门自然保护区对其加以保护，并采取措施恢复和扩大栽培。国家林业和草原局已在《退耕还林工程生态林与经济林认定标准》中把刺楸列为南方地区生态林造林主要乔木树种（周长海，2005）。山东威海发现一刺楸古树群，树龄都在百年以上，有一株竟有 200 年以上。崂山太清宫有一株 700 年的刺楸竟然与两株扁担木共生，在刺楸主干根部长出了两株茁壮挺拔的扁担木。而且，同在太清宫 2100 年的古柏树中间竟然长出一棵凌霄与一棵刺楸，现已“三树合一”，成为太清宫镇宫之宝，也是崂山一景。

（三）形态特征

落叶乔木，高约 10 米，最高可达 30 米，胸径达 70 厘米以上，树皮暗灰棕色；小枝淡黄棕色或灰棕色，散生粗刺；刺基部宽阔扁平，通常长 5 ~ 6 毫米，基部宽 6 ~ 7 毫米，在茁壮枝上的长达 1 厘米以上，宽 1.5 厘米以上。叶片纸质，在长枝上互生，在短枝上簇生，圆形或近圆形，直径 9 ~ 25 厘米，裂片阔三角状卵形至长圆状卵形，长不及全叶片的 1/2，茁壮枝上的叶片分裂较深，裂片长超过全叶片的 1/2，先端渐尖，基部心形，上面深绿色，无毛或几无毛，下面淡绿色，幼时疏生短柔毛，边缘有细锯齿，放射状主脉 5 ~ 7 条，两面均明显；

叶柄细长，长 8 ~ 50 厘米，无毛。圆锥花序大，长 15 ~ 25 厘米，直径 20 ~ 30 厘米；伞形花序直径 1 ~ 2.5 厘米，有花多数；总花梗细长，长 2 ~ 3.5 厘米，无毛；花梗细长，无关节，无毛或稍有短柔毛，长 5 ~ 12 毫米；花白色或淡绿黄色；萼无毛，长约 1 毫米，边缘有 5 小齿；花瓣 5 瓣，三角状卵形，长约 1.5 毫米；雄蕊 5 枚；花丝长 3 ~ 4 毫米；子房 2 室，花盘隆起；花柱合生成柱状，柱头离生。果实球形，直径约 5 毫米，蓝黑色；宿存花柱长 2 毫米。花期 7—10 月，果期 9—12 月（见图 2-37）。

图 2-37　刺楸

（四）分布

分布广，北自东北起，南至广东、广西、云南，西自四川西部，东至海滨的广大区域内均有分布。朝鲜、日本也有分布。在浙江分布于杭州、临安、建德、新昌、宁波、奉化、普陀、天台等地。舟山群岛里除了金塘岛与中街山列岛，其余岛屿均有分布。刺楸木材纹理美观，有光泽，易施工，供建筑、家具、车辆、乐器、雕刻、箱箧等用材。根皮为民间草药，有清热祛痰、收敛镇痛之效。嫩叶可食。树皮及叶含鞣酸，可提制栲胶，种子可榨油，供工业用。

（五）生境及习性

多生于阳性森林、灌木林中和林缘，水湿丰富、腐殖质较多的密林，向阳山坡，甚至岩质山地也能生长。常混生阔叶林内，少见纯林。垂直分布于海拔自数十米起至千余米，在云南可达 2 500 米，通常数百米的低丘陵较多。叶形多变化，有时浅裂，裂片阔三角状卵形，有时分裂较深，裂片长圆状卵形，稀倒卵状长圆形，长不及全叶片的 1/2；茁壮枝上的叶片分裂更深，往往超过全叶片长的 1/2。

（六）繁殖方法

1. 种子繁殖

苗圃地以腐殖土和砂质土壤为好，采种期一般在 9—10 月。采集到的果实可用木板揉搓浆果，并用水冲洗多次，除掉果皮、果肉，然后取出种子，立即放在通风良好的室内或荫棚下晾

干贮藏。播种时间4—5月份将采收的刺楸种子用40 ℃温水和0.5%的稀盐酸溶液浸种48小时。用低温层积催芽（保持10 ℃ ~ 15 ℃的室温）。沙与种比例为3∶1。在地温达到7 ℃ ~ 8 ℃，种子1/3开嘴时播种，一般采用条播，每亩播种量40克/平方米，也可采用撒播。由于种粒小，为了播撒均匀，可连同混沙一起播种，播后覆3 ~ 5毫米厚的河沙或2厘米的土，稻草覆盖，浇水保湿。

2. 扦插繁殖

①根插技术：扦插基质蛭石、珍珠岩混合物，其体积比1∶1。根长度12 ~ 15厘米。根粗度为0.5 ~ 1.5厘米（1 ~ 3年生根）的根穗成活率、生根率均好于粗度为1.5 ~ 2.0厘米的根穗。埋根横插 > 直立竖插 > 斜插。NAA（100毫克/升、200毫克/升）处理的根穗生根率远远高于IBA、ABT处理（杨秀莲，2015）。②茎插技术：基质微酸性至中性沙质壤土作为苗圃比较好。插穗为半木质化枝条，取其直径大于5毫米的枝条上部，每6厘米剪为一段作为插穗，每个插穗要保证有2个以上的芽孢，插穗的上端为平口，下端剪成马耳形，剪口要光滑。每个叶片剪掉3/4。插穗采用ABT生根粉（200×10^{-6}）溶液浸泡2小时即可扦插。刺楸嫩枝扦插的时间为6月下旬，地温以高于15 ℃为宜。

3. 组织培养

顾地周（2009）等研究表明，刺楸组织培养的不同阶段需要不同的培养基。最适合的愈伤组织诱导培养基为C_2D+6–BA(6–苄氨基腺嘌呤)0.50毫克/升+NAA(萘乙酸)1.00毫克/升；愈伤组织增殖培养基为C_2 D+6–BA0.50毫克/升+NAA0.50–1.00毫克/升；愈伤组织诱导再分化培养基为C_2D+6–BA2.50毫克/升+KT（激动素）4.50mgL^{-1}+NAA0.10毫克/升；生根培养基为1/2MS+IBA（吲哚丁酸）0.10毫克/升+IAA（吲哚乙酸）0.10毫克/升；试管苗保存培养基为1/5MS+ABA（脱落酸）2.50毫克/升。

（七）价值

1. 园林绿化价值

刺楸掌形叶，叶色浓绿，叶在夏天为深绿色，秋季为金黄色，树干笔直挺拔，树冠伞形，树姿潇洒大方，花色斑斓，花白色或淡黄色，花序大，由直径约1.5厘米的伞形花序再组成圆锥花序或复伞形花序，周身硬刺，在园林绿化中独具风格，既能体现大自然的野趣，又能防止人和动物攀爬破坏，适合做行道树或园林树木配置，是花叶皆具观赏价值的行道树种和庭院、“四旁”绿化树种。

2. 药用价值

刺楸树根、树皮可入药。树皮含鞣质、黄酮、香豆素、树脂、精油及少量生物碱，树皮含刺楸毒苷（*kalotoxin*）、刺楸皂苷，具有祛风湿、通脉络、收敛止痛功效，可用于风湿性关节炎、腰膝痛、霍乱、赤白痢、脚气等，也可外用于跌打损伤。树皮和叶中富含抗肿瘤、抗菌、抗炎活性和抗类风湿、抗糖尿病作用的单糖链皂苷成分以及能被人体肠胃生物区系代谢为活性成分的双糖链皂苷，有较大的药用价值。

3. 食用价值

刺楸春季的嫩叶采摘后可食用，气味清香、品质极佳，是美味的野菜。刺楸嫩芽中含有丰富的钙、镁、锌、铁等元素，β－胡萝卜素的含量为 25.60 微克 / 升，是一种营养价值较高且污染较少的天然绿色食品（刘广平等，1998）。

4. 木材价值

刺楸木质坚硬细密，花纹明显，是制作乐器、工艺雕刻的良好材料。刺楸木质具有干缩率小、刨面光滑、耐磨性强的物理性能和力学性能。木材结构略粗，颜色花纹美丽，富有韧性，干燥时不易翘曲，加工性能良好，胶接、涂饰着色性能较好，质地坚韧、致密、细腻，具有“木王”和“黄金树”之称，是世界上著名的木材之一，与东南亚的黑檀木、紫檀木和美国的枫木等木材齐名（张鸿宇，2016）。

5. 经济价值

刺楸种子含油量达 38%，可作肥皂或工业用油，树皮及叶含鞣质，可提取栲胶。

（八）研究概况

概括起来主要有以下四个方面。刺楸分类学研究，刺楸有一原变种及 3 变种，即深裂刺楸（*K.septemlobus var.maximowiczi*）、毛叶刺楸（*K.septemlobus var.magnificus*）、毛脉刺楸（*K.septemlobus var.polosus*）。韩国研究人员 Chin-Sung Chang 通过对在日本、韩国的 7 个种源地所采集的 126 个个体的 20 个数量性状的刺楸进行主成分分析，证明刺楸在形态学上具有多样性。朱鸿菊等（2014）研究表明，12 对引物共扩增出 110 条带，其中 102 条显示多态性，多态位点百分率（PPL）为 92.73%；71 份刺楸种质的遗传相似系数（GS）为 0.573 ~ 0.975，平均为 0.882，说明各种质间具有较高的遗传变异；种群间遗传分化系数（GST）为 0.136，表明有 13.6% 的变异存在于种群间，86.4% 的变异存在于种群内，种群内的遗传分化明显大于种群间的遗传分化。UPGMA 聚类表明，71 份种质在相似系数为 0.71 时可以聚为 3 类，总体上来源相同的种质优先聚类，但也存在交叉聚类。刺楸种子休眠的研究表明，休眠的主要原因是胚的分化不完全和未能完成形态成熟。二是种子内部含有抑制剂。黄玉国（1990）研究认为，抑制物质主要是脱落酸（ABA）和香豆素（C），在种子层积的不同阶段又相继有 GA_3、IAA 和 Z 出现。关于刺楸化学成分及生物活性的研究，范艳君等（2011）、杨月等（2004）研究了刺楸树皮的化学成分，分离鉴定了 7 个化合物，而且 4 种为首次获得及刺楸

皂苷 B。孙文基等（1990）研究了其根皮的化学成分，分离到三个皂苷单体，刺楸皂苷 A，一新的三萜皂苷——刺楸皂苷 C。刘剑等（2010）研究了刺楸根的挥发性成分，从刺楸树根和根皮中分别鉴定出 81 种和 76 种化合物，其主要成分均为 γ－橄香烯、反式－β－金合欢烯、α－愈创烯等。刺楸木材材性的研究，薛沛沛等（2011）研究了刺楸的材性，绝干密度为 0.57 克 / 立方厘米，差异干缩为 0.68；抗弯强度、顺纹抗压强度、综合强度、冲击韧性，均为中等；刺楸的综纤维素含量为 82.2%，木素含量为 17.6%；刺楸可作为优质家具材料、装饰材料、造纸原料。刘盛全等（1996）研究认为，应拉木可分为三区，即与髓心较远的应拉区（T 区）、与髓心较近的对应区（O 区）、与 T 区和 O 区相连的两侧区（S 区）；应拉木所含的大量胶质木纤维主要分布在 T 区，T 区木纤维组织比量和基本密度均大于 S 区和 O 区，但顺纹抗压强度最低，干缩系数最大。韩丽娟等（1992）研究了刺楸木材解剖学，指出其木材为环孔材，次生木质部中导管具单穿孔板，木薄壁组织丰富，不仅有离管型，而且有旁管型；木射线为异形 I 及异形 Ⅱ。关于刺楸生理生态学等研究，王增梅等（2013）研究了刺楸抗旱性，李春辉等（2012）研究了刺楸的抗寒性，与其他树种相比，刺楸抗旱性最差。

参考文献：

[1] 顾地周，高捍东，姜云天．刺楸组培快繁及试管苗保存培养基的筛选 [J]．浙江大学学报（农业与生命科学版），2009，35（4）：414-419.

[2] 张鸿宇．刺楸的应用与育苗技术 [J]．辽宁林业科技，2016（5）：74-75.

[3] 王成艳，李云国，单永生，等．刺楸嫩枝扦插苗木繁育技术探讨 [J]. 绿色科技，2012（12）：178.

[4] 杨秀莲，周 程，辛昊阳，等．刺楸根插育苗技术 [J]．江苏农业科学，2015，43（7）：200-202.

[5] 白树人，刘淳浩，高广民，等．刺楸播种育苗技术 [J]. 绿色科技，2011（3）：66.

[6] 刘广平，孙吉红．刺楸营养成分分析 [J]. 东北林业大学学报，1998，26（3）：65-67.

[7] 朱玮，贾夏，张鞍灵，等．刺楸属植物化学成分及生物活性研究进展 [J]．西北林学院学报，2004，19（3）：119-124.

[8] 朱鸿菊，张勇杰，臧德奎．刺楸种质资源遗传多样性的 SRAP 分析 [J]．甘肃农业大学学报，2014（1）：105-110.

[9] 黄玉国，王文章．刺楸种子层积过程中内源植物激素的动态变化及激素在种子休眠中的作用 [J]. 植物研究，1990，10（4）：121-129.

[10] 许绍惠，韩忠环．刺楸种子沙藏过程中胚的发育与休眠 [J]．沈阳农业大学学报，1988，19（2）：29-34.

[11] 黄玉国．刺楸种子胚休眠的研究 [J]．东北林业大学学报，1986，14（1）：39-44.

[12] 范艳君，程东岩，王隶书．刺楸树皮的化学成分 [J]．中国实验方剂学杂志，2011，17（24）：92-96.

[13] 孙文基，张登科，沙振方，等．刺楸根皮中皂甙的化学成分研究[J]. 药学学报，1990，25（1）：29-34.

[14] 刘剑，刘纳纳，杨虹傑，等．GC-MS分析刺楸树根和根皮中挥发性成分[J]. 安徽农业科学，2010，38（34）：19284-19286.

[15] 杨月，蒋小军，李丽．刺楸茎皮中皂苷的化学成分初步研究[J]. 华夏医学，2004，17（4）：501-502.

[16] 薛沛沛，温中斌，李月文，等．重庆市梁平县刺楸材性研究[J]. 中国林副特产，2011（5）：69-71.

[17] 刘盛全，江泽慧．刺楸木材应拉木材性研究[J]. 林业科学，1996，32（5）：470-475.

[18] 韩丽娟，陆静梅，朱俊义，等．长白山产刺楸木材的解剖学研究[J]. 东北师大学报（自然科学版），1992（4）：87-89.

[19] 李春辉，董研，杜凤国，等．刺楸与东北地区几种主要树种抗寒性比较[J]. 北华大学学报（自然科学版），2012，13（1）：98-101.

[20] 王增梅，董研，杜凤国，等．刺楸与东北地区几种主要树种抗旱性比较[J]. 北华大学学报（自然科学版），2013，14（6）：709-712.

三十八、龙须藤

（一）名称

bauhinia championii，属名：bauhinia，命名人 Benth.（George Bentham，1800—1884.）是英国植物学家（此人前文已述，此处不再赘述）。1857 年，英国政府制定一个用英语描述英占领地区土生植物的规划，边沁于 1861 年写出了第一部著作《香港植物》，包括很少人知道的香港巴豆，接着他于 1863—1878 年写出 7 卷本的《澳大利亚植物》，从 1862—1883 年他写出了最长的著作《植物分属》，从 1853—1858 年，他写出了最著名的著作《不列颠植物手册》，多次再版，被学生用了将近一个世纪。1859 年，他被英国皇家学会授予皇家奖章，1862 年被选为皇家学会会员，1878 年被授予圣米迦勒及圣乔治勋章，1879 年被澳大利亚新南威尔士皇家学会授予克拉克奖章。

英文名称：Champion Bauhinia。

别名：菊花木、五花血藤、圆龙、蛤叶、乌郎藤、罗亚多藤（广东），百代藤（广东、海南），乌皮藤、搭袋藤（广西），钩藤（湖南、台湾），田螺虎树（江西、植物名实图考）。

（二）文化

龙须藤植物的根系很发达，穿透力强，常生于岩石、石缝及崖壁上，能翻山过岭，人称

"过江龙"。叶形稀奇有趣，叶片先端开叉，像一只只可爱的小羊蹄，故名"羊蹄藤"。叶片开叉的先端，还似一只只飞翔着的小燕子尾巴，因此又称"燕子尾"。龙须藤茎横切片的花纹就像一朵朵梅花，漂亮极了，还能入药，治风湿骨痛，因此又名"梅花入骨丹"。其多年生的茎呈茶褐色，纹理细，横斜断面木质部与韧皮部交错呈菊花状，故又称为"菊花木"，常用作手串、手杖、烟盒、茶具等，纹理非常漂亮、独特。龙须藤是很好的蜜源植物，花蜜呈琥珀色，有一种特殊的药草香味，味道甜中微带清苦，舒口爽喉，回味悠长，是风味独特的珍奇天然营养食品，富含矿物质，能清热解毒，对咽喉炎、肺热咳嗽、便秘有良好的疗效，在众多的蜂蜜品种中独树一帜，被誉为"南国一绝，蜜中上品"。

（三）形态特征

藤本，有卷须；嫩枝和花序薄被紧贴的小柔毛。叶纸质，卵形或心形，长 3 ~ 10 厘米，宽 2.5 ~ 6.5 厘米，先端锐渐尖、圆钝、微凹或 2 裂，裂片长度不一，基部截形、微凹或心形，上面无毛，下面被紧贴的短柔毛，渐变无毛或近无毛，干时呈粉白褐色；基出脉 5 ~ 7 条；叶柄长 1 ~ 2.5 厘米，纤细，略被毛。总状花序狭长，腋生，有时与叶对生或数个聚生于枝顶而成复总状花序，长 7 ~ 20 厘米，被灰褐色小柔毛；苞片与小苞片小，锥尖；花蕾椭圆形，长 2.5 ~ 3 毫米，具凸头，与萼及花梗同被灰褐色短柔毛；花直径约 8 毫米；花梗纤细，长 10 ~ 15 毫米；花托漏斗形，长约 2 毫米；萼片披针形，长约 3 毫米；花瓣白色，具瓣柄，瓣片匙形，长约 4 毫米，外面中部疏被丝毛；能育雄蕊 3 枚，花丝长约 6 毫米，无毛；退化雄蕊 2 枚；子房具短柄，仅沿两缝线被毛，花柱短，柱头小。荚果倒卵状长圆形或带状，扁平，长 7 ~ 12 厘米，宽 2.5 ~ 3 厘米，无毛，果瓣革质；种子 2 ~ 5 颗，圆形，扁平，直径约 12 毫米。花期 6—10 月，果期 7—12 月（见图 2–38）。

（四）分布

产于浙江、台湾、福建、广东、广西、江西、湖南、湖北和贵州。印度、越南和印度尼西亚也有分布。模式标本采自香港。浙江省分布于东部沿海地区和中部以南各地。舟山群岛只分布于普陀山与朱家尖。

（五）生境及习性

生于低海拔至中海拔的丘陵灌丛或山地疏林和密林中。喜光照，较耐阴，适应性强，耐干旱瘠薄。龙须藤实生小苗移栽定植的第 1 年主要是根系生长，地上新枝叶生长较慢，新枝只能长到架顶。第 2 年植株生长速度加快，主干增粗至 2 厘米，架顶开始发出很多新枝叶。第 3 年主干增粗至 4 厘米，大量发新枝叶，覆盖面积增大。第 4 年后，单株覆盖面积可达 5 平方米以上，遮阴效果十分理想。因此，一般要在定植后的第 3 年才有遮阴效果。

图 2-38　龙须藤（植株及花序）

（六）繁殖方法

1. 扦插繁殖

将枝条截成长 0.5 米的段，枝条下部用生根剂浸泡 12 小时后，应立即扦插于土中，入土部分 0.3 米即可。上部截断面用白乳胶涂抹，然后用塑料薄膜包好。扦插苗可直接定植。扦插后的苗要特别注意保持土壤湿度。用这种方法繁殖成活率可达 80%。

2. 分株繁殖

从原生地将老兜连根挖起，尽量多保留须根，根部分为 2 ～ 3 株，可不带泥土，地上部主茎可留长 1 ～ 2 米，保留 1 ～ 3 个侧枝，将茎干上的其他小枝及叶全部去掉，植株根部打上泥浆，尽快移栽，栽前注意整株保湿。定植坑深 0.6 米、宽 0.8 米，栽后用白乳胶涂抹在藤干的横截断面处，再用塑料薄膜包好，避免失水太多。用这种方法移栽成活率可达到 100%。

3. 种子繁殖

种子繁殖极度容易，可以随采随播，也可以春季播种，出苗率达 90%。实生苗第 1 年主

要为根系生长，地上部分生长较慢，第 2 年生长加快，第 3 年主干明显增粗，第 4 年已经达到明显的遮阴效果。

（七）价值

1. 园林绿化价值

在浙江舟山海拔 100 米以下地区栽培，冬季常绿不落叶。适用于大型棚架、绿廊、墙垣等攀缘绿化。可作堡坎、陡坡、岩壁等垂直绿化，也可整形成不同形状的景观灌木或用于隐蔽掩体绿化。还可用于高速公路护坡绿化，形成独特的景观（陈斌，2016）。

2. 药用价值

畲医病证论治中针对痹症治疗的特色药，其性平、苦涩，无毒，具有祛风除湿、活血止痛、健脾理气等功用。化学成分主要为黄酮类、氰苷、没食子酸等，多甲氧基黄酮类成分具有镇痛抗炎作用。根据闽南名医黄金钢验方，以龙须藤为主要成分的康美肤烧伤膏在临床上具有良好的治疗烧、烫伤的作用。

3. 蜜源植物

龙须藤（九龙藤）花期第一次摇出的蜜含有其他杂蜜，第三次摇出的蜜才是真正意义上的龙须藤（九龙藤）蜜。品质优良、质地纯净的龙须藤（九龙藤）蜜呈深琥珀色，晶莹剔透，在光线明亮的时候能看到青菜叶的浅浅的绿。龙须藤（九龙藤）蜜气味清香，鲜爽的、淡淡的清香沁人心脾。品质上乘的龙须藤（九龙藤）蜜入口香醇、鲜美中带一丝丝的龙须藤（九龙藤）根的苦味（欧海珠，2015）。

4. 经济价值

藤可以做手杖、烟盒、茶具等。

（八）研究概况

关于龙须藤的生药学研究，潘历辉等（1992）研究认为，龙须藤横断面切面为梅花纹理，常有三生构造。组织中含有大量的分泌细胞。射线及薄壁细胞中含有结晶。关于龙须藤化学成分的研究概况，徐伟等（2013）研究认为，分离得到 7 个化合物，分别鉴定为 β－谷甾醇、胡萝卜苷、正三十烷、正六十烷、槲皮素、杨梅素和 *oblongixanthone A*。白海云等（2005）分离并鉴定了 5 个化合物 *2，4，6-trimethoxyphenol1-O-β-D-（6’-O-galloyl）-glucopyranoside*，*（+）-lyoniresinol*，*daucosterol*，*β-sitosterol*，*gallic acid*。关于龙须藤的传粉生态学研究，张奠湘等（1998）研究认为，传粉者包括数种蜂类及蝴蝶类昆虫。龙须藤的柱头对花粉的接收高峰大体上与传粉昆虫的活动高峰相吻合。杨彩霞等（2016）认为，含 7 种黄酮 5，6，7，5’－四甲氧基－3’，4’－亚甲二氧基黄酮，5，6，7，3，4’，5’－六甲氧基黄酮，5，7，3’，4’，5’－五甲氧基黄酮，5，6，7，3’，4’－五甲氧基黄酮（甜橙素），5，7，4’－三甲氧基黄酮，5，7，3’，4’－四甲氧基黄酮，(—)－表阿夫儿茶素。关于龙须藤光合特性的研究，廖盛厦等（2010）研究认为，龙须藤日变化曲线春季和冬季呈“单峰”型，夏季和秋季呈“双峰”型，都有明显的光合“午休”现象。张中峰等（2009）研究认为，九龙藤表现为弱阳性特点，其具有较高的表观量子效率和较低的光补偿点，对光能的利用效率和耐阴性均强。关于龙须藤药用价值的研究，高杰等（2014）研究认为，九龙藤黄酮对心肌缺血再灌注损伤具有显著的保护作用。张婵等（2016）认为，九龙藤黄酮可抑制程序性坏死、抗心肌缺氧/复氧损伤，其机制可能与提高总抗氧化力，降低肿瘤坏死因子－α 的含量，下调受体相互作用蛋白激酶 3 蛋白表达，降低细胞坏死率有关。林炜鑫等（2014）认为，九龙藤总黄酮对缺氧/复氧心肌损伤具有保护作用。其机制可能与调节诱导型一氧化氮合酶、核转录因子－κ β 信号通路，上调 Bcl-2. 下调 Bax 和核转录因子－κ B 蛋白表达，抑制心肌细胞凋亡有关。刘俊法等（2016）认为，九龙藤总黄酮能够有效改善缺氧/复氧损伤心肌细胞形态、提高细胞存活率、改善抗氧化酶活性、抑制氧化应激损伤、降低细胞凋亡率，提示九龙藤总黄酮对心肌细胞缺氧/复氧损伤具有剂量依赖性的保护作用。孙瑶等（2015）认为，九龙藤总黄酮预处理可促进缺血期自噬发生及抑制再灌注时自噬过表达，从而减轻心肌缺血/再灌注损伤。

参考文献：

[1] 陈斌．龙须藤栽培及园林应用 [J]. 中国花卉园艺，2016（2）：51.

[2] 潘历辉，卢伟，包国荣，等．龙须藤的生药学研究 [J]. 福建中医药大学学报，1992，2（3）：170-172.

[3] 徐伟，李煌，褚克丹，等．龙须藤的化学成分研究 [J]. 天然产物研究与开发，2013，25：1209-1211.

[4] 白海云，詹庆丰，夏增华，等．九龙藤化学成分研究（Ⅰ）[J]. 中国中药杂志，2005，30（1）：42-43.

[5] 张莫湘．龙须藤传粉生态学的初步研究 [J]. 热带亚热带植物学报，1998，6（3）：22 1-224.

[6] 杨彩霞，范津铭，杨军辉，等．九龙藤中黄酮类化合物的研究 [J]. 西北师范大学学报（自然科学版），2016，52（1）：75-78.

[7] 廖盛厦，李军伟，杨红兰，等．龙须藤净光合速率日变化及其主要影响因子 [J]. 广西师范大学学报（自然科学版），2010，28（3）：61-65.

[8] 张中峰，黄玉清，莫凌，等．岩溶区 4 种石山植物光合作用的光响应 [J]. 西北林学院学报，2009，24（1）：44-48.

[9] 高杰，付丽香，李冬兰，等．九龙藤黄酮对大鼠心肌缺血再灌注损伤的保护作用 [J]. 中国医院药学杂志，2014，34（3）：175-178.

[10] 张婵，翟慧源，简洁．九龙藤黄酮对坏死心肌缺氧／复氧损伤的影响 [J]. 中国药学杂志，2016，51（4）：284-288.

[11] 方瑜，孙瑶，简洁．九龙藤总黄酮对垂体后叶素致大鼠急性心肌缺血的保护作用 [J]. 中国药理学通报，2013，29（11）：1592-1596.

[12] 林炜鑫，廖月，李冬兰，等．九龙藤总黄酮对缺氧／复氧心肌损伤的作用 [J]. 中国药学杂志，2014，49（1）：36-39.

[13] 刘俊法，郝亚逢，李杨．九龙藤总黄酮对乳鼠心肌细胞缺氧／复氧损伤的保护作用 [J]. 世界中西医结合杂志，2016，11（3）：325-329.

[14] 欧海珠．桂北地区秋季野生蜜源植物九龙藤 [J]. 中国蜂业，2015，66（3）：39-40.

三十九、赤楠

（一）名称

syzygium buxifolium Hook. et Arn. 属名：*syzygium*[希]syzygois，愈合的。蒲桃属（桃金娘科）；（种加词，*buxifolium*，黄杨叶的。）命名人 1：Hook.（William Jackson Hooker，1785—1865）是英国植物学家。胡克出生于诺里奇，父亲是一位神学家，精通德国文学，尤其喜好种植稀奇的植物。他在诺里奇中学毕业后，学习了鸟类学和昆虫学，后来开始对植物感兴趣。1809 年夏季，他到冰岛考察，搜集了许多标本，但回程时发生了火灾，差点丧命，标本几乎都被毁，但他凭记忆写出了《冰岛记游》，记录了冰岛的植物和居民生活。1814 年，他用了 9 个月时间到法国、瑞士和意大利考察植物。1816 年，他出版了第一部学术著作《英国叶苔属》。1820 年，他受聘担任格拉斯哥大学的植物学教授。第二年，出版了《苏格兰植物》，发起成立了格拉斯哥皇家植物学会和格拉斯哥植物园。1841 年，他被任命为皇家植物园首任园长，在他的主持下，皇家植物园从 4 万平方米扩大到 30 万平方米，种植面积达 110 万平方米，建立了许多新温室和一个经济植物博物馆。他的园长职务后来由他的儿子，同样是著名的植物学家约瑟夫·道尔顿·胡克接替了。命名人 2：Arn.（George Arnott Walker Arnott，1799—1868），苏格兰植物学家。中学毕业于米尔纳索特教区爱丁堡高中，是职业植物学家，其爱人也是苏格兰植物学家。他在格拉斯哥大学任植物学教授，精通研究北美与印度植物。

英文名称：Boxleaf Syzygium。

别名：牛金子、鱼鳞木、赤楠、山乌珠。

（二）形态特征

灌木或小乔木；嫩枝有棱，干后黑褐色。叶片革质，阔椭圆形至椭圆形，有时阔倒卵形，长 1.5 ~ 3 厘米，宽 1 ~ 2 厘米，先端圆或钝，有时有钝尖头，基部阔楔形或钝，上面干后暗褐色，无光泽，下面稍浅色，有腺点，侧脉多而密，脉间相隔 1 ~ 1.5 毫米，斜行向上，离边缘 1 ~ 1.5 毫米处结合成边脉，在上面不明显，在下面稍突起；叶柄长 2 毫米。聚伞花序顶生，长约 1 厘米，有花数朵；花梗长 1 ~ 2 毫米；花蕾长 3 毫米；萼管倒圆锥形，长约 2 毫米，萼齿浅波状；花瓣 4 瓣，分离，长 2 毫米；雄蕊长 2.5 毫米；花柱与雄蕊同等。果实球形，直径 5 ~ 7 毫米。花期 6—8 月（见图 2–39）。

（三）产地

产于安徽、浙江、台湾、福建、江西、湖南、广东、广西、贵州等省区。生于低山疏林或灌丛。分布于越南及日本琉球群岛。浙江全省各地均有分布。舟山群岛分布于普陀山、朱家尖、桃花岛、金塘岛。

图 2–39　赤楠（植株、果实、花及花序）

（四）生境及习性

生于 500 米以下的山坡林下，沟边或灌木丛中。喜光，也耐阴、耐湿，适宜温暖湿润的气候环境。耐高温，不耐严寒，短期可忍耐 –13 ℃的极端低温，但稍长时间的 0 ℃以下低温会使其受到严重冻害。赤楠喜酸性、深厚且富含有机质的土壤，忌施浓肥，生长速度较慢。

（五）繁殖方法

1. 扦插繁殖

插穗选择，当枝条半木质化时即可剪取穗条，剪口选在当年春梢与去年秋梢的交界处，舟山地区剪取穗条时间为 6 月（陈斌 2011）。穗条长度为 2.5 厘米，上端保留 2 个侧芽、2 片对生叶片。基质配方为苇末：蛭石：珍珠岩：黄心土：有机肥（体积比）=3 ：1 ：1 ：4 ：1，加入一定的水量，保持湿润，搅拌均匀。采用萘乙酸 7+ 吲哚乙酸 2+ABT6 号生根粉 1，浓度

200 毫克 / 升，速蘸 2 秒。每穴或每个网袋扦插 1 个穗条，扦插深度 2 厘米，扦插 38 天后发根（陈慧芳等,2014）。练发良等（2014）认为，以吲哚丁酸 400 毫克 / 升为激素，处理插条，生根率最高，可以达到 73.3%。

2. 种子繁殖

用种子繁殖比扦插更容易，繁殖系数更高。每年仲秋后，采下呈紫黑色已完全成熟的赤楠果，播入准备好的疏松透气的微酸性砂质土壤中，注意保温保湿，等到次年春季气温达 20 ℃以上时就会萌芽生长；也可将采后的种子阴干，等到次年春季再播，一般出芽率在 90% 以上（刘玮等，2009）。

（六）价值

1. 园林绿化价值

叶木类树桩盆景的上等材料，而且是庭院、园林等地绿化的优良树种，可用作地被植物，春季新芽和新叶为红色，夏季叶绿色、黄绿色，具观赏性。赤楠作为盆景有以下优点：①具有明显的物候季相变化，观赏价值高，三叶赤楠萌芽早，休眠晚，全年生长期长；②赤楠对环境适应性强，既耐阴又耐高温、耐旱、耐湿；③枝干苍劲古朴，移栽成活率较高；④萌芽力强，耐修剪。

2. 经济价值

赤楠材质坚硬，木材细致，又是制作家具、木雕、根雕、印章等的上等用材。

3. 药用价值

可药用部位是根、茎、叶。具健脾、利湿、平喘之功效，还有一定的药用价值，其根还可治烫火伤，叶可治手指疮。临床报道称，赤楠对消除肝病和蜘蛛痣也有一定的疗效。木栓酮，β－谷吊醇，乌苏酸，19α－轻基乌苏酸，齐墩果酸及胡萝卜苷为五环三萜，它们有明显的护肝作用和显著的抗癌作用。

4. 食用价值

赤楠果可生食，风味酸甜。赤楠鲜果肉中的总糖含量达 113.8 毫克 / 克；总灰分和 VC 等含量高于一些常见水果；其含有营养保健作用元素 Ca、Mg、Co、Mn、Fe、Ni 及 Se 等，且含量均较高，K/Na、Zn/Cu 比与健康饮食标准相符；果肉中的粗蛋白质含量较高，且氨基酸组成多样、含量丰富，EAA/TAA 达 39.7%，必需氨基酸的组成及含量均与 WHO/FAO 的氨基酸模式接近，与标准蛋白的贴近度也较高；营养指数高达 2.07，必需氨基酸指数、生物价和氨基酸比值系数分等均较高。可见，赤楠果具有较高的蛋白质营养价值。黄晓冬（2003）等研究了赤楠果实红色素的性质及其稳定性，主要成分为花色素苷类，为水、醇兼溶性色素，色素颜色在酸性环境 pH<4 时稳定地呈现亮丽的紫红，故可应用于酸性食品与饮料。

（七）研究概况

关于赤楠化学成分的研究进展，周法兴等（1998）研究表明，从赤楠的茎和根部的乙醇提出物中，分离和鉴定了6个化学成分，分别为木栓酮、β-谷甾醇，乌苏酸、19α-羟基乌苏酸、齐墩果酸和胡萝卜苷。黄晓冬等（2003）研究表明，叶中的总黄酮含量最高，高达7.43%，具有潜在的研究与开发价值。黄晓冬（2007）研究表明，赤楠叶含有石竹烯，α-瑟林烯，β-瑟林烯，柯巴烯。对金黄葡萄球菌、枯草芽孢杆菌、大肠杆菌、普通变形杆菌、藤黄八叠球菌具有较强的抑杀活性。关于赤楠药用的研究概况，黄晓冬等（2003，2007）研究表明，赤楠叶醇提物种子醇提液对黄曲霉、青霉、黑曲霉等霉菌无抗菌作用，对金黄色葡萄球菌、枯草芽孢杆菌、大肠杆菌、普通变形杆菌、八叠球菌等细菌具有较强的抗菌活性，其抗菌作用强于同株的茎醇提物。关于赤楠生理抗性的研究概况，廖浩斌等（2015）研究了其耐涝能力，赤楠蒲桃叶片光亮，灌丛形态浓密雅致，具备一定的耐涝能力，可用于浅水区域及驳岸绿。陈斌等（2013）研究了舟山5种植物耐涝性，得出5树种的抗涝性强弱顺序：厚叶石斑木＞赤楠＞滨柃＞钝齿冬青＞柃木。高大海等（2013）研究了赤楠的抗旱性，指出同等条件下，5树种抗旱性强弱依次排序：赤楠＞滨柃＞厚叶石斑木＞钝齿冬青＞柃木。蔡静如等（2015）研究表明，6种灌木抗旱性强弱依次排序：赤楠蒲桃＞方枝蒲桃＞穿破石＞粉团蔷薇＞伞房决明＞台湾榕。赤楠的群落学研究，杨云方等（2013）研究表明，研究区植物群落种群分布格局基本上以集群分布为主，赤楠种群在大于47 ~ 60米尺度下呈现随机分布。整个群落的聚集强度明显小于单种的聚集强度；种群种间关系以负关联为主，这说明种间竞争激烈，物种更替频繁，群落组成和结构不稳定。

参考文献：

[1] 陈慧芳，李金金，张光泉，等．赤楠扦插繁殖[J]. 中国花卉园艺，2014（6）：40-42.

[2] 练发良，雷珍，徐必．赤楠扦插繁殖试验[J]. 河北农业科学，2008，12（10）：25-26.

[3] 刘玮，谢冰，邓光华．盆景特色树种——赤楠研究进展[J]. 安徽农业科学，2009，37（30）：14678-14679，14681.

[4] 黄晓冬．赤楠果肉主要营养成分分析及评价[J]. 植物资源与环境学报，2007，16（2）：78 -80.

[5] 黄晓冬，刘剑秋，陈炳华，等．赤楠果实红色素的性质及其稳定性[J]. 福建师范大学学报（自然科学版），2003，19（3）：82-87.

[6] 黄晓冬．赤楠叶醇提物抗菌活性及成分总黄酮的研究[J]. 泉州师范学院学报，2007，25（4）：98-102.

[7] 廖浩斌，蔡静如，钱瑭璜，等．4种蒲桃属植物幼苗耐涝能力分析[J]. 福建林业科

技，2015，42（4）：1-5.

[8]陈 斌，高大海，贺位忠，等．舟山海岛5 种地被植物抗涝性研究[J]. 浙江林业科技，2013，33（6）：67-69.

[9]高大海，陈斌，贺位忠．柃木等 5 种地被植物的抗旱性研究[J]. 浙江林业科技，2013，33（1）：49-51.

[10]蔡静如，钱塘璜，雷江丽．5 种乡土灌木对模拟干旱胁迫的生理响应[J]. 江西农业学报，2015，27（2）：30-36.

[11]杨云方，丁晖，徐海根，等．武夷山典型常绿阔叶林 4 个主要植物种群点格局分析[J]. 生态与农村环境学报，2013，29（2）：184-190.

四十、枫香

（一）名称

liquidambar formosana Hance 属名：*liquidambar* [拉]*liquidus*，液体。+*amber*，琥珀。枫香属（金缕梅科）；（种加词，*formosana*，台湾的。）命名人是 Hance，（1827—1886），植物学家，英国外交官。他具有很高的语言天赋。他把全部闲暇时间都用在植物学研究上，从而大大增加了对中国植物区系的认识。他对 Bentham 的香港植物志做了补充，其中包含了 75 个新的植物种类。他是《植物学杂志》《自然科学纪事》及其他科学期刊的忠实撰稿人。Joseph Hooker 说："关于 Hance 博士植物学上的造诣和他的劳动价值，我可以用很高的术语评价。"多年来，他把所有的业余时间都用来研究中国植被。在掌握植物结构和描述植物学术语方面显示出超凡能力。同时，从植物学和经济学的角度，丰富了英国的科学期刊，列出了新的有意义的植物。在这一切中，他试图以鉴定和诊断的精确性为目标，并努力做到了这一点，这样就不可能在他所描述的植物的认识中失败。他的标本，包括超过 2.2 万种不同的物种或品种，已提供给大英博物馆的受托人。他用业余时间在中国和中国香港地区研究植物。Hance 生于伦敦，1845 年到中国香港任职公务员，后来历任英国驻黄埔副领事、驻广州署理领事、驻厦门署理领事，1886 年在厦门去世。Hance 出版了乔治·边沁的 1861 香港植物志的补充。1857 年，Berthold Carl Seemann 以他的名字命名了大戟科 *Hancea* 属以纪念他在植物学领域的贡献。1875 年，他发现并命名和描述了小花鸢尾 *Iris speculatrix* 。

英文名称：Beautiful Sweetgum

别名：枫树。

（二）形态特征

落叶乔木，高达 30 米，胸径最大可达 1 米，树皮灰褐色，方块状剥落；小枝干后灰色，被柔毛，略有皮孔；芽体卵形，长约 1 厘米，略被微毛，鳞状苞片敷有树脂，干后棕黑色，有光泽。叶薄革质，阔卵形，掌状 3 裂，中央裂片较长，先端尾状渐尖；两侧裂片平展；基部心形；上面绿色，干后灰绿色，不发亮；下面有短柔毛，或变秃净仅在脉腋间有毛；掌状脉 3 ~ 5 条，在上下两面均显著，网脉明显可见；边缘有锯齿，齿尖有腺状突；叶柄长达 11 厘米，常有短柔毛；托叶线形，游离，或略与叶柄连生，长 1 ~ 1.4 厘米，红褐色，被毛，早落。雄性短穗状花序常多个排成总状，雄蕊多数，花丝不等长，花药比花丝略短。雌性头状花序有花 24 ~ 43 朵，花序柄长 3 ~ 6 厘米，偶有皮孔，无腺体；萼齿 4 ~ 7 个，针形，长 4 ~ 8 毫米，子房下半部藏在头状花序轴内，上半部游离，有柔毛，花柱长 6 ~ 10 毫米，先端常卷曲。头状果序圆球形，木质，直径 3 ~ 4 厘米；蒴果下半部藏于花序轴内，有宿存花柱及针刺状萼齿。种子多数，褐色，多角形或有窄翅（见图 2-40）。

图 2-40　枫香（植株、花、花解剖）

（三）分布

产于我国秦岭及淮河以南各省，北起河南、山东，东至台湾，西至四川、云南及西藏，南至广东。亦见于越南北部，老挝及朝鲜南部及日本。浙江全省各地均有分布。舟山群岛除了册子岛与中街山列岛外均有分布。

（四）生境及习性

阳性树种，且深根性，性喜阳光，幼时稍耐阴，喜温暖湿润气候及深厚湿润的酸性土或

中性土壤；耐干旱瘠薄，不耐水淹，抗风力强，抗大气污染，耐火烧，采伐迹地能天然更新，萌芽力强，伐桩萌发恢复成林，属典型的“荒山先锋”树种。幼时生长缓慢，壮年后生长加快。维护地力明显，生态效益好，是人工种树结构调整的首选树种之一。多生于平地，村落附近，及低山的次生林。枫香树主梢 1 个生长周期中有 3 个较明显的速生期，侧枝的速生期没有主梢明显。

（五）繁殖方法

1. 种子繁殖

11 月采种，当果实由绿色变为黄褐色稍带青色，且尚未开裂时击落采收。采集后在阳光下晾晒 3 ～ 5 天，其间用木锨翻动 2 次，蒴果裂开即可取出种子，然后用细筛将杂质除去，得到纯净种子。之后干藏，翌年 3 月中旬播种。播种前清水浸种 10 分钟，捞出后阴干，以 5% 甲醛稀释液喷洒种子，堆闷 2 小时，清水冲洗，阴干待播。播种方法为条播，将种子于干细土按 1 ∶ 3 比例混合均匀后撒入沟内，然后覆土。覆土厚度为种子的 3 倍。1.3 千克 /667 平方米，覆盖稻草保湿。4 月中旬出齐苗，搭遮阳网。陈考科等（2008）认为，以 60 ℃左右热水浸种一昼夜，浸种后将种子放在盛盒中，上下用通气的物品覆盖，每天用温水淘洗种子二、三次，催芽几天后“裂嘴露白”种达 30% 以上即可播种。

2. 组织培养技术

樊靖等（2014）研究认为，外植体诱导培养基配方为 MS+6-BA1.0 毫克 / 升 +IBA 0.1 毫克 / 升 + 蔗糖 30 克 / 升。增殖培养基配方为 1/2MS+6-BA0.75 毫克 / 升 +IBA0.05 毫克 / 升 + 蔗糖 20 克 / 升。

3. 扦插技术

插条是当年生半木质化侧枝，粗度 0.2 ～ 0.5 厘米，将其剪成 10 ～ 15 厘米长，使之只带 1 ～ 2 片叶子，如叶子较大，可剪去半截。扦插基质为珍珠岩。用多菌灵进行消毒而清洗干净。以 100 毫克 / 千克 NAA 处理扦插枝条，处理时间 30 分钟。张勇（2013）研究认为，IBA 的适宜浓度和浸泡时间分别是 100 毫克 / 升浸泡 8 小时或 300 毫克 / 升浸泡 4 小时。林昌礼等（2012）研究认为，以蛭石为扦插基质，ABT2 号生根粉处理后的扦插苗成活率较高。

（六）价值

1. 观赏价值

枫香树形高大美观，枝叶浓密，季相清晰，是红色观景树种，在城乡环境绿化中宜作庭荫树，可植于山坡、池畔、河旁，可孤植、群植，也可和叶色较深的常绿树或其他秋叶变黄色的色叶树（如银杏、无患子、水杉等）混交配植，呈现红绿、红黄相衬，使景观效果更加鲜艳夺目。

2. 木材价值

枫香树木材纹理通直，细密，色泽鲜艳，抗压，耐腐，防虫，是建筑、器具、木装箱的良好材料。

3. 药用价值

枫香树的根、叶、果均可入药，有活血生肌、止痛、止血、解毒、祛风祛湿、通经活络之效。果序称“路路通”，始载于《本草纲目拾遗》，具有祛风除湿、利水通经之功效，用于关节痹痛、麻木拘挛、水肿胀满、乳少经闭。现代药理研究表明，它有保肝、抑制关节炎肿胀、消炎、消毒等作用。临床上，路路通主要用于止痛、利尿、通乳、抗痉挛等。

4. 天然色素资源

蒋新龙（2011）研究认为，在提取温度 80 ℃条件下，用 50% vol 乙醇溶液（pH 为 1.0）作提取剂，色素提取率为 82.3%。

（七）研究概况

枫香树生药学研究，树皮主含木栓细胞、石细胞、树脂道、纤维；茎主含木栓细胞、韧皮部散生韧皮纤维，树脂道散生，木质部较发达，弧角处形成周木型维管束，髓部主要由薄壁细胞；根横切木栓层 3 ~ 6 列，韧皮纤维成环状排列，散生树脂道，木质部导管径向单向排列（米长忠等，2005）。枫香树化学成分研究，廖圆月等（2014）从枫香树叶中分离得到 8 个化合物，分别鉴定为没食子酸、对羟基苯甲酸、3- 甲氧基 -4- 羟基苯甲酸，3，5- 二羟基 -4- 甲氧基苯甲酸、山柰酚、3，4- 二羟基苯甲酸、3，4- 二羟基 -5- 甲氧基苯甲酸、*3β，23，29-trihydroxy-olean-12-en-28-oic acid-β-D-glucopyranosyl ester*。现已从枫香树中分离得到黄酮化合物 8 种，萜类化合物主要为二萜类、三萜类、环烯醚萜皂苷类。已分离得到的化合物包括木麻黄鞣质、木麻黄鞣宁、特里马素Ⅰ、特里马素 Ⅱ、长梗马兜铃素等酚类化合物 15 种。枫香树药用价值研究进展，钟有添等（2007）枫香树叶对绿脓杆菌、金黄色葡萄球菌、白色葡萄球菌、福氏志贺氏菌、伤寒沙门氏菌、铜绿假单胞菌有较好的抗菌作用，可为临床治疗由金黄色葡萄球菌和绿脓杆菌引起的感染提供参考依据。群落学研究认为：①乔木层与亚乔木层物种总体间存在不显著正联结，乔木层与亚乔木层主要物种间相互独立的种对较多，较少种对显著联结或相关；②乔木层与灌木层物种总体显著正联结，显著关联或相关的种对较多，种对间依赖性较强；③亚乔木层与灌木层物种总体同样存在显著正联结，种对间关系较为紧密。群落垂直层次间物种生态习性和对生境适应的趋同性以及在垂直方向上对生境要求的互补性差异是决定演替前期种对关系的主要因素。

参考文献：

[1] 米长忠，李春艳，杨德胜．枫香树的生药特征研究 [J]. 中国民族民间医药杂志，2005（3）：179-181.

[2] 陈考科，陈振福，吴晓静．枫香大袋苗培育技术 [J]. 安徽农学通报，2008，14（14）：107，111.

[3] 陈莹，朱廷．枫香树播种育苗技术 [J]. 上海农业科技，2016（6）：97，110.

[4] 廖圆月，付辉政，周国平，等．枫香树叶化学成分研究 [J]. 中药材，2014（12）：2219-2221.

[5] 蒋新龙．枫香树叶红色素提取工艺研究 [J]. 中国酿造，2011（2）：139-142.

[6] 钟有添，黄真，张瑞其，等．枫香树叶对金黄色葡萄球菌和绿脓杆菌抑菌作用的观察 [J]. 赣南医学院学报，2007，27（2）：169-271.

[7] 周刘丽，张晴晴，赵延涛，等．浙江天童枫香树群落不同垂直层次物种间的联结性与相关性．植物生态学报，2015，39（12）：1136-1145.

[8] 成铁龙，施季森．中国枫香嫩枝扦插繁殖技术 [J]. 林业科技开发，2003，17（1）：36-37.

[9] 张勇，周宁，李青松．枫香硬枝扦插育苗试验研究 [J]. 安徽农学通报，2013，（21）：70，84.

[10] 林昌礼，温莉娜．枫香不同基质扦插试验研究 [J]. 园艺与种苗，2012（5）：11-12，49.

四十一、化香树

（一）名称

platycarya strobilacea Sieb. et Zucc.，属名：*platycarya* [希]platys，平的，宽的。+*karyon*，胡桃，坚果。化香树属（胡桃科））；种加词，*strobilacea*，似球果的，球果状的。命名人见前文。

英文名称：Dyetree。

别名：花木香（山东），还香树，皮杆条（河南、湖北），山麻柳（四川、贵州），栲香（浙江），栲蒲（福建），换香树（四川），麻柳树（甘肃、陕西），板香树（湖南），化树，花龙树（江苏），化香柳（秦岭植物志），花木香（山东经济植物志）。

（二）文化

化香树属 Platycarya，是胡桃科的寡种属，果实形态独特，明显区别于科内其他属。化石记录表明，在第三纪初即古新世至始新世时期该属植物曾广泛分布于北半球所有大陆，但第四纪冰期后，多数分布地绝迹，仅在东亚幸存，成为东亚特有植物化香树属，曾发表过 6 个种含种下等级，即龙州化香树 *P.longzhouensis*、单叶化香树 *P.simplicifolia*、*P.simplicifolia var.*

ternata、*P.simplicifolia var.coreana*、*P.castaneopsis*、*P.manchesterii*。其中最后 2 个为化石种，其余 4 个是早期分类学处理的种，由于它们仅分布在石灰石生境中，分布区极其狭窄，缺少足够数量的标本，多数学者认为它们是本属内的少数异常突变体，均作为异名处理。《中国植物志》中记述该属两个种：化香树 *Platycarya strobilacea* 和圆果化香树 *P.longipes*。1999 年出版的 *Flora of China* 仅保留了化香树一种，将圆果化香树作为异名处理。2011 年张丽等对化香树、圆果化香树进行了群体数量性状研究，其结果支持将圆果化香树视为异名，归并入化香树。分子谱系地理学研究表明，中国第四纪气候变化后，在现有的化香树属物种分布范围内存在多个冰川避难所。

（三）形态特征

落叶小乔木，高 2 ~ 6 米；树皮灰色，老时则不规则纵裂。二年生枝条呈暗褐色，具细小皮孔；芽卵形或近球形，芽鳞阔，边缘具细短睫毛；嫩枝被有褐色柔毛，不久即脱落而无毛。叶长约 15 ~ 30 厘米，叶总柄显著短于叶轴，叶总柄及叶轴初时被稀疏的褐色短柔毛，后来脱落而近无毛，具 7 ~ 23 枚小叶；小叶纸质，侧生小叶无叶柄，对生或生于下端者偶尔有互生，卵状披针形至长椭圆状披针形，长 4 ~ 11 厘米，宽 1.5 ~ 3.5 厘米，不等边，上方一侧较下方一侧为阔，基部歪斜，顶端长渐尖，边缘有锯齿，顶生小叶具长 2 ~ 3 厘米的小叶柄，基部对称，圆形或阔楔形，小叶上面绿色，近无毛或脉上有褐色短柔毛，下面浅绿色，初时脉上有褐色柔毛，后来脱落，或在侧脉腋内、在基部两侧毛不脱落，甚或毛全不脱落，毛的疏密依不同个体及生境而变异较大。两性花序和雄花序在小枝顶端排列成伞房状花序束，直立；两性花序通常 1 条，着生于中央顶端，长 5 ~ 10 厘米，雌花序位于下部，长 1 ~ 3 厘米，雄花序部分位于上部，有时无雄花序而仅有雌花序；雄花序通常 3 ~ 8 条，位于两性花序下方四周，长 4 ~ 10 厘米。雄花：苞片阔卵形，顶端渐尖而向外弯曲，外面的下部、内面的上部及边缘生短柔毛，长 2 ~ 3 毫米；雄蕊 6 ~ 8 枚，花丝短，稍生细短柔毛，花药阔卵形，黄色。雌花：苞片卵状披针形，顶端长渐尖、硬而不外曲，长 2.5 ~ 3 毫米；花被 2 个，位于子房两侧并贴于子房，顶端与子房分离，背部具翅状的纵向隆起，与子房一同增大。果序球果状，卵状椭圆形至长椭圆状圆柱形，长 2.5 ~ 5 厘米，直径 2 ~ 3 厘米；宿存苞片木质，略具弹性，长 7 ~ 10 毫米；果实小坚果状，背腹压扁状，两侧具狭翅，长 4 ~ 6 毫米，宽 3 ~ 6 毫米。种子卵形，种皮黄褐色，膜质。5—6 月开花，7—8 月果成熟（见图 2-41）。

（四）分布

产于我国甘肃、陕西和河南的南部及山东、安徽、江苏、浙江、江西、福建、台湾、广东、广西、湖南、湖北、四川、贵州和云南，还分布于朝鲜、日本。模式标本采自日本。分布于浙江山区或半山区。舟山群岛除中街山列岛、朱家尖、册子岛外均产。

图 2-41　化香树（植株、叶片、花序及果实）

（五）生境及习性

常生长在海拔 600 ~ 1 300 米，有时达 2 200 米的向阳山坡及杂木林中，也有栽培。喜光，耐干旱瘠薄，为荒山先锋树种。

（六）繁殖方法

种子繁殖：化香种子 10 月中旬成熟，利用 15a 以上生母树为种源，采集红褐色果序，置于室内堆沤 2 ~ 3 天，其间用干净水喷洒 6 次，之后转至室外摊晒，脱落后得小坚果连翅近圆形种子。阴干揉搓去翅，黄褐色种子袋藏于室内。播种前对种子进行水选，用温水淘洗 2 次 / 天，在淘洗过程中要注意揉搓，7 天开始“裂嘴”，当发芽数达 30% 以上时即可播种。

播种量10千克/667平方米左右，2月下旬条播。在整平的床面上开宽5厘米、深3厘米、行距15厘米的南北向的沟，灌足底水，将处理后的种子均匀播撒于沟中，盖上草木灰，及时喷洒干净的水，并保持苗床湿润（钟国莲，2011）。

（七）价值

1. 药用价值

化香树果序具有清热解毒、散风止痛、活血化瘀、通窍排脓的功效，主要用于鼻炎、头痛、内伤胸胀、腹痛、筋骨疼痛、痈肿、疥癣等病症。化香树提取物有抗细胞毒性、抗氧化、预防癌症、抗衰老作用以及抑制肠道内有害菌的作用。治疗鼻炎、鼻窦炎有奇效，目前开发的药品有“东秦牌”香菊片。化香树叶含胡桃叶醌,5–羟基–2–甲氧基–1,4–萘醌,5–羟基–3–甲氧基–1，4–萘醌，对–香豆酸甲酯，对香豆酸，香豆精。木材含并没食子酸、没食子酸以及葡萄糖、木糖、鼠李糖。

2. 经济价值

供建筑、家具、枪托、航空、胶合板、造纸及火柴杆等用材。因树皮、叶、果实中富含单宁，可作为优良赣料植物提取栲胶，为硝皮佳品。化香树皮纤维可作为麻代用品或造纸原料。化香果序可作为提取黑色素的原料，用作黑色染料。化香树的成熟果序为深褐色，色调优美，极具欣赏价值，是一种天然的干花，为插花艺术家所喜爱。

3. 园林观赏价值

在落叶阔叶树种中具有特殊的观赏价值，在园林绿化中可作为点缀树种应用。枝叶茂密、树姿优美，可作为风景树大片造林，亦可作为庭荫树。其果序是很好的干花材料。

（八）研究概况

有关化香树的化学成分研究，贾晓妮等（2016）研究认为，其果序（1）、熊果酸（2）、二十六烯（3）、β–谷甾醇（4）、胡萝卜苷（5）、2，5，8–三羟基–3–甲氧基–1，4–萘醌（6）、3，3'–二甲氧基鞣花酸（7）、鞣花酸（8）、4'–羟基异黄酮–7–O–β–D–半乳糖苷（9）、3，3'–二甲氧基鞣花酸–4'–O–β–D–木糖苷（10）、没食子酸（11）。王茂义（2011）研究认为，测得挥发油的含量为0.10%。从化香树果序挥发油中鉴定了27种化学成分，占挥发油总成分的92.10%，主要成分是倍半萜类化合物，约占挥发油总量的37.66%。有关化香树的药用价值研究，李亚萍等（2014）研究认为，化香树果序在无毒浓度下对正丁酸钠激发的B_{95-8}细胞EB病毒VCA表达有明显抑制作用；在高浓度时对人鼻咽癌细胞CNE2的生长有较强抑制作用。邓燚等（2013）研究认为，化香树果序挥发油具有多种活性成分，对人肝癌HepG2细胞、人鼻咽癌CNE2细胞及人宫颈癌HeLa细

胞均显示出了一定的抑制活性。陈易彬等（2010）研究认为，化香树果序多糖具有较强的抗氧化活性，对 DPPH·、OH·具有显著的清除作用，对 O^-_2· 在受试浓度范围内也有一定的抑制作用。有关化香树的生药学研究，李亚萍等（2009）研究表明化香树果序苞片质硬，内外表皮细胞增厚，具大量薄壁细胞，没有栅栏组织，具多数维管束及纤维。果序轴髓部明显，薄壁细胞中含草酸钙簇晶，髓射线直达苞片，维管束环列一周。化香树果序粉末中可见多数非腺毛、薄壁细胞、草酸钙簇晶、各种性状石细胞、纤维束及导管。有关化香树群落特征及物种多样性研究，史作民等（2005）研究表明：①化香林土壤较贫瘠，区系组成较丰富，其属的分布类型以温带性质的属最多，热带性质的属也占一定比例；②化香林的生活型以高位芽为主，叶级谱中以中型叶为主；③化香林的垂直结构可分为乔木层、灌木层、草本层，亦有少量的层间植物；④化香林的优势种显著，群落物种的丰富度、多样性、均匀度指数的总趋势为灌木层 > 草本层 > 乔木层，但在海拔梯度上的分布并未表现出明显的规律性。有关化香树的解剖学研究，韩丽娟等（2002）等对国产胡桃科次生木质部导管分子解剖结构进行比较，并讨论其系统位置，从导管分子方面证实了黄杞属和青钱柳属是相当原始的属，而化香树属、山核桃属是最进化的属。有关传粉生物学研究，Fukuhara 等（2014）探究牧草虫在化香树花序中的传粉过程，发现化香树两性花序雌雄器官异时成熟，说明了化香树在授粉时有时间的解耦，这很有可能是化香树雄花序存在某些特殊的花粉出口造成的结果。徐炳声，罗娆姗（2015）等首次报道了化香树染色体。化香树的染色体数为 $2n = 24$，基数 $x = 12$，原始基数很可能是 $x = 6$。关于木材研究，浙江化香材性基本密度平均值为 0.554 克 / 立方米，体积全干缩率为 8.24 %、顺纹抗压强度为 526.8×10^5 帕、弦向抗弯强度为 908.5×10^5 帕。以上数据在阔叶树材材性的等级中，属“中等”。

参考文献：

[1] 钟国莲 . 乡土树种——化香育苗造林技术 [J]. 林业实用技术 ,2011（1）: 53.

[2] 贾晓妮，王军宪，成昱霖，等 . 化香树果序化学成分研究 [J]. 中药材 ,2016,39（8）: 1786-1788.

[3] 王茂义，王军宪，贾晓妮，等 . 化香树果序挥发油化学成分分析 [J]. 中国医院药学杂志，2011，31（9）: 736-738.

[4] 李亚萍，莫志贤，曹露晔 . 化香树果序对 EB 病毒抗原表达的抑制作用及其细胞毒作用 [J]. 今日药学，2014，24（2）: 93-95.

[5] 邓燚，李欣，邵萌，等 . 化香树果序挥发油的气相色谱—质谱联用分析及体外抗肿瘤活性研究 [J]. 中医药导报，2013，19（11）: 80-82.

[6] 陈易彬，张益，陈奎 . 化香树果序多糖抗氧化性 [J]. 食品科技，2010，35（2）: 141-143.

[7] 李亚萍，雷晓林 . 化香树果序的生药学研究 [J]. 海峡药学，2009，21（5）: 73-75.

[8] 史作民，程瑞梅，刘世荣，等．河南宝天曼化香林特征及物种多样性[J]. 山地学报，2005，23（3）：374-380.

[9] 韩丽娟，周春丽，吴树明．国产胡桃科次生木质部导管分子的比较解剖及其系统位置的讨论[J]. 西北植物学报，2002，22（6）：1426-1431.

[10] FUKUHARA T，TOKUMARU S I .Inflorescence dimorphism，heterodichogamy and thrips pollination in Platycarya strobilacea[J].Annals of Botany，2014，3（113）：467-476.

[11] 戴月，毕秀成．化香——一种优良的干花植物[J]. 郧阳师范高等专科学校学报，2001，21（3）：76-78.

[12] 尹思慈，宋妾璋，吴达期．化香木材物理力学性质的研究[J]. 南京林业大学学报（自然科学版），1987（2）：59-66.

四十二、黑松

（一）名称

pinus thunbergii Parl.，属名：*pinus*［拉］植物原名。松属（松科）；种加词，*thunbergii* 纪念瑞典博物学家 Carl Peter Thunberg。命名人 Parl.（Filippo Parlatore，1816—1877）是一位意大利植物学家。他在巴勒莫学医，但只学了很短时间，他的主要活动是在 1837 年霍乱流行期间。那时他是解剖学的助理教授，已经写了一篇关于人类视网膜的论文，但他很快放弃了所有其他的兴趣，把全部精力都投入到植物学上。他首先研究了西西里岛的植物区系，并于 1838 年出版了 *Flora panormitana*，在以后的工作中，他还研究了西西里植物区系。1840 年，他开始了漫长的植物学探险，走遍了整个意大利，然后进入瑞士、法国、英国，他长时间待在英国皇家植物园。1841 年，在意大利佛罗伦萨召开的第三次博物学代表大会对他研究的意大利植物具有重要意义。

英文名称：Japanese Black Pine。

别名：日本黑松（中国树木分类学）、洋松、油松、短叶松、短叶马尾松、红皮松。

（二）文化

黑松原产于日本，引入舟山群岛已有 70 余年历史，据了解，1970 年前后，黑松先在嵊泗县花鸟岛种植，1914 年巨山岛培阴弗正仁从花鸟岛采回约 500 克黑松种子，在巨山进行直播造林（面积约 2 666.68 平方米）。黑松比当地马尾松生长快且健壮，因此引起了人们的注意。事隔四五年，巨山皇坟基人王信安雇人去花鸟岛采回种子 2 000 克进行种植。这就是巨山岛上最早引种的两片黑松。此后，在巨山又由渔耕碗人从培阴山取苗 30 余株，在渔耕碗仰天岗种植，并进行少量育苗。约在 1920 年，从仰天岗取苗 3 000 余株，种植于巨山著名的观音山。此后，黑松在巨山岛上种植范围越来越大，使该岛逐步形成了以黑松为主的森林，几

乎取代原有的马尾松。到中华人民共和国成立前夕，巨山岛上的黑松生长很茂盛，直径 20 厘米左右的大树到处可见。但国民党反动派从巨山岛溃退时，山林遭到严重毁坏，黑松几乎濒于断种。中华人民共和国成立后，林业生产得到迅速发展。1954 年，从巨山岛采集的黑松种子重达 1 570 千克，1959 年黑松种子产量达 364 650 千克，为舟山群岛绿化造林提供了条件。目前黑松林面积约占全区森林面积的 30 %，洒礁、巨山、长涂等岛屿几乎全是黑松林；1995 年起，黑松种子调往本省的温州、台州、宁波、加兴等沿海地区；1962 年后又调往福建、广东、河南等省，扩大了黑松的种植范围（叶尧墀等，1980）。

（三）形态特征

乔木，高达 30 米，直径可达 2 米；幼树树皮暗灰色，老则灰黑色，粗厚，裂成块片脱落；枝条开展，树冠宽圆锥状或伞形；枝淡褐黄色，无毛；冬芽银白色，圆柱状椭圆形或圆柱形，顶端尖，芽鳞披针形或条状披针形，边缘白色丝状。针叶 2 针一束，深绿色，有光泽，粗硬，长 6 ~ 12 厘米，径 1.5 ~ 2 毫米，边缘有细锯齿，背腹面均有气孔线；横切面皮下层细胞一或二层、连续排列，两角上二至四层，树脂道 6 ~ 11 个，中生。雄球花淡红褐色，圆柱形，长 1.5 ~ 2 厘米，聚生于新枝下部；雌球花单生或 2 ~ 3 个聚生于新枝近顶端，直立，有梗，卵圆形，淡紫红色或淡褐红色。球果成熟前绿色，熟时褐色，圆锥状卵圆形或卵圆形，长 4 ~ 6 厘米，径 3 ~ 4 厘米，有短梗，向下弯垂；中部种鳞卵状椭圆形，鳞盾微肥厚，横脊显著，鳞脐微凹，有短刺；种子倒卵状椭圆形，长 5 ~ 7 毫米，径 2 ~ 3.5 毫米，连翅长 1.5 ~ 1.8 厘米，种翅灰褐色，有深色条纹；子叶 5 ~ 10（多为 7 ~ 8）枚，长 2 ~ 4 厘米，初生叶条形，长约 2 厘米，叶缘具疏生短刺毛，或近全缘。花期 4—5 月，种子第二年 10 月成熟（见图 2–42）。

（四）分布

原产于日本及朝鲜南部海岸地区。我国旅顺、大连、山东沿海地带和蒙山山区以及武汉、南京、上海、杭州等地引种栽培。山东蒙山东部的塔山用之造林已有 60 多年的历史，生长旺盛。浙江北部沿海近年用之造林，生长良好。浙江省 1907 年在嵊泗花鸟岛引种栽培，随后一些岛屿相继引栽，80 多年来黑松已经遍及舟山群岛，成为海岛的主要造林树种，在内陆山地造林，年生长量仅 10 ~ 20 厘米。目前，黑松已成为舟山市的主要树种，除边缘裸岩小岛外，几乎遍及各个岛屿。经调查，全市现有黑松林 220.40 平方千米。其中岱山县 71.10 平方千米、嵊泗县 23.52 平方千米、定海区 60.00 平方千米、普陀区 65.78 平方千米。从树龄上看，幼龄林占优势，面积达 175.18 平方千米、占 79.48%；中龄林 45.09 平方千米、占 20.46%，近熟林、成熟林、过熟林极少。

（五）生境及习性

具有抗风、耐旱、耐海雾、盐碱及天然更新容易成功等特性。喜光，耐干旱瘠薄，不耐水涝，不耐寒，四季常青，抗病虫害能力强，是荒山绿化和道路行道绿化的首选树种。黑松每年有两次生长期和两次休眠期。第1次生长期在3月惊蛰至7月大暑，第2次生长期从8月处暑到11月份小雪。第1个休眠期从11月份的小雪开始到来年3月份的惊蛰，第2个休眠期从7月份的大暑开始到8月份的处暑。移植最好在黑松休眠期进行。在岛屿上未见偏冠现象。在海滩地上，土壤中含盐量较高，其他树木难以适应，而黑松却生长正常，在朱家尖、桃花岛等的沙滩上有成片的黑松林。据调查,6年生的黑松高达2米，长势良好。在台风季节，海水甚至将黑松淹没一半，黑松针叶依然浓绿。黑松在土层浅薄和岩石裸露的山地也能生长，在干旱季节，黑松也很少死亡。冬季气温骤降时，即使在迎风山坡的黑松也无冻害发生，在黑松纯林中至今未发现有松毛虫危害。在秀山红星大队黑松与马尾松混交林中，马尾松95%的植株被害，无针叶，松枝发黑，只有新枝缓慢展叶；而黑松只有70%植株的三分之一针叶被害，针叶青翠，新枝展叶。

图2–42 黑松（上左图：植株；上右图：果序；中左图：大孢子叶球；中右图：小孢子叶球；下左图：大孢子叶；下右图：胚珠）

（六）繁殖方法

1.扦插繁殖

张振芬等（2000）研究表明，黑松扦插的最优组合为从 1.5 ~ 10 年生树上采条，选用 ABT6 号生根粉或 IBA，用 50 ~ 200 × 10^{-6} 溶液浸泡 12 小时，扦插后进行全光照自动间歇喷雾，成活率达 70% ~ 90%。不同时间扦插试验表明，6 月底扦插成活率最高。

2.嫁接方法

滕文飞等（1993）研究认为，采用叶束嫁接是当前黑松无性繁殖效率最高的一种方法，可比常规枝接的接穗利用率高出 30 ~ 70 倍。操作技术简易，成活率可达 90% 以上，成苗率达到 80% 以上，且生产成术低于常规枝接法。在保存种质资源，加快良种基地建设以及优良无性系工程造林等方面将发挥重要作用。选用砧木以 2 年生实生苗为宜，嫁接时新梢粗度 5 ~ 7 毫米最好。一般在 5 月末至 6 月下旬上午，用双刃刀进行贴接。同一株母树叶束接穗，嫁接时间越晚成活率越低。不同母树的接穗，要根据叶束长短和生理活动状态，确定嫁接适宜期。嫁接时或嫁接后 7 天截顶，能促进潜伏芽萌发，在截顶后每 3 ~ 5 天进行 1 次抹芽，严格控制砧木潜伏芽萌发和生长。作业要特别小心，防止碰坏已成活的接穗，待接株抽梢后或翌年春季生长时解绑。

3.种子繁殖

先用 0.5% 的高锰酸钾浸种 2 小时，进行种子消毒，再用 50 ℃ ~ 70 ℃热水浸种，冷却 24 小时后，置于筐中，置温暖处催芽。每天用 20 ℃ ~ 30 ℃温水冲洗，约 4 ~ 5 天可发芽。黑松春播、冬播皆可，冬播宜迟，春播宜早。株距 5 ~ 7 厘米，行距 15 ~ 20 厘米。覆土厚度 1 ~ 1.5 厘米。早春化冻后可播种（韩淑静等，2008）。随着 NaCl 浓度的升高，种子萌发率逐渐下降（韩广轩等，2009）。

4.组织培养

较适合黑松丛生芽诱导的培养基为改良 GD+6-BA4-5 毫克 / 升 +NAA0.1 毫克 / 升，诱导率在 90% 左右。较适合黑松丛生芽伸长的培养基为无激素的改良 GD 培养基。

5.容器育苗技术

容器选择：选择高 15 厘米，直径 8 厘米，下部有 8 ~ 10 个径为 0.5 厘米的透水透气孔的聚乙烯塑料薄膜袋作为黑松容器育苗袋。沙壤土或壤土地作为育苗营养土。每立方米土拌入鸡粪 40 千克、复合肥 1 千克、硫酸亚铁 1.0 ~ 1.5 千克、锌硫磷或甲基异硫磷 0.25 ~ 0.5 千克过筛，充分拌匀。同时取细沙土，用 0.5% 的高锰酸钾溶液消毒，作为播种后的覆盖土备用。将黑松种子用0.5%的高锰酸钾溶液浸种2小时。用0.5%的福尔马林溶液浸种15～20分钟消毒，然后用50℃～70℃温水浸种1昼夜，捞出放入透水的塑料筐或浅泥花盆内，用湿布或湿麻袋布盖好，放入温暖的地方催芽，并每天用20℃～30℃温水淘洗1次，4～5小时种子即可“露白”。播种时间为3月下旬至4月上旬。

（七）价值

1. 木材价值

其木材纹理通直、结构细密、材质坚硬、抗腐蚀、耐久，是建筑、电杆、矿柱、造船、器具、家具及木纤维工业等的优质用材，含油脂、耐腐朽、易加工，可做建筑造船农具、海底桩木等用材。

2. 经济价值

黑松可供采脂、朽木和废材，还可供培养食用真菌类，黑松又是薪材的重要来源。造林后五六年就可开始修枝，由于黑松枝叶比重大、萌芽性强，其薪材产量要比马尾松高1.5～2倍，且耐燃性能也比马尾松好。此外，黑松的树根、针叶、种子均可提取油脂，做化工原料，其花粉可制作糕点。

3. 园林应用

以群植应用最为广泛，其次为丛植应用、孤植应用、对植应用等。黑松幼苗是嫁接雪松、五针松的理想砧木；黑松四季常青，树形优美，又是良好的风景树。有人赞美黑松是“男性”的象征，有“武夫”的气派，是盆景中的瑰宝。在公路两侧路肩上栽植黑松和栽植其他树种一样，对巩固路基、保护路面、降低噪声、防风消尘、净化空气、杀菌消毒、防治污染、美化路容、保护水源、维护生态平衡、改善环境、舒适旅行、诱导交通都起着非常大的作用。黑松对二氧化硫抗性强，也不受氯气所害，适合在有污染的厂矿地区栽植。黑松种植到公路养护工区或道班内还可美化庭院，改善环境。国外现已有将黑松密植并修剪整形成高大绿篱的先例。

4. 黑松花粉产业

1986年，舟山市科委给舟山市林科所下达了《黑松花粉开发利用研究》课题，林科所对全市黑松花粉资源进行了建立标准地，对标准地内花粉产量进行采集调查，由此估算，全市每年可采集上千吨黑松花粉，研究了黑松花粉的采集、储藏技术及营养成分分析和毒性检验；并进行了花粉饮料、化妆品等的研制和花粉饵料、饲料添加剂的试验。《神农本草经》云：松花粉能“主治心腹、邪气、利小便、消尹血，久服轻身益气力，益年。”

（八）研究概况

有关黑松光合特性的研究，王巧等（2016）研究认为，随着光照强度的降低，黑松幼树净光合速率（Pn），蒸腾速率（Tr），水分利用效率（E_{WUE}），性能指数（I_{abs}），质体醌库的面积（Sm），PS Ⅱ捕获的能量从 QA 传递到 QB 的效率（ΨO），PS Ⅱ 捕获的能量从 QB 传递到 PS Ⅰ的效率（ΨRE），单位反应中心吸收（ABS/RC）、捕获（TRo/RC ）、用于电子传递（ETo/RC）的能量均减小。黑松在光照充足的环境中生长状况较好。有关黑松的胁迫生理，周振等（2012）研究了蛀食胁迫的补偿性响应：①蛀食胁迫后，当年和次年枝的数量明显增加；②蛀食后近顶端枝和叶长度分别为未蛀枝上同部位的 1.75 与 1.43 倍，而近底端补偿性生长不明显；③在密度效应的影响下，蛀食枝的芽死亡率上升 5.4 倍，营养芽产量上升 1.55 倍；④主枝遭蛀食胁迫停止生长后，分枝数增多，枝计盒维数增加 25%。余诺等（2009）研究了黑松幼苗的抗盐性，指出在低盐度的海水胁迫下，SOD 活性呈非线性上升趋势；在高盐度的海水胁迫下，SOD 活性呈降低趋势；黑松幼苗具有良好的抗盐碱能力。乌凤章等（2002）研究了低温对黑松的影响，黑松针叶的临界致死低温：在越冬期为 –25 ℃，在越冬前期和返青期为 –20 ℃左右。黑松在经 –15 ℃、12 小时处理后，其生理活动开始受到干扰，树势衰弱，但并未造成死亡。

参考文献：

[1] 张振芬，李善文，王开芳，等．黑松嫩枝扦插试验研究初报 [J]. 山东林业科技，2000（3）：12-13.

[2] 滕文飞，王吉平，赵伟，等．黑松针叶束嫁接技术的研究 [J]. 辽宁林业科技，1993（6）：16-20.

[3] 韩淑静，常艳颖，张显宝．黑松育苗 [J]. 新农业，2008（6）：54.

[4] 朱丽华．湿地松、火炬松和黑松的组培繁殖技术研究 [D]. 南京：南京林业大学，2004.

[5] 韩广轩，毛培利，刘苏静，等．盐分和母树大小对黑松海防林种子萌发和幼苗早期生长的影响 [J]. 生态学，2009，28（11）：2171-2176.

[6] 邓君玉，刘兴良，李川志，等．黑松容器袋育苗技术 [J]. 江苏林业科技，2002，29（6）：38-38.

[7] 叶尧墀，赵相棠．黑松引种和生长习性调查 [J]. 浙江林业科技，1980（2）：16-18.

[8] 王立权．黑松可用作公路行道树 [J]. 公路，1996（4）：26-28.

[9] 姚海燕．黑松花粉开发利用研究 [J]. 浙江林业科技，1990，10（5）：65-71.

[10] 王巧，聂鑫，刘秀梅，等．遮光对松属 3 个树种幼树光合特性和荧光参数的影响 [J]. 浙江农林大学学报，2016，33（4）：643-651.

[11]周 振，李传荣，许景伟，等．沙质海岸灌化黑松对蛀食胁迫的补偿性响应[J]. 生态学报，2012，32(2)：457-464.

[12]余诺，张萍，李哲，等．海水胁迫对黑松幼苗抗性的影响[J]. 安徽农业科学，2009，37(25)：12265-12266，12269.

[13]乌凤章，赵伟，孙美清，等．低温胁迫对黑松针叶及其枝条的影响[J]. 沈阳农业大学学报，2002，33(3)：178-181.

四十三、马尾松

（一）名称

pinus massoniana Lamb.，属名：pinus［拉］植物原名。松属（松科）；种加词，massoniana，马尾松。命名人 Lamb（Aylmer Bourke Lambert，1761—1842），英国植物学家。他是伦敦林奈学会的创始会员之一。艾尔默·伯克·兰伯特 1761 年 2 月 2 日出生在巴斯。他最著名的作品是对松属的描述。

英文名称：Masson Pine。

别名：青松、山松、枞松（广东、广西）。

（二）文化

名称由来：马尾松又名青松、枞松，是亚热带主要的造林树种，由于样子像马尾，又被称为马尾松，是我国松树中分布数量最多的主要造林用材树种之一，广泛分布于我国秦岭、淮河以南，云贵高原以东，面积 200 多万平方千米，居全国针叶树首位，蓄积居第 4 位，北可分布到淮河、伏牛山、秦岭一线，南至广东、广西的南部，东至东南沿海和台湾，西达贵州中部及四川大相岭以东。马尾松是一个亚热带的适生树种，适合生长在温暖湿润的环境中。从 20 世纪 90 年代起受松材线虫病所害，占舟山森林面积 85% 以上的黑松林和马尾松林遭到极大的破坏，现有的丘陵、山地、植被除部分更新松林外，以林相残破、林分质量差的次生阔叶林和灌木林为主，常见的有枫香林、栓皮栎林、白栎林及其萌生灌丛等，地带性植被除少量分布广泛的青冈林、苦槠林外，还零星分布着海岛特殊地理气候条件造就的海岛特色浓郁的常绿阔叶林和常绿灌丛，其通常见于东南岛屿的面海山坡或外海小岛，所处地理条件恶劣，干旱、土壤条件差、风害、盐雾四大自然因素制约着植被发育，具有特有、稳定的性质，应为舟山海岛最为典型的植被类型。由于马尾松的年龄较大（17 年），后期生长加快，故蓄积的年均生长量偏大。

浙江马尾松王：（1）当你走近依山傍水、风景秀美的芦茨湾时，一棵漂浮在碧水之上、雾霭之间，形如挥手、状如华盖的大松树就会映入你的眼帘，这棵高大的马尾松被当地人称为“芦茨湾迎客松”，该树高约 16 米，直径 4.35 米，平均冠幅 24 米，至今已经生长了 1 300 多年，它主干粗壮、枝干遒劲、针叶繁茂、苍翠欲滴。在“浙江十大树王”评选中，芦

茨村马尾松荣登榜中。“浙江十大树王”涵盖了香榧、樟树、金钱松、银杏、柳杉、马尾松、南方红豆杉、无柄小叶榕（榕树）、罗汉松、枫香树种。芦茨村这棵马尾松是浙江省马尾松的“形象代言人”。

（2）位于浙江省仙居县朱溪镇张山村，树高 31 米，直径 1.88 米，单株蓄积达 36.8 立方米。在主干 4 米高处分成两干向外斜伸，分枝皆犹如虬龙横斜低垂，形成巨大伞形树冠，冠幅达 26×23 米，全国罕见。

这株古松植于元末明初，原有两株，人称“夫妻松”。1992 年被雷电击毁一株，仅存此株。2000 年，这株古松又遭厄运，主干两分杈中的一杈遭雷打断。

（三）形态特征

乔木，高达 45 米，直径 1.5 米；树皮红褐色，下部灰褐色，裂成不规则的鳞状块片；枝平展或斜展，树冠宽塔形或伞形，枝条每年生长一轮，但在广东南部则通常生长两轮，淡黄褐色，无白粉或稀有白粉，无毛；冬芽卵状圆柱形或圆柱形，褐色，顶端尖，芽鳞边缘丝状，先端尖或成渐尖的长尖头，微反曲。针叶 2 针一束，稀 3 针一束，长 12 ~ 20 厘米，细柔，微扭曲，两面有气孔线，边缘有细锯齿；横切面皮下层细胞单型，第一层连续排列，第二层由个别细胞断续排列而成，树脂道约 4 ~ 8 个，在背面边生，或腹面也有 2 个边生；叶鞘初呈褐色，后渐变成灰黑色，宿存。雄球花淡红褐色，圆柱形，弯垂，长 1 ~ 1.5 厘米，聚生于新枝下部苞腋，穗状，长 6 ~ 15 厘米；雌球花单生或 2 ~ 4 个聚生于新枝近顶端，淡紫红色，一年生小球果圆球形或卵圆形，径约 2 厘米，褐色或紫褐色，上部珠鳞的鳞脐具向上直立的短刺，下部珠鳞的鳞脐平钝无刺。球果卵圆形或圆锥状卵圆形，长 4 ~ 7 厘米，径 2.5 ~ 4 厘米，有短梗，下垂，成熟前绿色，熟时栗褐色，陆续脱落；中部种鳞近矩圆状倒卵形，或近长方形，长约 3 厘米；鳞盾菱形，微隆起或平，横脊微明显，鳞脐微凹，无刺，生于干燥环境者常具极短的刺；种子呈卵圆形，长 4 ~ 6 毫米，连翅长 2 ~ 2.7 厘米；子叶 5 ~ 8 枚；长 1.2 ~ 2.4 厘米；初生叶条形，长 2.5 ~ 3.6 厘米，叶缘具疏生刺毛状锯齿。花期 4—5 月，球果第二年 10—12 月成熟（见图 2-43）。

（四）分布

产于江苏（六合、仪征）、安徽（淮河流域、大别山以南）、河南西部峡口、陕西汉水流域以南、长江中下游各省区，南达福建、广东、台湾，北部抵山及西海岸，西至四川中部大相岭东坡，西南至贵州贵阳、毕节及云南富宁。在长江下游其垂直分布于海拔 700 米以下，长江中游海拔 1 100 ~ 1 200 米以下，在西部分布于海拔 1 500 米以下。越南北部有马尾松人工林。模式标本采自非洲南部好望角引种的马尾松树。浙江省除了嘉兴、桐乡、嘉善等平原县外遍布全省各地。丽水、金华、杭州、台州、衢州、温州、宁波为重点产区。舟山群岛只产于本岛、大榭岛、金塘岛。在普陀山分布有马尾松、杉木林近千亩，分布在王峰东麓和雪浪山一带，其中杨枝庵一带为舟山最古老的马尾松林。

图 2-43　马尾松（植株及小孢子叶球）

（五）生境及习性

为喜光、深根性树种，不耐庇荫，喜温暖湿润气候，能生于干旱、瘠薄的红壤、石砾土及沙质土，或生于岩石缝中，为荒山恢复森林的先锋树种。常组成次生纯林或与栎类、山槐、黄檀等阔叶树混生。在肥润、深厚的砂质土壤上生长迅速，在钙质土上生长不良或不能生长，不耐盐碱。在年平均温度 13 ℃ ~ 22 ℃，且年降水量在 800 毫米以上的地方生长。不耐过低温度，在冬季 -15 ℃时，幼树的针叶就会出现枯萎。马尾松对土壤要求不严，能耐干旱瘠薄的土壤，在黏土、沙土、石砾土以及阳坡土层薄或石缝中都可生长。喜欢酸性和微酸土壤，pH 在 4.5 ~ 6.5 的山地生长最好。

（六）繁殖方法

1. 扦插繁殖

余能健等（1992）研究认为，扦插基质以黄心土、山地火烧土或松林表上、沙子为原料按一定比例搭配使用为好。扦抽时间以秋季较为理想。10 月中旬至 12 月上旬为最佳扦插时期。生根促进剂以吲哚丁酸、1 号 ABT 生根粉两种为宜。插穗截取部位以幼树的侧枝顶梢和侧枝修剪诱发的萌芽枝生根最好，在提高插植繁殖系数方面，以修剪所有侧枝顶梢（二级处理），并喷施 1 PPm 的 A（吲哚丁酸）、G（2，4-D）、H（细胞分裂素）三种生长素中的一种即可达到效果。张全仁等（1993）研究认为，采取剪除 1 ~ 2 年生母株的全部当年生新梢促萌，主梢可提高繁殖系数 20 倍以上，侧枝提高 4 倍以上；用吲哚丁酸和自配混合促根水溶液处理插移，可使 1 年生母株穗条扦插成活率由 40% 提高到 80% 以上，多年生母株穗条扦插成活率由 20% 提高到 60% 以上，并表现出明显的年龄效应。李江南等（1992）研究认为，马尾松扦插生根与处理激素浓度有关，插入混合基质生根效果最好。

2. 种子繁殖

王见伟等（2014）研究表明，马尾松种子繁殖苗圃地宜选择在质地疏松、排水良好、酸性或微酸性土壤。马尾松苗有菌根共生，圃地以连作为好，有利菌根的形成一般为 2 ~ 3 年。马尾松用高床育苗。在平整细碎的土壤上修筑苗床，床高 15 ~ 20 厘米，宽 90 ~ 100 厘米，床面平整或中央略高以利排水。一般用春播，应尽量争取早播。种子一般采用风选，可用 30 ℃温水或冷水浸种 24 小时。一般用条播和撒播。条播多用宽幅条播，播幅宽 8 ~ 10 厘米，幅距 10 ~ 20 厘米。而撒播的产苗量也很高，故目前生产上仍大多采用撒播。播后筛细土覆盖种子，厚度为 0.5 ~ 1.0 厘米。覆土后用草覆盖床面。种子播后经 20 ~ 30 小时出苗。当幼苗出土后 40 ~ 50 小时，开始间苗。

3. 组织培养技术

薛鹰（2006）研究表明，建立了以顶芽为外植体以芽繁芽的增殖体系，用于组织培养的外植体顶芽最佳苗龄为 100 小时左右，最佳培养基为 GD（改良）+BA3.0 毫克 / 升 +NAA 0.05 毫克 / 升，其芽诱导率为 100%，增殖系数为 4.95。以诱导芽为外植体的初次继代增殖培养基为 2/3 GD（改良）+ BA3.0 毫克 / 升 +NAA0.05 毫克 / 升时，其诱导率为 93.8%，增殖系数为 4.69；培养基为 DCR 十 BA2.0 毫克 / 升 +NAA0.05 毫克 / 升时，其诱导率为 100%，增殖系数为 3.07；培养基为 1/2GD（改良）+BA2.0 毫克 / 升 +NAA0.05 毫克 / 升时，其诱导率为 90.6%，增殖系数为 4.22。筛选出了最佳芽伸长诱导培养基为 GD（改良）+0.3% 活性炭，两个月后可使诱导芽从 0.6 厘米长高到约 5.2 厘米。筛选出较好的生根培养基为 2/3 GD（改良）+IBA4.0 毫克 / 升，其生根率为 26.7% 。

4. 嫁接繁殖技术

马尾松嫩枝切接技术。接穗是马尾松嫩枝，砧木为湿地松、火炬松、马尾松和黑松。嫁接前砧木先截顶，砧木选 2 ~ 3 年生，直径 1.6 ~ 3.0 厘米。在直径 1.0 ~ 1.8 厘米部位断砧，砧木高度不超过 20 厘米，留 1 ~ 2 托轮枝，砧木切面要平滑，斜向东南或朝山下，倾斜度 10° ~ 15° 。用嫁接刀沿形成层垂直下切，长度稍比接穗削面长约 0.6 厘米，如砧木较大亦可用挑皮法撕开砧木皮层。约距顶芽 8 ~ 9 厘米处切断穗条，随即在断口处沿形成层下刀推进，切至离顶芽 3 ~ 4 厘米为止，截去皮层，再在穗条背面削一刀，切面长度 5 ~ 6 厘米。套绑保湿薄膜。

（七）价值

1. 药用价值

李时珍在《本草纲目》中论述：“松针苦、温、无毒，主治风湿症，生毛发，安五脏，守中，不饥延年，去风脚痹。”《 全国中草药汇编》：“松针具有祛风活血、明目安神，解毒止痒等功能。”其可用来治疗流行性感冒、风湿关节痛、夜盲症、高血压、神经衰弱，还可外用治疗冻疮等。松针中蛋白质含量与一般谷类的蛋白质含量差不多，但人体不能合成的氨基酸比较齐全，且含量较平衡。每公斤松针叶含胡萝卜素291.87毫克，叶绿素1 840毫克，含蛋白质122%、粗脂肪135%、维生素16.2%、钙0.84%、磷0.08%，其蛋白质含量比稻谷高40%左右。松花粉所含的各种维生素、微量元素均高于蜂花粉，还含有大量酶类、激素及生物碱，可用作各种食品添加剂、营养霜口服液、松花酒、滋补酒、花色酒、松花蜜乳及药剂，是人类改善食物结构与增进人体健康日益迫切需要的天然原质食品。

2. 园林绿化价值

马尾松高大雄伟、姿态古奇、适应性强、抗风力强、耐烟尘、木材纹理细、质坚、能耐水，适宜山涧、谷中、岩际、池畔、道旁配置和山地造林，也适合在庭前、亭旁、假山之间孤植。马尾松生长快、寿命长，适应性强，树势挺拔、苍劲雄伟，既是荒山造林的主要先锋树种，也是营造风景林、疗养林的好树种。

3. 马尾松木材

马尾松木材极耐水湿，有“水中千年松”之说，特别适用于水下工程。木材含纤维素62%，脱脂后为造纸和人造纤维工业的重要原料，马尾松也是中国主要产脂树种，松香是许多轻、重工业的重要原料，主要用于造纸、橡胶、涂料、油漆、粘胶等工业。

4. 经济利用价值

松果含有一种极复杂的芳香类油质与激素，可提取用作抗癌药物和抗高血压药物等，目前国外需求量大，是出口创汇的特殊商品。除去果实后的种壳，一般做燃料处理，实在可惜。而用其鳞片可制作多种多样价值极高的工艺品，是点缀装饰摆设最理想的原料。马尾松树皮呈淡褐色，鳞片状纤维素松软，是极好的工艺制品原料，经燃烧后炭质松软，是烟花、爆竹的最佳原料。其炭化后的活性比任何一种物质都高，是国防工业不可缺少的原料。同时，树皮含有一种皮革工业用的栲胶单宁素，可提取来浓缩沤制成无味无臭的肥料或黑色黏合剂。枝可做纤维板木片微粒或烧炭，或做旋木家具、用具、刀把木柄之用。枝经硬化处理后制成的木质马赛克，是用悬浮水中的醇酸树脂，在强力机械搅拌下产生剪力，将树脂分解成极细的粒滴，使之呈现乳浊液状态，穿透木材，在木材内部形成大而硬的聚合物，抗侵蚀和抗腐蚀性强且不变形。因其具有木材天然色彩和木质纹理，可拼成绚丽多彩的装饰画面，图案精彩，立体感强，色彩变化随心所欲，给人以美的享受。树根部在林荫遮下，可培植茯苓。挖掘出来松根，可制成奇形怪状、玲珑多姿的根雕工艺。松根经破碎或直接干馏后，馏出物中有黑色的松木炭，可做烟花、爆竹或再燃烧做活性马尾松的综合利用炭；还有红褐色的原油和褐色的焦油与红色的木醋液，其主要成分据资料分析有 α – 蒎烯、$\Delta 3$ 蒈烯、β – 蒎烯、二

聚戊烯与杂酚类、烯砧醇类、树脂酸类的分解物，是国防、工业、冶炼、橡胶、塑料、医药、电器、建材等的主要原料。

（八）研究概况

马尾松的化学成分研究，李丽等（2010）研究花粉成分分离鉴定了11种化合物。王巍等（2009）从松针中提取分离6种化合物。王巍等（2008）从松针中分离了7个黄酮类化合物。肖云川等（2015）从马尾松鲜松针叶中分离得到14个化合物。毕跃峰等（2001）从马尾松针叶中分离得到3个化合物。有关马尾松光合作用研究，黄儒珠等（2009）研究了福建长汀重建植被马尾松与木荷光合特性比较；杨雨华等（2014）研究了不同生长势的马尾松光合日变化研究；杨书运等（2006）研究了高浓度CO_2对马尾松光合速率的影响；张向峰等（2012）模拟酸雨对盆栽马尾松叶片光合特性的影响；何纪星等（1995）对马尾松净光合速率进行了初步研究；俞新妥（1991）进行了不同种源马尾松光合能力的比较研究。徐向华等（2006）研究了马尾松适应低磷胁迫的生理生化响应；杨青等（2012）低磷胁迫下不同种源马尾松的根构型与磷效率。关于马尾松群落学的研究，王光军等（2009）研究了亚热带杉木和马尾松群落土壤系统呼吸及其影响因子；方运霆等（2005）研究了鼎湖山马尾松群落能量分配及其生产的动态；方炜等（1995）研究了鼎湖山马尾松群落演替过程的物种变化；王秀云等（2015）研究了千岛湖马尾松群落种群生态位与种间联结。

参考文献：

[1] 王见伟，李春雷 . 马尾松繁殖栽培技术 [J]. 现代农村科技，2014（13）：49.

[2] 余能健，游为贵，陈明武，等 . 马尾松扦插繁殖技术的研究 [J]. 福建林学院学报，1992，12（1）：19-25.

[3] 张全仁，方程，周盛，等 . 马尾松扦插繁殖技术的研究 [J]. 中南林学院学报，1993，13（1）：1-7.

[4] 李江南，万细瑞，曾平生 . 马尾松扦插试验初报 [J]. 林业科技通讯，1992（3）：24.

[5] 薛鹰 . 马尾松组织培养快速繁殖技术的研究 [D]. 南京：广西大学，2006.

[6] 林海 . 马尾松的综合作用 [J]. 广西林业，1992（3）：13.

[7] 李丽，孙洁，孙敬勇，等 . 马尾松花粉化学成分的研究 [J]. 中草药，2010，41（4）：530-532.

[8] 王巍，王晓华，张晓洁 . 马尾松松针的亲水性化学成分研究 [J]. 中国医院药学杂志，2009，29（15）：1283-1286.

[9] 王巍，王晓华，尹江峰，等 . 马尾松松针的黄酮类化学成分的分离鉴定 [J]. 中国医院药学杂志，2008，28（7）：549-552.

[10] 肖云川，赵曼茜，闫翠起，等 . 马尾松鲜松叶的化学成分研究 [J]. 中草药，2015，46（23）：3460-3465.

[11] 毕跃峰，郑晓珂，刘宏民，等 . 马尾松松针化学成分的研究 [J]. 药学学报，2001，36（11）：832-835.

[12] 张向峰，王玉杰，王云琦 . 水分胁迫对马尾松光合特性的影响 [J]. 中南林业科技大学学报，2012，32（7）：58-63.

[13] 杨雨华，宗建伟，杨风岭 . 不同生长势马尾松光合日变化研究 [J]. 中南林业科技大学学报，2014，34（8）：25-29.

[14] 黄儒珠，李机密，郑怀舟，等 . 福建长汀重建植被马尾松与木荷光合特性比较 [J]. 生态学报，2009，29（11）：6121-6130.

[15] 杨书运，张庆国，蒋跃林，等 . 高浓度 CO_2 对马尾松光合速率的影响 [J]. 安徽农业大学学报，2006，33（1）：100-104.

[16] 俞新妥，卢建煌 . 不同种源马尾松光合能力的比较研究 [J]. 福建林学院学报，1991，11（2）：131-135.

[17] 何纪星，朱守谦，甘月红 . 马尾松净光合速率初步研究 [J]. 林业科学，1995，31（2）：105-109.

[18] 杨青，张一，周志春，等 . 低磷胁迫下不同种源马尾松的根构型与磷效率 [J]. 应用生态学报，2012，23（9）：2339-2345.

[19] 徐向华，丁贵杰 . 马尾松适应低磷胁迫的生理生化响应 [J]. 林业科学，2006，42（9）：24-28.

[20] 王水良，王平，王趁义 . 铝胁迫对马尾松幼苗根系形态及活力的影响 [J]. 生态学杂志，2010，29（11）：2097-2101.

[21] 全文选，丁贵杰 . 干旱胁迫下马尾松幼苗针叶挥发性物质与内源激素的变化 [J]. 林业科学，2017，53（4）：49-55.

[22] 王光军，田大伦，闫文德，等 . 亚热带杉木和马尾松群落土壤系统呼吸及其影响因子 [J]. 植物生态学报，2009，33（1）53-62.

[23] 方运霆，莫江明，李德军，等 . 鼎湖山马尾松群落能量分配及其生产的动态 [J]. 广西植物，2005，25（1）：26-32.

[24] 方炜，彭少麟 . 鼎湖山马尾松群落演替过程物种变化之研究 [J]. 热带亚热带植物学报，1995，3（4）：30-37.

[25] 王秀云，朱汤军，徐高福 . 千岛湖马尾松群落种群生态位与种间联结 [J]. 浙江林业科技，2015，35（3）：36-42.

四十四、黄连木

（一）名称

pistacia chinensis Bunge，属名：*pistacia* [希] *pistake* 阿月浑子树名，来自 [波斯]pistah 一种

坚果。黄连木属（漆树科）；种加词，*chinensis*，中国的。命名人 Bunge（Aleksandr Andreevich von Bunge，1803—1890），是一个俄罗斯的德国植物学家。他最出名的事迹是科学考察亚洲，特别是西伯利亚。邦奇是移居沙皇俄国的德国少数民族家庭的儿子，他的父亲 Andreas Theodor 是 18 世纪从东普鲁士移居俄罗斯的药剂师。他在多帕特大学学医，后来担任喀山植物学教授。1835 年，他回到多帕特，在那里讲授植物学，直到 1867 年。在这里，他一直与 Diederich Franz Leonhard von Schlechtendal（德国植物学家）保持联系。他晚年从事爱沙尼亚植物区系的调查。在 1826 年，他与 Carl Friedrich von Ledebour 和 Carl Anton von Meyer 一起走上了吉尔吉斯草原和阿尔泰山的重要科学考察。在 1830—1831 年，他经由西伯利亚前往北京，对蒙古植物区系进行了广泛的研究，他在中国调查后，回到阿尔泰山，在那里对东部部分地区进行了研究（1832）。在 1857—1858 年，他参加了一个科学考察队，考察了呼罗珊和阿富汗。他是生理学家 Gustav von Bunge 及 Alexander von Bunge 的父亲。他的哥哥 Friedrich Georg von Bunge（1802—1897），是一位法律历史学家。纪念他的植物名称有：①大苞鸢尾 *iris bungei*；②对叶盐蓬属 *girgensohnia bungeana*；③楸树 *catalpa bungei*。

英文名称：Chinese Pistache。

别名：木黄连、黄连芽（湖南），木萝树、田苗树、黄儿茶（湖北），鸡冠木、烂心木（台湾），鸡冠果、黄连树（云南），药术（甘肃），药树（陕西），茶树（云南、陕西），凉茶树（贵州），岩拐角（四川），黄连茶（云南、福建、湖北、江苏、山东），楷木（湖南、河南、河北）。

（二）文化

其已被定为“十一五”期间重点发展的林业生物质能源树种之一。黄连木适应性强，生长迅速，且主根发达，根系分布较深，是山区营造水土保持林的先锋树种。黄连木对 SO_2 和煤烟具有较强的抗性，可作为防治大气污染的环境保护树种和环境监测树种。其木材可用于民用建筑、制造加工、美术工艺雕刻、文具工艺装饰品。

七律——咏黄连木（楷木）

黎云昆

雄姿挺立耀晴空，材质直逼铁力同。
子贡倾心雕圣像，孔陵植木起高风。
凭纹堪作诤臣笏，拄杖能为矍铄翁。
结子榨油驱动力，他年还立柱石功。

（三）形态特征

落叶乔木，高达 20 余米；树干扭曲，树皮暗褐色，呈鳞片状剥落，幼枝灰棕色，具细小皮孔，疏被微柔毛或近无毛。奇数羽状复叶互生，有小叶 5 ~ 6 对，叶轴具条纹，被微柔毛，叶柄上面平，被微柔毛；小叶对生或近对生，纸质，披针形或卵状披针形或线状披针形，长 5 ~ 10 厘米，宽 1.5 ~ 2.5 厘米，先端渐尖或长渐尖，基部偏斜，全缘，两面沿中脉和侧脉被卷曲微柔毛或近无毛，侧脉和细脉两面突起；小叶柄长 1 ~ 2 毫米。花单性异株，先花后叶，圆锥花序腋生，雄花序排列紧密，长 6 ~ 7 厘米，雌花序排列疏松，长 15 ~ 20 厘米，均被微柔毛；花小，花梗长约 1 毫米，被微柔毛；苞片披针形或狭披针形，内凹，长约 1.5 ~ 2 毫米，外面被微柔毛，边缘具睫毛；雄花：花被片 2 ~ 4 枚，披针形或线状披针形，大小不等，长 1 ~ 1.5 毫米，边缘具睫毛；雄蕊 3 ~ 5 枚，花丝极短，长不到 0.5 毫米，花药长圆形，长约 2 毫米；雌蕊缺；雌花：花被片 7 ~ 9 枚，大小不等，长 0.7 ~ 1.5 毫米，宽 0.5 ~ 0.7 毫米，外面 2 ~ 4 片远较狭，披针形或线状披针形，外面被柔毛，边缘具睫毛，里面 5 片卵形或长圆形，外面无毛，边缘具睫毛；不育雄蕊缺；子房球形，无毛，径约 0.5 毫米，花柱极短，柱头 3 个，厚，肉质，红色。核果倒卵状球形，略扁，径约 5 毫米，成熟时紫红色，干后具纵向细条纹，先端细尖（见图 2–44）。

图 2–44　黄连木（植株、果实及果序）

（四）分布

产于长江以南各省区及华北、西北。生于海拔 140 ～ 3 550 米的石山林中，菲律宾亦有分布。模式标本采自北京。黄连木的北界为云南潞西、泸水—西藏察隅—四川甘孜—青海循化— 甘肃天水—陕西富县—山西阳城—河北顺平县—北京，在此界限以东、以南有分布。以河北、河南、山西、陕西最多。

（五）生境及习性

黄连木喜光，幼时稍耐阴；喜温暖，畏严寒；耐干旱，对土壤要求不严，微酸性、中性和微碱性的沙质、黏质土都能适应。以在肥沃、湿润，且排水良好的石灰岩山地生长最好。深根性，主根发达，抗风力强，萌芽力强，生长较慢，寿命可长达 300 年以上，对二氧化硫和煤烟的抗性较强。

（六）繁殖方法

1. 嫁接方法

用黄连木实生苗做砧木，就近选取生长健壮的黄连木年生枝做接穗。以 3 月下旬嫁接成活率最高，从嫁接方法看，以插皮接为好，舌接和劈接次之。枝接时期以 5 月初至 5 月中旬嫁接的成活率较高，砧木较粗时宜采用插皮嫁接方法，砧木较细时采用双舌接方法，成活率均较高。芽接方法，以方块形芽接效果较好，芽接应选择年生健壮的母树营养枝饱满芽，砧木以选择基径大的实生苗较好。不同的接穗保湿方法对嫁接成活率有重要影响，蜡封成活率较高，而套袋成活率较低。

可以用高接换种的方法改接成雌株，一般自然界雄雌株比例在 1 ： 10 即可。

2. 组织培养

以 2 年生嫁接苗茎段为外植体，通过诱导腋芽进行启动培养试验。用 0.1% 升汞灭菌黄连木外植体较合适的时间为 8 ～ 12 分钟，半木质化茎是最合适的诱导腋芽的茎段；在抑制褐变方面，使用聚乙烯吡咯烷酮（PVP）相对较好些；而在培养初期，光照强度对腋芽的诱导情况影响不大。黄连木组织培养过程中极易出现褐变现象，而且污染率也很高，生产中应注意采取适当的技术措施避免该现象。黄连木初代诱导腋芽的培养基初步定为 MS + 6-BA 1 毫克 / 升 + IBA0. 1 毫克 / 升 + 蔗糖 30 克 / 升 + 琼脂 1g/L+AC1 克 / 升，pH 为 5.8 ～ 6.2。

3. 种子繁殖

采收时选择 20 ～ 40 年生，生长健壮、产量高的母树采种。在 9—11 月间，当核果由红色变为铜绿色时及时采果，采摘果实后置于袋中堆沤 3 ～ 4 小时，等果皮软化腐烂后，在地面上用木棒搓擦至果皮和果核分离，清水冲洗去果肉、果皮，即可得到种子。一是春播，黄连木种子属干储型，种子的含水量保持 4% ~ 9%，播种前的种子宜采用混沙储藏，将处理后的种子按 1：3 的种沙比例和 9% 沙含水量与沙混合均匀，翌年春季播种。播种前需要对种子进行催芽处理。春季播种的具体时间是当地温上升到 10 ℃以上即可播种。播种时采用条状穴播，播种后覆细沙厚 2 ~ 3 厘米，并稍加镇压，使种子和土壤充分接触，覆膜保持地温；二是秋播，一般于 9 月底 10 月初黄连木种子成熟后，土壤封冻前进行，可随采种随播种，种子无须进行沙藏处理。

4. 扦插繁殖

黄连木硬枝扦插育苗，插穗极难生根；嫩枝扦插育苗，宜在 5 月下旬至 7 月中旬进行，以 5—6 月间枝条半木质化、顶端嫩叶显红色时生根效果最佳。嫩枝插穗基部先经清水浸泡 2 小时，再用植物生长调节剂处理，可促进生根，其中，IBA 400 $\times 10^{-6}$ 速蘸、NAA 600 $\times 10^{-6}$ 速蘸、1 000 毫克 / 升 IBA 200 $\times 10^{-6}$ 浸蘸 5 秒，以及 NAA300 $\times 10^{-6}$ 浸蘸 5 秒，促根效果显著，插穗生根率均在 90% 以上。黄连木嫩枝扦插生根缓慢，经 1 ~ 2 个月后才开始生根。

（七）价值

1. 生物柴油

种子含油量为 42.46%，种仁含油量为 56.5%，种子油加工后即是优良的生物质燃料油，是目前极具发展潜力的木本能源植物之一。以黄连木种子做原料生产的生物柴油同样具有清洁、环保等优点，是良好的生物柴油来源，因此在不可再生的石化能源日益消耗的今天，作为可再生生物柴油原料的黄连木具有巨大的发展前景。黄连木种子提炼出的油，其物理化学性质和普通柴油相似，不但可以作为柴油使用，而且产生的烟气排放明显减少，废弃物降解率高达 98%。这种能代替部分石油、可再生的能源植物已得到林业部门的重视。

2. 食用

种子含不干性油率高，主要成分为棕榈酸、硬脂酸、十六碳烯酸、油酸和亚油酸，其脂肪酸组成与菜籽油非常相似，可作为食用油使用。含有多种营养物质，经济价值很高。鲜叶富含芳香油，嫩枝俗称“黄连头”，可代茶盐渍、可食用。

3. 木材

环孔材，边材宽，灰黄色，心材黄褐色，材质坚重，纹理致密，结构匀细，不易开裂，气干容重 0.713 克 / 立方米，能耐腐，钉着力强，可供建筑、车辆、农具、家具等用，作为工艺良材，可用于雕刻精细工艺美术品。

4. 园林价值

黄连木树冠开阔，树冠浑圆近乎球形、团扇形，树姿优雅美丽，枝叶繁茂且各具特色，富于变化：早春黄连木盛开紫红色、淡绿色的雌雄花序，十分优雅惬意；春季黄连木换上红色的嫩叶，迎风招展，姿态优雅；夏季翠绿色的叶子给酷热的天气添抹上一缕绿意；秋季黄连木金黄的叶子随风摇曳，翩翩飞舞；冬季寒枝楚楚，与风雪同舞，整株植物高雅清新，给人以赏心悦目的感受。

5. 药用价值

黄连木叶片可提取没食子酸、槲皮素、间双没食子酸、槲皮苷和没食子酞熊果苷。研究证明，黄连木叶片具有清热解毒、治疗痢疾等药效。根、茎、叶、树皮均可入药，作为黄柏皮代用品。其性味微苦，具有清热解毒、去暑止渴的功效，主治痢疾、暑热口渴、舌烂口糜、咽喉肿痛、湿疮、漆疮等疾病。鲜叶提取物中的儿茶酚和槲皮素有很强的自由基清除活性，可起到防病及抗衰老保健的作用。

6. 经济价值

果和叶还可制作黑色染料。根、枝、皮可制成生物农药；嫩叶有香味，可制成茶叶。树皮、叶、果，分别含鞣质 4.2%、10.8%、5.4%，可提制栲胶。

7. 生态价值

黄连木对二氧化硫和煤烟有较强的抗性，可作为防治大气污染的环境保护树种和环境监测树种。在工厂区种植黄连木，既可起到净化空气、降低烟尘的作用，又可以美化厂区环境。

（八）研究概况

黄连木光合特性的研究，宋宏伟等（2007）研究表明，8：00—10：00 是黄连木净光合速率较高的时间段。净光合速率日变化曲线受环境因子影响分别呈现出双峰或衰减型单峰曲线。董倩等（2012）研究指出，随着两种生长调节剂处理浓度的增加，叶片指标及荧光指标呈现先增大后减小的趋势。通过对 18 个种源黄连木净光合速率的聚类分析，筛选出 8 个高光合速率的黄连木种源。黄连木抗性生理的研究，李在军等（2006）研究了黄连木对干旱胁迫的生理响应；贾利强等（2003）研究了水分胁迫对黄连木、清香木幼苗的影响，分析了水分胁迫前期、中期、后期叶片相对含水量和 Fv，Fm，Fo 相对值指标变化；李旭新等（2013）研究了 NaCl 胁迫下黄连木叶片光合特性及快速叶绿素荧光诱导动力学曲线的变化，分析了不同浓度 NaCl 胁迫下荧光参数的变化。有关黄连木化学成分研究，史清文等（1992）研究了黄连木叶的化学成分，分离出了 6 个化合物；董晓宁等（2010）研究了黄连木根的化学成分，分离了4个化学成分。柳建军等（2009）从黄连木食用部位分离得到16个化合物；袁冬梅等（2005）研究了黄连木叶挥发油的化学成分，从中分离得到99个化合物，结果显示黄连木具有一定的药用价值；陈利军等（2009）分析了黄连木果实的化学成分，共分离到60个组分，鉴定了其中的41个。有关黄连木解剖学研究，马淑英等（1999）研究了黄连木解剖学，指出黄连木药用部位茎和叶的维管束的韧皮部内均有分泌道，其直径约20 ~ 40微米，幼茎的皮层及髓部都有大量的单宁细胞，但不具分泌道。黄连木的叶为羽状复叶，叶片的叶肉分栅栏组织和海绵组织，栅栏组织细胞一层。有关黄连木生物学及种子小蜂的研究，柴立英等（2006）研究了黄连木种子小蜂，生物学特性和发生规律；李旭新等（2013）研究了黄连木雌雄配子体发育和受精特性研究。有关黄连木群落学研究，杜乐山等（2013）研究了黄连木群落种间联结指数—等级格局模型，为深入研究种间联结关系提供了新的模型手段，确立的分析方法为雌雄异株植物的种间联结研究提供了新的思路；吴志庄等（2013）研究了太行山黄连木天然群落物种多样性；赵亚洲等（2010）研究了黄连木种群性比格局研究，黄连木雌雄植株数随取样面积的增加而增大，且种群性比显著偏雄性。黄连木种群性比表现出显著的密度依赖性，雄株比例与繁殖植株密度、种群密度、林分密度均呈显著正相关。

参考文献：

[1] 宋宏伟，张江涛，王晶，等．黄连木光合特性和水势变化规律的研究 [J]．安徽农业科学，2007，35（31）：9924-9926.

[2] 董倩，王 洁，庞曼，等．生长调节剂对黄连木光合生理指标和荧光参数的影响 [J]．西北植物学报，2012，32（3）：484-490.

[3] 董倩，唐秀光，王洁，等．不同种源黄连木光合参数比较及聚类分析 [J]．河北农业大学学报，2012，35（3）：58-62.

[4] 李在军，冷平生，丛者福．黄连木对干旱胁迫的生理响应 [J]．植物资源与环境学报，2006，15（3）：47-50.

[5] 贾利强，李吉跃，郎南军，等．水分胁迫对黄连木、清香木幼苗的影响 [J]．北京林业大学学报，2003，25（3）：55-59.

[6] 李旭新，刘炳响，郭智涛，等．NaCl 胁迫下黄连木叶片光合特性及快速叶绿素荧光诱导动力学曲线的变化 [J]．应用生态学报，2013，24（9）：2479-2484.

[7] 史清文，左春旭．黄连木叶化学成分研究 [J]．中国中药杂志，1992，17（7）：422-423.

[8] 董晓宁，董博，李荣飞，等．黄连木根化学成分的研究 [J]．广东化工，2010，37（6）：17-19.

[9] 柳建军，刘锡葵．黄连木食用部位化学成分研究 [J]．中草药，2009，40（2）：186-189.

[10] 袁冬梅，杨玲娟，闫世才．黄连木叶挥发油化学成分研究 [J]．西北植物学报，

2005，25（12）：2539-2542.

[11] 陈利军，陈月华，史洪中，等．黄连木果实挥发油化学成分 GC-MS 分析 [J]. 信阳农业高等专科学校学报，2009，19（1）：118-120.

[12] 马淑英，吴振和，孙竹，等．黄连木茎和叶的解剖学研究 [J]. 吉林农业大学学报，1999，21（1）：56-58.

[13] 柴立英，吕文彦，杜开书．黄连木种子小蜂的生物学特性和发生规律 [J]. 昆虫知识，2006，43（4）：567-570.

[14] 杜乐山，杨洪晓，郭晓蕾，等．黄连木群落种间联结指数—等级格局模型研究 [J]. 北京林业大学学报，2013，35（5）：37-44.

[15] 吴志庄，厉月桥，汪泽军，等．太行山黄连木天然群落物种多样性的研究 [J]. 中南林业科技大学学报，2013，33（12）：15-18.

[16] 赵亚洲，张春雨，张琰，等．黄连木种群性比格局研究 [J]. 浙江林业科技 .2010，30（6）：12-17.

四十五、葨芝

（一）名称

cudrania cochinchinensis（*Lour.*）*Kudo et Masam.*，属名：*cudrania*［希］*kudros* 光荣，［马来］植物原名。葨芝属（桑科）；种加词，*cochinchinensis*，印度支那的。命名人 Kudo（工藤祐舜，1887—1932），日籍中国台湾植物学者，于 1928 年抵台，任“台北帝国大学”理农部植物分类学讲座教授，同时兼任附属植物园园长。1929 年成立腊叶标本馆，为台湾大学植物标本馆（TAI）的创立者，并为第一任馆长。工藤祐舜出生于秋田县平鹿郡增田町。1925 年被任命为台湾总督府在外研究员。1926 年任台湾总督府高等农林专门学校教授，同时任在外研究员，曾在英、德、法、美、苏联、瑞典六国工作，历时两年。1928 年任“台北帝国大学”教授，担任理农部植物分类学讲座，同时任附属植物园长。1929 年兼任台湾总督府“中央”研究所技师。1929 年，其著作《日本支那产唇形科植物》在《“台北帝国大学”理农部纪要》上发表。1929 年 12 月腊叶标本馆成立，山本由松与铃木重良在工藤的指导下充实了腊叶馆。1930 年生物学本馆竣工（即台湾大学一号馆）。1931 年在植物园出版《植物园种子目录》《植物园年报》，当时虽然植物园设备不尽完善，但已颇有成绩。1932 年 1 月 11 日工藤因心脏病，于台北去世，享年 46 岁。工藤去世后，当时的正宗严敬、铃木时夫、福山伯明等，发行植物学刊物 *KUDOA* 以纪念工藤。出版初期主要为手抄本，自 1933 年创刊至 1937 年为止，共计五卷，每卷四期。各期所收录的文章主要为分类学与生态学的研究，尤以当时学者对台湾各地的资源调查研究为主，偶或有其他类型的文章。命名人 Masam（Genkei Masamune，1899—1993），日本植物学家，1929 年到台湾任“台北帝国大学”理学部助手，在工藤祐舜的指导下，经常到台湾各地采集标本，也是“台北帝国大学”教授，稍后到金泽大学，一直从事台

湾植物的研究，特别是兰科植物。1943 年，正宗严敬发表了《海南岛植物志》，其中也记载了很多分布于五指山的植物。这本书不仅详细研究和介绍了海南的各种植物，还配有手绘图片，种类极多，十分详细。我国著名植物学专家周默曾在这本书上题写了“原始要终”四个字，可见《海南岛植物志》的研究价值。1936 年的《最新台湾植物总目录》为当时台湾维管束植物的总览，共收录 188 科 1 174 属 3 841 种 12 亚种 396 变种。命名人 Lour.（João de Loureiro，1717—1791），葡萄牙传教士、古生物学家、医生及植物学家。1742 年，他去往南圻，在那里生活了 30 年。他专注于亚洲植物的研究，并在 1790 年出版了《南圻植物志》。

英文名称：Cochinchina Cudrania。

别名：构棘、葨芝、穿破石、枸棘、黄蛇根、山荔枝。

（二）形态特征

直立或攀援状灌木；枝无毛，具粗壮弯曲无叶的腋生刺，刺长约 1 厘米。叶革质，椭圆状披针形或长圆形，长 3 ~ 8 厘米，宽 2 ~ 2.5 厘米，全缘，先端钝或短渐尖，基部楔形，两面无毛，侧脉 7 ~ 10 对；叶柄长约 1 厘米，花雌雄异株，雌雄花序均为具苞片的球形头状花序，每花具 2 ~ 4 个苞片，苞片锥形，内面具两个黄色腺体，苞片常附着于花被片上；雄花序直径约 6 ~ 10 毫米，花被片 4 枚，不相等，雄蕊 4 枚，花药短，在芽时直立，退化雌蕊锥形或盾形；雌花序微被毛，花被片顶部厚，分离或合生，基有二黄色像体。聚合果肉质，直径 2 ~ 5 厘米，表面微被毛，成熟时橙红色，核果卵圆形，成熟时褐色，光滑。花期为 4—5 月，果期为 6—7 月（见图 2-45）。

图 2-45 葨芝（植株及花序）

（三）分布

产于我国东南部至西南部的亚热带地区，多生于村庄附近或荒野。斯里兰卡、印度、尼泊尔、不丹、缅甸、越南、马来西亚、菲律宾至日本、澳大利亚、新喀里多尼亚也有分布。

在浙江省分布于东部与南部。在舟山群岛分布于册子岛、普陀山、朱家尖、中街山列岛。

（四）生境及习性

喜温暖湿润而不耐严寒干旱，对土壤要求不严，忌高燥、盐碱。生于山坡溪边，灌丛中或山谷湿润林下。土壤肥沃、土层较浅的地方，常呈小片状分布。其生长环境常伴有构树、葛藤、檵木、女贞子和杂草等。多呈小群状生长，少单生。对光照要求较严，背阴或光照太强不利于植株生长。

（五）繁殖方法

1.组织培养

MS + 6 –BA 2.0 毫克 / 升 + NAA 0.1 毫克 / 升为最适外植体诱导培养基；MS + 6 –BA 1.5 毫克 / 升 + NAA 0.1 毫克 / 升为最适增殖培养基；MS + IBA 1.0 毫克 / 升 + NAA 0.1 毫克 / 升为最适生根培养基；移植苗的成活率为 90% 以上。

2.种子繁殖

钟国莲（2011）研究认为，当聚花果由青绿全部转为黄色或橙红色时，从树上用竹竿打下，装入筐中，洗去粘在花果表面的泥沙，沥水后装入密闭塑料袋中，100 千克葨芝果倒入 50 克高度白酒和 1 千克凉白开水，密闭塑料袋口，约 7 天聚花果肉质部分全部腐烂，搓洗、清漂得纯净种子，用消过毒的纱布包好，放在 1 ℃ ~ 3 ℃的环境中储藏，储藏期间要每隔 15 天用清水冲洗 1 次，确保种子不失水和变质等。3 月上旬播种最适宜，先将播行线 10 厘米宽的泥土充分打碎，淋 1 次透水。然后沿播线点播葨芝种子，每 1 厘米播 1 ~ 2 粒种子，播后用细干泥粉薄盖种子，以不见种子为宜。最后盖草，喷 1 遍清水。播种量 0.037 5 千克 / 平方千米。移苗后株行距以 28 厘米 ×28 厘米或 35 厘米 ×35 厘米为宜，随移随栽，时间不宜过长。葨芝属于浅根性植物，不宜进行中耕。

（六）价值

1.药用价值

葨芝的根干燥后即是中药“穿破石”，它的根系十分发达，根既长又粗，圆柱形，外皮金黄色或橙红色，极薄，挖出后易爆裂脱落，因此俗称为“黄龙退壳”“金蝉脱壳”“金腰带”“黄蛇根”。有舒筋、活血、祛风湿、清肺等功效。民间常用其根捣敷后治跌打损伤，或晒干切片治疗肺结核、肝硬化腹水、急性黄疸型肝炎、风湿性腰腿痛和十二指肠溃疡等病症，效果颇为显著。“国家中药保护品种”和“国家基本药物”之一的“中华跌打丸”中，就有这味主药。民间多采用水煎穿破石治疗晚期消化道癌症，能明显改善病人的生活质量，延长生存期。蘡芝果又名山荔枝果，具有调气、利水、消食等功效，可用于治疗膀胱疝气、食积腹胀、小便不利等，用于肾虚腰痛、耳鸣、遗精；外用鲜叶或根皮捣敷，也可配合别的药治疗肝脾肿大。单用本品治疗传染性肝炎，对肝肿回缩、黄疸消退及降低转氨酶、改善症状等均有良好效果。

2. 食用

民间常用其果生食、糖渍、泡制药酒和酿酒等，对调节人体代谢功能、提高人体免疫能力等均有一定功效。其果味甜、可食，民间草医亦认为是滋阴补肺利肝之品，具有止咳化痰、除湿开郁之效 。

3. 经济价值

蘡芝的枝干提取的天然黄色染料，是丝绸的重要染料之一。

4. 园林价值

蘡芝也是很好的蜜源植物和绿篱植物，其花繁、果美，亦可作为观赏植物在公园和城市园林中栽培。

（七）研究概况

化学成分研究方面，周琪等（2013）研究了其根的化学成分，结果从构棘根 70% 乙醇提取物中分离得到 13 个化合物；刘志平等（2013）研究了其根皮的化学成分，结果从传统中药材构棘根皮中分离出 8 个化合物。同时研究了其根木心的化学成分，结果表明从中药材构棘木心中分离出 10 个化合物；王映红等（2007）也研究了构棘根化学成分，结果从构棘根 95% 乙醇提取物的醋酸乙酯部分分离得到 6 个黄酮类化合物。抗性及耐旱力研究方面，贾彩娟等（2005）对其做了研究，指出穿破石是 13 种植物中耐旱力最高的。病理及药物作用研究方面，金俊杰等（2012）研究了穿破石水提取物对四氯化碳致大鼠肝纤维化的治疗作用，病理学检查结果显示，穿破石水提取物治疗组肝纤维化有显著改善。穿破石水提取物对四氯化碳所致的大鼠肝纤维化具有良好的治疗作用；刘志平等（2013）研究了构棘果中 2 个苯并吡喃异黄酮的分离及其抗肿瘤活性筛选，结果从构棘果中分离得到 2 个苯并吡喃异黄酮，分别鉴定为 *4′-O-methylalpinmumisoflavone*（1）和 *isoderrone*（2），化合物 2 为首次从该属植物中分离得到，化合物 1 为首次从该植物中得到；刘志平（2014）研究了构棘果中苯并吡喃异黄酮的分离、结构修饰及细胞毒性研究，指出从构棘果中分离得到了 4 个苯并吡喃异黄酮和 2 个三萜化合物。以异黄酮 *isoderrone* 为原料进行了结构修饰得到 5 个新异黄酮衍生物。所有异黄酮均采用噻唑蓝蛋白染色（MTT）法对胃癌细胞 SGC–7901 的毒性进行了活性筛选，其中化合物 4 和 10 对人胃癌 SGC–7901 肿瘤细胞有中等程度的抑制作用。

参考文献：

[1] 黄明钦．构棘快速繁殖育苗技术试验 [J]. 绿色科技，2017，(5)：63-64.

[2] 钟国莲．蒈芝特征特性及栽培技术 [J]. 现代农业科技，2011，(5)：138-139.

[3] 周琪，陈立，陈权威，等．构棘根化学成分研究 [J]. 中药材，2013，36 (9)：1444-1447.

[4] 刘志平，周敏，刘盛，等．构棘根皮化学成分研究（Ⅱ）[J]. 时珍国医国药，2013，24 (9)：2059-2060.

[5] 刘志平，周敏，刘盛，等．构棘根木心化学成分研究 [J]. 天然产物研究与开发，2013，(2)：197-200.

[6] 王映红，冯子明，姜建双，等．构棘化学成分研究 [J]. 中国中药杂志，2007，32 (5)：406-409.

[7] 贾彩娟，赖尚海，徐滔，等．穿破石等植物的耐旱能力初步研究 [J]. 深圳职业技术学院学报，2005 (3)：27-30.

[8] 金俊杰，钟鸣，余胜民，等．穿破石水提取物对四氯化碳致大鼠肝纤维化的治疗作用 [J]. 中国实验方剂学杂志，2012，18 (22)：258-262.

[9] 刘志平，周敏，刘盛，等．构棘果中 2 个苯并吡喃异黄酮的分离及其抗肿瘤活性筛选 [J]. 中草药，2013，44 (13)：1734-1737.

[10] 刘志平，韦万兴，周敏，等．构棘果中苯并吡喃异黄酮的分离、结构修饰及细胞毒性研究 [J]. 化学通报，2014，77 (10)：994-997.

四十六、檵木

（一）名称

loropetalum chinense（*R. Br.*）*Oliver*，属名：*loropetalum* [希] *loron* 皮条，皮带。petalon，花瓣。檵木属（金缕梅科）；种加词，*chinense*，中国的。命名人 Oliver（Daniel Oliver，1830—1916）英国植物学家。1860—1864 年为英国皇家植物园标本馆的图书馆员，后成为标本馆的馆员。1861—1888 年曾兼任伦敦大学学院的植物学教授。命名人 R. Br.（Robert Brown，1773—1858），苏格兰植物学家和古植物学家。他的贡献包括对细胞核和细胞质流最早的详细描述，对 *Brownian* 运动的观察，对植物传粉和受精的研究，第一个认识到裸子植物和被子植物的根本区别，对孢粉学的研究。除此之外，他还对植物分类学作出了巨大的贡献。

英文名称：Chinese Loropetalum。

（二）文化

据调查，野生白花檵木资源已近枯竭，主要原因是白花檵木的种子在野生状态下很难自然出芽，生长缓慢，虽适应性强，但初级生物产量极低，加上白花檵木种子有 3 ~ 4 年的种子休眠期，野生种群生态环境较恶劣，造成野生白花檵木无法大量繁育存活。然而，檵木天生坚实，是林中良材，因此自古至今的山里人把它当成首选的烧炭好料。农民常说："蒸年糕时，灶膛里只要放上几根檵木，就可不再费心。"山里人这样的习惯延续下来，近村的檵木就渐渐没有了踪迹。"若要砍得檵柴条，就要走许多的山路，在壁陡峰险的地方才有檵木可砍。"那些烧炭人则干脆把炭窑建到了半山腰上，就近取材。如此，便殃及了深山里的檵木。

由于檵木质密层坚，长成碗口粗要上百年。数千年树龄的檵木有一个共性，它在自身因密度过高，造成水分及营养循环供应不到组织深层的情况下，那些缺乏代谢的核心组织因自然坏死而形成空心，但其坏死组织炭化而不腐烂。这说明它具有高级的天然抗氧化物质。经分子分析，原来檵木含有一种高抗氧化物（链式黄酮醇）。实验室里的分析证实了链式分子的黄酮醇除了抗氧化的作用外，其组织的亲和性也在起着作用。这个发现令人激动，因为天然链式黄酮醇是一种能涵养肌肤的珍贵物质，它能加快外科手术后皮肤的愈合，减少疤痕，如果利用与开发得当，链式黄酮醇在未来必然会对人类作出特殊的贡献。

（三）形态结构

灌木，有时为小乔木，多分枝，小枝有星毛。叶革质，卵形，长 2 ~ 5 厘米，宽 1.5 ~ 2.5 厘米，先端尖锐，基部钝，不等侧，上面略有粗毛或秃净，干后暗绿色，无光泽，下面被星毛，稍带灰白色，侧脉约 5 对，在上面明显，在下面突起，全缘；叶柄长 2 ~ 5 毫米，有星毛；托叶膜质，三角状披针形，长 3 ~ 4 毫米，宽 1.5 ~ 2 毫米，早落。花 3 ~ 8 朵簇生，有短花梗，白色，比新叶先开放，或与嫩叶同时开放，花序柄长约 1 厘米，被毛；苞片线形，长 3 毫米；萼筒杯状，被星毛，萼齿卵形，长约 2 毫米，花后脱落；花瓣 4 片，带状，长 1 ~ 2 厘米，先端圆或钝；雄蕊 4 个，花丝极短，药隔突出成角状；退化雄蕊 4 个，鳞片状，与雄蕊互生；子房完全下位，被星毛；花柱极短，长约 1 毫米；胚珠 1 个，垂生于心皮内上角。蒴果卵圆形，长 7 ~ 8 毫米，宽 6 ~ 7 毫米，先端圆，被褐色星状绒毛，萼筒长为蒴果的 2/3。种子圆卵形，长 4 ~ 5 毫米，黑色，发亮。花期 3—4 月（见图 2–46）。

（四）分布

分布于我国中部、南部及西南各省，亦见于日本及印度。在北回归线以南则未见它的踪迹。浙江省全省均有分布，舟山群岛除册子岛与中街山列岛外均有分布。

（五）生境及习性

喜阳植物，但也具有较强的耐阴性。喜生于向阳的丘陵及山地，山坡灌丛，亦常出现在马尾松林及杉林下，是一种常见的灌木。白花檵木本身就有一个休眠期，加上种子外部有一层坚韧的种皮，导致透水、透气性不良，属长命种子。

图 2-46　檵木（植株及花部解剖）

（六）繁殖方法

1. 种子繁殖

9 月中旬至 10 月上旬采收较为适宜（过早种子未熟，过晚种子散落）。檵木室外秋播发芽率高于室外春播发芽率，室外秋播在 11 月下旬播种，种子萌发在次年的 3 月上旬，中间约 100 天的时间。檵木及红花檵木种子具有后熟特性，其休眠并不是由种壳引起的物理休眠，而是由种子内部原因引起的深度生理休眠，低温沙藏（层积）100 天左右能有效地打破种子休眠。变温层积可能对打破其种子休眠促进萌发更为有效。

2. 扦插繁殖

插穗长度在 8 ~ 10 厘米，保留 6 ~ 7 个节，插穗叶片要摘掉，只保留插穗上端的叶片，且剪去叶片的 1/3 ~ 1/2，扦插基质为河沙与黏土混合体。扦插条件为陆地遮阴，湿度保持在 80%。扦插方法为穴植法，扦插深度 2 ~ 3cm。也可将插穗的基部浸入吲哚丁酸盐溶液几秒钟。随后浸入 0.5% 的克菌丹溶液中，再插入基质的穴中。扦插时间为 6 月中旬至 7 月中旬，45 ~ 85 天集中生根（邓建英等，1998）。

（七）价值

有关檵木的药用价值，周璟等（2014）研究表明，檵木根、叶、花、果均能入药，可发挥通经活络、收敛止血、清热解毒、止泻等功效。可用于治疗胃十二指肠溃疡，疗效显著。抗氧化活性：白花檵木花黄酮在体外可有效清除氧自由基，具有良好的抗氧化活性。抑菌效用：对金黄色葡萄球菌、大肠杆菌和痢疾杆菌的生长有明显的抑制作用，幼叶水提取液对大肠杆菌、金黄色葡萄球菌和痢疾杆菌均有明显的抑制作用。含有挥发油成分、谷甾醇类物质、不饱和脂肪酸、黄酮类、没食子酸等。白花檵木始载于《植物名实图考》，具有“愈合止血、涩肠止泻、生肌、消炎、镇痛”之功效，应用于治疗创伤出血。《中国药典》中记载檵木具有清热解毒、收敛、止血的功效，用于烧、烫伤，外伤出血、吐血、崩漏、腹泻。白花檵木提取物可显著促进大鼠皮肤愈合速度，缩短伤口愈合时间，增加伤口愈合强度，促进伤口处细胞及血管新生。白花檵木分离提取组分中，石油醚层、乙酸乙酯层和正丁醇层促进皮肤愈合作用较强。

（八）研究概况

传粉生物学研究方面，顾垒（2008）的研究结果表明，檵木可以自花授粉，繁育系统为兼性自交，其结实率受资源分配限制。许桂芳（2003）对红花檵木花器构造与花粉生活力的研究表明，红花檵木花后天开始出现花粉，花粉粒为粒径圆形，花药开裂第一天花粉粒活力最强。资源保护及种质资源库的建设方面，刘浩元等（2012）研究了白花檵木种子采集与冷库建设技术。2012 年，发表了《白花檵木种质资源保护利用的思考》。对建设白花檵木种质资源库，全面收集、保存檵木属植物的种质活体、离体部位幼苗、标本、特异遗传基因等进行了论述。化学成分研究方面，王刚等（2011）研究了檵木的化学成分，从檵木茎叶中分离并鉴定了 6 个化合物，5 种为从檵木种首次分离得到；杨郁等（2015）研究了檵木叶的化学成分，结果从檵木叶中分离得到 11 个化合物。檵木的生态学研究方面，王君龙等（2015）研究了种内竞争和残落物覆盖对杉木和檵木细根形态特征的影响；余龙江等（2007）研究了西南岩溶地区黄荆和檵木叶片结构对其生态环境的响应；马姜明等（2012）研究了漓江流域岩溶区檵木群落不同恢复阶段的生态位变化；马姜明等（2013）研究了漓江流域岩溶区檵木群落不同恢复阶段物种组成及多样性变化。檵木的药用研究方面，卢成英等（2005）研究了檵木叶抑菌活性成分提取分离及活性检测，化学定性检识认为，檵木叶含有多种抑菌活性成分，其主要活性成分可能为香豆素类；连泽勤等（2013）研究了白花檵木促大鼠皮肤伤口愈合物质基础初步研究。白花檵木粗提物具有显著促愈合作用，石油醚层、乙酸乙酯层和正丁醇层 3 种分离组分促愈合作用较强，推测白花檵木促愈合功效活性物质极性较小；潘晓军等（2012）研究了白花檵木花黄酮提取及其抗氧化活性的研究，白花檵木花黄酮在体外具有良好的抗氧化活性；张武岗

等（2017）研究了白花檵木止血化学成分分析，分离到 9 个化合物，白花檵木药材 60% 乙醇提取物止血活性较好，而且其中主要是酚酸类成分；荆常锋等（2015）研究了白檵木花抗实验性胃溃疡活性部位筛选研究，白檵木花各提取部位具有良好的预防和治疗胃溃疡作用。刘英慧等（2012）研究了高效液相色谱法，测定檵木叶中没食子酸的含量，没食子酸进样量在 0.039 8 ~ 0.049 8 微克，呈现良好的线性关系（r = 0.999 8），平均回收率为 99.7%，RSD 为 2.7%。游璐茜等（2009）研究了木中槲皮素、山奈酚和杨梅素含量的高效液相色谱法测定，槲皮素、山奈酚和杨梅素含量均为 0.072 ~ 2.16 微克（R 2 = 0.999 9），平均加样回收率（n=6）分别为 99.1%、97.0% 和 97.9%，回收率测定标准偏差分别为 1.45%、1.38% 和 2.04%。

参考文献：

[1] 冯岳东，于晓英，李达，等．檵木及红花檵木种子萌发特性研究初报 [J]. 中国农学通报，2012，28（19）: 203-209.

[2] 周璟，王耀晟，吴宗贵．檵木药用价值研究概述 [J]. 中华中医药杂志，2014，29（7）: 2283-2286.

[3] 邓建英，张凤芝．檵木的嫩枝扦插 [J]. 花木盆景（花卉园艺），1998（4）: 10-11.

[4] 顾垒．金缕梅科代表种类的传粉生物学研究 [D]. 广州：中国科学院华南植物研究所，2008.

[5] 许桂芳，张朝阳．红檵木的花器构造与花粉生活力的研究 [J]. 吉林农业大学学报，2003，25（5）: 520-522.

[6] 刘浩元，李晓滨，詹周荣，等．白花檵木种质资源保护利用的思考 [J]. 江西林业科技，2012（6）: 46-47.

[7] 刘浩元，李晓滨，詹周荣，等．白花檵木野生资源已近枯竭——白花檵木种子采集与冷库建设技术 [J]. 江西农业，2012（6）: 39-40.

[8] 王刚，刘劲松，李红艳，等．檵木化学成分研究 [J]. 天然产物研究与开发，2011(2): 267-269.

[9] 杨郁，于能江，张杨，等．檵木叶的化学成分研究 [J]. 中国药学杂志，2015，50（3）: 205-208.

[10] 王君龙，王辉民，付晓莉，等．种内竞争和残落物覆盖对杉木和檵木细根形态特征的影响 [J]. 生态学杂志，2015，34（3）: 596 - 603.

[11] 余龙江，吴耿，李为，等．西南岩溶地区黄荆和檵木叶片结构对其生态环境的响应 [J]. 西北植物学报，2007，27（8）: 1517- 1523.

[12] 马姜明，占婷婷，莫祖英，等．漓江流域岩溶区檵木群落不同恢复阶段主要共有种生态位变化 [J]. 西北植物学报，2012，32（12）: 2530 - 2536.

[13] 马姜明，吴蒙，占婷婷，等．漓江流域岩溶区檵木群落不同恢复阶段物种组成及多样性变化 [J]. 生态环境学报，2013，22（1）: 66-71.

[14]卢成英，徐东翔，杜勇，等．檵木叶抑菌活性成分提取分离及活性检测[J]. 食品科学，2005，26(7)：40-42.

[15]连泽勤，高健，李晓滨，等．白花檵木促大鼠皮肤伤口愈合物质基础初步研究[J]. 中国中药杂志，2013，38(20)：3566-3570.

[16]潘晓军，吕圭源，陈素红，等．白花檵木花黄酮提取及其抗氧化活性的研究[J]. 中国医药指南，2012，(26)：75-76.

[17]张武岗，陈海芳，邵海华，等．白花檵木止血化学成分分析[J]. 中国实验方剂学杂志，2017，23(5)：47-52.

[18]荆常锋．白檵木花抗实验性胃溃疡活性部位筛选研究[J]. 浙江中医杂志，2015，50(4)：305-306.

[19]刘英慧，陈晓玲，黄琪，等．高效液相色谱法测定檵木叶中没食子酸的含量[J]. 中南药学，2012，10(1)：33-35.

[20]游璐茜，吴振，赵玉芬．檵木中槲皮素、山奈酚和杨梅素含量的高效液相色谱法测定[J]. 化学通报，2009，(10)：896-900.

四十七、雀梅藤

（一）名称

sageretia thea（*Osbeck*）*Johnst*.，属名：*sageretia*，人名，A.Sageret（Augustin Sageret，1763—1851），法国植物学家。1826年，萨格莱特进行了一项实验，涉及杂交甜瓜香瓜。他被称为孟德尔的先驱。雀梅藤属（鼠李科）；种加词，*thea*，茶叶。命名人 Johnst.（Ivan Murray Johnston，1898—1960），美国植物学家。他感兴趣的领域包括蕨类植物、种子植物。命名人 Osbeck（Pehr Osbeck，1723—1805），瑞典探险家、博物学家，林奈的学生。1751年在广州、黄埔采集4个月，约244种植物。他返回瑞典时家中已有600余种植物，发表在1753年Linne的《植物种志》上。1757年，《中国日报》出版了他的中国航行，被翻译成英语、德语。1758年，他被选为瑞典皇家科学院的成员。基于P. Osbeck等人的收集，瑞典植物学家Linne在有关著作中列有一些中国的兽类名称。19世纪20年代，瑞典的一个动物学家还根据P.Osbeck书中有关动物的记载，制作了一个表，罗列了15种中国的兽类。

异名：雀梅藤（中国树木分类学），刺冻绿，对节刺，碎米子（浙江），对角刺（江苏），酸味（广州），酸铜子、酸色子。

英文名称：Hedge Sageretia。

（二）文化

杭州天目山药厂与浙江省中医院等单位协作，以雀梅根为主要原料研制了“苏肝口服液”，对治疗肝炎有显著疗效。

（三）形态特征

藤状或直立灌木，小枝具刺，互生或近对生，褐色，被短柔毛。通常为椭圆形、矩圆形或卵状椭圆形，稀卵形或近圆形。长 1 ~ 4.5 厘米，宽 0.7 ~ 2.5 厘米，顶端锐尖，钝或圆形，基部圆形或近心形，边缘具细锯齿，上面绿色、无毛，下面浅绿色，无毛或沿脉被柔毛，侧脉每边 3 ~ 4 条，上面不明显，下面明显凸起。叶柄长 2 ~ 7 毫米，被短柔毛。花无梗、黄色、有芳香，通常数个簇生排成顶生或腋生疏散穗状或圆锥状穗状花序，花序轴长 2 ~ 5 厘米，被绒毛或密短柔毛。花萼外面被疏柔毛，萼片三角形或三角状卵形，长约 1 毫米；花瓣匙形，顶端 2 浅裂，常内卷，短于萼片。花柱极短，柱头 3 浅裂，子房 3 室，每室具 1 胚珠。核果近圆球形，直径约 5 毫米，成熟时黑色或紫黑色，具 1 ~ 3 分核，味酸。种子扁平，二端微凹。花期 7—11 月，果期翌年 3—5 月（见图 2–47）。

图 2–47　雀梅藤（植株及花序）

（四）分布

产于安徽、江苏、浙江、江西、福建、台湾、广东、广西、湖南、湖北、四川、云南，印度、越南、朝鲜、日本也有分布。分布于浙江全省各地，分布范围广而分散，尤以临安、淳安、兰溪、安吉、开化、普陀、舟山等地最多，雀梅藤集中分布在海拔 100 ~ 400 米以下的地方，舟山群岛除了普陀山以外均有生长。

（五）生境及习性

常生存于海拔 2 100 米以下的丘陵、山地林下或灌丛中。雀梅喜温暖、湿润气候，不甚耐寒。适应性强，对土质要求不严，酸性、中性和石灰质土均能适应，但是要求土壤疏松通气，pH 6.0 ~ 7.5，有机质 2.0% ~ 3.6%，在土壤结构团粒或粒状，并含有少量石砾，腐殖质丰富的地方生长良好。耐旱、耐水湿、耐瘠薄。喜阳也较耐阴。根系发达，萌发力强，耐修剪。常生长于山坡路旁、灌木丛中。雀梅藤较喜光，一般生长在阳坡荒山或低矮灌丛中，阴坡很少分布，生长在灌丛中的雀梅藤，因光照不足枝条细长。雀梅藤的伴生植物以灌木为主，有金樱子、小果蔷薇、覆盆子、圆叶鼠李、水竹、芦苇和构骨等。

（六）繁殖方法

1. 扦插繁殖方法

扦插育苗生根率达 92% 以上，雀梅藤扦插生根率以 1 ~ 2 年生细枝高，很可能是枝条内源激素和根原始体起主导作用。雀梅插条在半透光的荫棚或树荫下，用经消毒杀菌、容重 1.20 ~ 1.309 牛 / 立方米的细砂土或疏松壤土做扦插基质，并覆以地膜保湿，可提高扦插生根率。雀梅硬枝扦插时间应在每年 3 月的上中旬以前，树液尚未流动时为好，此时插穗中储存的营养物质多。如果在冬季修剪后在湿砂土冬藏，不仅生根率高，而且生长量大。在生根过程中，适当喷一定量的尿素和磷酸二氢钾做根外追肥，有利于扦插苗生长。插穗先放叶后发根，15 ℃以上的气温条件下，生根时间只要 20 天，属扦插生根快的树种（钱永涛，1995）。

张少卿（2001）研究认为，插穗的选择至关重要，宜选择刚萌动的枝条作为插穗，健壮枝条也是关键。用 50ppm 的萘乙酸和吲哚丁酸混合液浸泡 2 小时，再用高锰酸钾处理伤口，促进愈伤组织愈合。扦插基质山泥 ：粗砂 =1 ：2，掺入呋喃丹。

2. 种子繁殖

种子千粒重 8.23 克。鲜果平均出子率 16.15 %。用 1/2 焦泥灰和 1/2 壤土基质播种，4 天即萌发，10 天发芽结束。种子室内发芽率 95.3%，场圃发芽率 84.5%。幼苗出土时茎细长，子叶大，呈倒心形，尖端凹缺，15 天后长出真叶，1 年生苗高 50 厘米左右（钱莲芳，1996）。

3. 压条繁殖

3 月下旬将雀梅藤植株在砂土与黏壤土上压条和埋茎，30 天后先后出现根原体，生根率 100%。砂土压条根数和根长最好，根数 49 条，根长 5 厘米以上，占总根数 63%，砂土埋茎次之，而黏壤土压条总根数 17 条，65 % 的根在 5 厘米以下（钱莲芳等，1996）。

（七）价值

1. 经济价值

雀梅藤的叶可代茶，果酸味可食，故名酸梅果。雀梅藤果实色素是从已知可食野果中提

取的天然色素，成品外观为黑红色浸膏状，得率为 8.2 %。色素水溶性好，提取工艺简单，无毒害无污染，安全性佳。

2. 药用价值

供药用，治疮疡肿毒。根可治咳嗽，降气化痰，防治肝炎。抗癌药理：雀梅藤根的醇提取物对小鼠肉瘤 S180、S37 有抑制作用，抑制率分别为 59.9%、42%，对艾氏腹水癌的抑制率为 61%。乙醇提取物用氯仿提取所得的粗碱部分对艾氏腹水癌有抑制作用，抑制率为 83.3%，对小鼠肉瘤 S180 的抑制率为 54.3%。麦胚碱对小鼠肉瘤 S180 的抑制率为 50.5%。常用于治疗肺癌、胃癌、结肠癌。雀梅嫩枝叶可治疥疮，漆疮，水肿。刘树喜等（1990）通过抗菌试验表明雀梅藤有抗金黄色葡萄球菌、变形杆菌、枯草杆菌、大肠杆菌和伤寒杆菌的作用，可用其治疗急慢性咽炎、扁桃体炎、胆囊炎等疾病。

3. 园林绿化

由于雀梅藤枝密集且具刺，在南方常栽培做绿篱，是垂直绿化材料，也适合配置在山石中。雀梅藤自古以来就是制作盆景的重要材料，素有盆景“七贤”之一的美称。根干自然奇特，树姿苍劲古雅，是中国树桩盆景主要树种之一，为岭南盆景中的五大名树之一，也是中国入世后出口美国的盆景植物之一。

（八）研究概况

雀梅藤药用研究，刘树喜等（1990）研究草药雀梅藤抗菌试验研究，表明草药雀梅藤水煎液体外有抗金黄色葡萄球菌、变形杆菌、枯草杆菌、大肠杆菌、伤寒杆菌的作用，浓度越高、抗菌作用越强，其中金黄色葡萄球菌和变形杆菌对其最敏感；王茂三等（1985）研究了雀梅藤的护肝作用，表明雀梅藤能降低大鼠由 CCL_4 中毒引起的血清高 GPT 及 AKP，并能预防 CCL_4 对小鼠肝脏的损害。表明对肝细胞具有一定保护作用；万嘉锺等（1982）研究了雀梅藤治疗甲状腺肿瘤、乳腺肿瘤，临床观察 20 例，有效 16 例。此药味辛苦性凉，具有清热解毒，软坚散结的功效；张美义等（1980）研究了云南民间抗肿瘤植物雀梅藤的化学和药理。雀梅藤化学成分研究，巢琪等（1987）研究了雀梅藤的化学成分——3- 乙酰基 ocotillol 的分离鉴定，分离得 7 个化合物，化合物 V 1 为首次从植物中分得；徐丽珍等（1994）研究了雀梅藤化学成分，分离得到 6 个化合物，经波谱解析和测定理化常数，分别鉴定为木栓酮、紫丁香酸、β谷甾醇、胡萝卜苷、葡萄糖紫丁香酸和蒲公英萜醇。雀梅藤营养成分及花青素成分研究，袁瑾等（2012）分析了雀梅藤营养成分，含有水分、灰分、粗脂肪、粗纤维、粗蛋白、糖等主要营养成分，含有 VB1、VB2、VC、VPP 和 β – 胡萝卜素，含有 Fe、Co、K、P、Ca 等矿质元素，并且含有丙氨酸、苯丙氨酸、赖氨酸等 17 种氨基酸；乔宽等（2014）研究了雀梅浆果中花青素成分，雀梅浆果花青素成分包括矢车菊色素 –3– 槐糖 –5– 葡萄糖苷矮牵牛素 –3–（6'– 丙二酰）葡萄糖苷、锦葵素 –3 – 葡萄糖苷和芍药素 –3 –（6'– 丙二酰）葡萄糖苷；

周红等（2009）研究了可食雀梅藤果实色素的提取及理化性质。

参考文献：

[1] 钱莲芳，黎章矩，钱永涛 . 4 种雀梅繁殖试验 [J]. 浙江林学院学报，1995，12（4 ）: 374-379.

[2] 张少卿 . 雀梅扦插及养护 [J]. 花木盆景（盆景赏石版），2001（7）: 20.

[3] 刘树喜，黄琪珍，孙华 . 草药雀梅藤抗菌试验研究 [J]. 云南中医学院学报，1990，13（2）: 23-24.

[4] 钱莲芳，黎章矩，钱永涛，等 . 4 种雀梅生态习性与根系解剖结构 [J]. 浙江林学院学报 1996，13（1）: 34 - 40.

[5] 王茂三，龚维桂，范华芳，等 . 雀梅藤护肝作用研究 [J]. 浙江药学，1985，2（5）: 11-14.

[6] 万嘉锺 . 雀梅藤治疗甲状腺囊肿、乳腺瘤 20 例疗效观察 [J]. 云南中医学院学报，1982（1）: 14-15.

[7] 张美义，蓝振水，周俊，等 . 云南民间抗肿瘤植物雀梅藤的化学和药理研究 [J]. 云南植物研究，1980，2（1）: 62-66.

[8] 巢琪，刘星增 . 雀梅藤的化学成分——3- 乙酰基 Ocotillol 的分离鉴定 [J]. 上海医科大学学报，1987，14（5）: 393-395.

[9] 徐丽珍，杨小江，李斌 . 雀梅藤化学成分的研究 [J]. 中国中药杂志，1994（11）: 675-676.

[10] 袁瑾，许海平 . 雀梅藤营养成分分析 [J]. 氨基酸和生物资源，2012，34（ 4 ）: 51-53.

[11] 乔宽，韦万兴，莫利书，等 . 雀梅浆果中花青素成分研究 [J]. 广西大学学报（自然科学版），2014，39（3）: 461-466.

[12] 周红，黄冠，林翠梧，等 . 可食雀梅藤果实色素的提取及理化性质研究 [J]. 林产化学与工业，2009，29（6）: 43-46.

四十八、粗枝木麻黄

（一）名称

casuarina glauca sieb. ex Spreng.，属名：*casuarina*，[马来]，casuarius 食火鸡。木麻黄属（木麻黄科）；种加词，*glauca*，光滑的。命名人 Spreng.（Kurt Polycarp Joachim Sprengel，1766—1833），德国植物学家、语言学家及医生，出生于博尔德科。他的父亲是一位牧师，为他提供了良好的教育条件。他在拉丁语和希腊语，甚至阿拉伯语方面都有造诣。14 岁就成为年轻作家，作品有 *Anleitung zur Botanik f ü r Frauenzimmer*（《指南植物女性》，1780）。早期主要研究花的传粉受精与昆虫。1784 年，他在哈勒大学学习神学和医学，但很快就放弃了神学选择学医，1787 年毕业。1789 年，他在母校已是出色的内科教授，并在 1795 年被提升为正

教授。施普伦格尔把大部分时间花在医学工作和医学史研究上，热衷于高等植物组织中的显微解剖研究。施普伦格尔在1809年成为皇家荷兰学院的记者，于1810年当选为瑞典皇家科学院外籍院士。

异名：蓝枝木麻黄、坚木麻黄（福建），银木麻黄、长叶木麻黄。

英文名称：Longleaf Beefwod。

（二）文化

没有一种树木像粗枝木麻黄那样无叶少花，性格倔强。有人称它为澳洲松，因为它来自遥远的澳洲和太平洋群岛；有人称它为马尾树，因为叶片退化，它的树枝犹如一束马尾；有人称它为铁树，因为它心坚如铁，耸立海滩；有人称它为驳骨树、驳骨松，因为它一身硬骨，不卑不亢，傲视风沙。这就是粗枝木麻黄，一种在沿海常见的树，一种防风固沙的树，一种护卫农田的树。

（三）引种与分类

我国引种木麻黄有100多年的历史，杨政川等（1995）报道1897年台湾首先引进木麻黄。1919—1950年，福建、广东、海南岛均有木麻黄引种，但当时的引种主要作为行道树和庭院观赏树，很少用于造林。1954年，广东省雷州半岛、吴川和电白等地营造的木麻黄沿海防护林获得成功。其后，广东、广西、福建和浙江等省区沿海各地也先后营造木麻黄人工林（徐燕千等，1984），近年也尝试在干热河谷种植木麻黄人工林。目前，中国木麻黄人工林种植面积已达30多万公顷，在华南沿海构成了一个“绿色长城”，引起了世人注目，使木麻黄成为我国华南地区主要造林树种之一。

木麻黄属，约20种，球形果序具薄而脆的简单果月，种子淡褐或灰色，染色体数目N=9。该属分布于亚洲东南部、太平洋群岛和澳洲大陆。目前，广泛栽培利用的木麻黄种多属此属。普通木麻黄、粗枝木麻黄和细枝木麻黄的平均遗传距离为0.30，其中细枝木麻黄和粗枝木麻黄的遗传距离特别小，为0.19（郭启荣等，2003）。细枝木麻黄总的遗传多样性（0.287）比许多植物都高，群体间的分化度为26.4%。三种木麻黄种间的遗传一致度很高（0.960 5 ~ 0.965 4），体现出其亲缘关系很近，相似的生境和相同的染色体数目使其种间的分化很小（葛昔萍等，2002）。

（四）形态特征

乔木，高10 ~ 20米，胸径达35厘米；树皮灰褐色或灰黑色，厚而表面粗糙，块状剥裂及浅纵裂，内皮浅黄色。侧枝多，近直立而疏散，嫩梢具环列反卷的鳞片状叶。小枝颇长，可达30 ~ 100厘米，上举，末端弯垂，灰绿色或粉绿色，圆柱形，具浅沟槽，嫩时沟槽内被毛，后变无毛，直径1.3 ~ 1.7毫米，节间长10 ~ 18毫米，两端近节处略肿胀。鳞片状叶每轮12 ~ 16枚，狭披针形，棕色，上端稍外弯，易断落而呈截平状。节韧、难抽离，折曲时呈白蜡色。花雌雄同株。雄花序生于小枝顶，密集，长1 ~ 3厘米。雌花序具短或略长的总花梗，侧生、球形或椭圆形。球果状、果序广、椭圆形至近球形，两端截平，长 1.2 ~ 2 厘米，直径约 1.5 厘米。苞片披针形，外被长柔毛。小苞片广椭圆形，顶端稍尖或钝，被褐色柔毛，渐变无毛。小坚果淡灰褐色，有光泽，连翅长 5 ~ 6 毫米。花期 3—4 月，果期 6—9 月（见图 2–48）。

图 2–48　粗枝木麻黄（植株及花、花序和果实）

（五）分布

广东、福建、台湾有栽培。原产澳大利亚新南威尔士的伯克到昆士兰的罗克汉普顿沿海狭窄地带，分布于东南亚和太平洋诸岛。垂直分布于海平面潮线至海拔 3 000 米的高山。生长于海岸沼泽地至内陆地区。浙江省定海、玉环、乐清等地有栽培。舟山群岛各个岛屿均有栽培。

（六）生境及习性

粗枝木麻黄生长迅速，萌芽力强，对立地条件要求不高，由于它的根系深广，具有耐干旱、抗风沙和耐盐碱的特性，因此成为热带海岸防风固沙的优良先锋树种，在造林上由于其幼树生长慢，容易产生枯梢现象，对立地条件要求较严格，抗风力较差，而且材质不如木麻黄与细枝木麻黄二种，故大面积造林不多。粗枝木麻黄心材褐色，边材白色，为枕木、家具用材，亦可供雕刻或做牛轭用。

（七）繁殖方法

1. 扦插繁殖

木麻黄小枝无性繁殖，在缺乏直射光照的室内或有遮阴条件下，以沙培效果最好，平均生根率 94%，最高达 10%。在太阳光直射条件下，以水培为好。沙培的适应性比水培广，其适宜的繁殖季节为 4—10 月，气温是 25 ℃ ~ 30 ℃。处理小枝用的 IBA 浓度，以 20 ~ 60ppm 为佳。不同的木麻黄小枝生根率差异显著，普通木麻黄生根能力强，粗枝木麻黄次之，细枝木麻黄和山地木麻黄则难生根（李炎香等，1995）。

2. 嫁接繁殖

接穗：木麻黄优树 1 年生健壮枝条；砧木：1 年生无性系"惠 2"作为砧木。木麻黄嫁接的接穗成活率较高，是一种嫁接比较容易成活的植物。采用切接法比劈接法进行嫁接可获得更高的成活率，且操作容易、效率高。3 个木麻黄的种间嫁接成活率间并没有显著差异，说明在木麻黄属内的短枝、细枝和粗枝 3 个种种内和种间的嫁接成活率差异不显著（李秀明，2010）。

（八）价值

1. 木材价值

木麻黄木材的物理力学性质的特点是重而硬，强度中等。木麻黄的容重属于第 3 级，而其强度介于第 3 与第 4 级之间。其强重比（强度与容重之比）则属于中等。纤维细、细胞壁薄，在阔叶树材中，其纤维长度属于中等，木麻黄木材容积之所以较高，不是由于纤维细胞壁特别厚，而是纤维细胞细，并且数量多。木麻黄木材突出的特点是硬、重，防腐处理稍难。然而木麻黄木材虽硬，但纹理直，刨、劈均容易。优点：①强度大，可用于木结构，小径材也可用作檩条；②干型直，可产长材。缺点：①易腐朽、虫蛀；②原条、原木易开裂。木麻黄做室内用材，只要不漏水，并不易发生腐朽现象。

2. 药用价值

始载于《新华本草纲要》，温寒行气，止咳化痰。主治：用于疝气、寒湿泄泻，慢性咳嗽。性味归经：微苦，温。大肠、肺、小肠三经。内服：煎汤，3 ~ 9 克。

3. 生态学价值

木麻黄防护林是我国东南沿海防护林体系的重要组成部分，尤其是风沙大的前沿地带，其他树种目前还难以替代，经 40 ~ 50 年的建设，迄今已形成了"绿色长城"，营造了约

1 平方千米的木麻黄防风固沙林，改善了沿海的风沙生态环境，对沿海的经济和国防建设都起着重要作用。在海滨防风固沙、保护农田、提供薪炭材、盐碱地改良和干旱地区造林、改善生态环境和发展沿海地区经济等方面发挥着巨大的作用。对贫瘠干旱的沿海沙地生态系统的恢复也有不可替代的作用。

4. 园林价值

木麻黄防风回沙能力极强，是我国华南沿海地区最适合的造林树种之一，凡沙地和海滨地区均可栽植。可做海防林或绿篱、行道树，还可与相思树、银合欢等混交成风景林，也是南方沿海造林的先锋树种。

（九）研究概况

木麻黄菌根生物学研究，李志真等（2003）研究了木麻黄根瘤内生菌生物学特性，指出 17 株木麻黄根瘤内生菌具有分枝状菌丝、孢囊、泡囊等 Frankia 菌的特征性结构，B 群内生菌多。菌株离体培养具有固氮酶活性，内生菌不同生理类群在碳氮源利用、有机酸羧化和代谢酶产生等方面没有明显的对应关系，表现出丰富的多样性；福建农学院的研究结果认为，其共生根瘤菌属于担子菌纲半菌目珊瑚菌科的一种巨珊瑚菌（clavaria grandis），发现它含有豆科植物根瘤内独特的呼吸色素血红朊，应用同位素 ^{15}N 证明了它有固氮能力（徐燕千等，1984）。木麻黄光合特性研究，刘发茂等（1989）研究表明，普通木麻黄和细枝木麻黄苗木的叶绿素含量、净光合速率、总光合速率、光饱和点和生长量都明显高于粗枝木麻黄，而 CO_2 补偿点，光补偿点、光呼吸速率则呈相反的趋势。暗呼吸速率细枝木麻黄和粗枝木麻黄比较接近，普通木麻黄较低。净光合速率最大值的持续时间细枝木麻黄和普通木麻黄明显长于粗枝木麻黄。木麻黄的遗传学及遗传多样性研究：葛昔萍等（2002）研究了厦门三种木麻黄属（casaurina）植物的种内遗传变异和种间亲缘关系，三种木麻黄种内都维持有较高的遗传变异水平。普通木麻黄、细枝木麻黄和粗枝木麻黄的多态位点百分率（p）分别为 83.3%、8.33% 和 75.0%，三种木麻黄种间的遗传一致度很高（0.960 5 ~ 0.965 4），体现出其亲缘关系很近，相似的生境和相同的染色体数目使其种间的分化很小。木麻黄抗逆性研究进展，陈彦等（2005）综述了木麻黄的抗性，包括木麻黄的抗盐性、抗风能力、耐贫瘠特性、抗涝性、抗干旱能力、抗寒性。

参考文献：

[1] 李炎香，吴英标．木麻黄小枝繁殖试验 [J]. 林业科学研究，1995，8（3 ）: 297-302.

[2] 李秀明．木麻黄嫁接技术和种间嫁接亲和力的研究 [J]. 防护林科技，2010（2）: 21-22.

[3] 郭启荣，林益明，周涵滔，等．4 种木麻黄亲缘关系的 RAPD 分析 [J]. 厦门大学学

报（自然科学版），2003，42（3）：378-383.

[4] 葛菁萍，林鹏．厦门三种木麻黄属（Casaurina）植物的种内遗传变异和种间亲缘关系分析 [J]. 黑龙江大学自然科学学报，2002，19（4）：110-114.

[5] 杨政川，张添荣，陈财辉，等．木贼叶木麻黄在台湾之种源试验Ⅰ．种子重与苗木生长 [J]. 林业试验研究报告季刊，1995，10（2）：2-7.

[6] 徐燕千，劳家骐．木麻黄栽培 [M]．北京：中国林业出版社，1984.

[7] 李志真，谢一青，王志洁，等．木麻黄根瘤内生菌生物学特性研究 [J]. 林业科学，2003，39（1）：139-146.

[8] 李晓青，朱锦懋，刘剑秋．木麻黄科植物及其共生菌 Frankia 的分子生物学研究进展 [J]. 世界林业研究，2001，14（2）：9-15.

[9] 刘发茂，黄家彬．三种木麻黄苗期光合性状比较研究 [J]. 福建林业科技，1989（2）：1-5.

[10] 陈洪．木麻黄抗旱生理生化部分特性的研究 [J]. 福建农业学报，2000（1）：48-54.

[11] 陈由强，叶冰莹，朱锦懋，等．水分胁迫对木麻黄（Casuarina. sp.）小枝活性氧伤害的定量分析 [J]. 生命科学研究，2000（4）：343-350.

[12] 康丽华．木麻黄根瘤内生菌——弗兰克氏菌侵染特性的研究 [J]. 林业科学研究，1997（3）：233-236.

[13] 林建群，张忠泽，苏凤岩，等．Frankia 菌在非豆科放线结瘤植物根际内的存活和分布 [J]. 应用生态学报，1996，7（4）：391-395.

[14] 陈彦，王国明，周坚．木麻黄抗逆性研究进展 [J]. 植物学通报，2005，22（6）：746-752.

附表：各个物种在舟山群岛各个岛屿的分布

种中名	种学名	科　名	舟山岛	梅山岛	大榭岛	金塘岛	册子岛	普陀山	朱家尖	桃花岛	中街山列岛
竹柏	*nageia nagi Kuntze*	罗汉松科	0	0	0	0	0	1	0	1	0
粗榧	*cephalotaxus sinensis Li*	三尖杉科	0	0	0	0	0	0	1	1	0
普陀鹅耳枥	*carpinus putoensis Cheng*	桦木科	0	0	0	0	0	1	0	0	0
舟山新木姜子	*neolitsea sericea Koidz.*	樟科	0	1	0	0	0	1	1	1	0
普陀樟	*cinnamomum japonicum Sieb. var. chenii G. F. Tao*	樟科	1	0	0	0	0	1	1	1	1
柃木	*eurya japonica Thunb.*	山茶科	1	0	1	1	1	1	1	1	1
滨柃	*eurya emarginata Makino*	山茶科	1	0	0	0	1	1	1	1	1
海滨木槿	*hibiscus hamabo Sieb. et Zucc.*	锦葵科	1	0	0	1	0	0	0	0	0
厚叶石斑木	*raphiolepis umbellata Makino*	蔷薇科	1	0	0	0	1	1	1	1	1
海桐	*pittosporum tobira Ait.*	海桐花科	1	1	1	0	1	1	1	1	1
单叶蔓荆	*vitex trifolia Linn. var.simplicifolia Cham.*	马鞭草科	1	1	1	1	1	1	1	1	1
黄杨	*buxus sinica Cheg ex M. Cheng*	黄杨科	0	0	0	0	0	0	0	1	0
全缘冬青	*Ilex integra Thunb.*	冬青科	0	0	0	0	0	1	1	1	0
红楠	*machilus thunbergii Sieb. et Zucc.*	樟科	1	0	0	0	0	1	1	1	0
榉树	*zelkova schneideriana Hand.-Mazz.*	榆科	1	0	0	1	0	1	0	1	0
构骨	*ilex cornuta Lindl.*	冬青科	1	1	1	1	1	1	1	1	0
蚊母树	*distylium racemosum Sieb. et Zucc.*	金缕梅科	0	0	0	0	0	1	1	1	0
芙蓉菊	*crossostephium chinense Makino*	菊科	0	0	0	0	0	0	0	0	1
寒竹	*chimonobambusa marmorea Makino*	禾本科	0	0	0	0	0	1	0	0	0
短穗竹	*semiarundinaria densiflora Wen*	禾本科	1	0	0	0	0	0	0	1	0

（续　表）

种中名	种学名	科　名	舟山岛	梅山岛	大榭岛	金塘岛	册子岛	普陀山	朱家尖	桃花岛	中街山列岛
红山茶	*camellia japonica Linn.*	山茶科	1	1	1	0	0	1	1	1	1
小蜡	*ligustrum sinense Lour.*	木犀科	1	1	1	0	0	1	1	1	0
野梧桐	*mallotus japonicus Muell.–Arg.*	大戟科	1	1	1	1	1	1	1	1	0
赤皮青冈	*cyclobalanopsis gilva Oerst.*	壳斗科	1	0	0	0	0	1	0	0	0
南五味子	*kadsura longipedunculata Finet et Gagnep.*	五味子科	0	0	0	0	0	1	1	1	1
日本珊瑚树	*viburnum odoratissimum Ker–Gawl. var. awabuki.*	忍冬科	0	0	0	0	0	0	1	1	0
紫弹树	*celtis biondii Pamp.*	榆科	0	0	0	0	0	0	0	1	0
毛红椿	*toona ciliata Roem. var. pubescens Hand.–Mazz.*	楝科	0	0	0	0	0	0	0	1	0
牛鼻栓	*fortunearia sinensis Rehd. et Wils.*	金缕梅科	1	0	0	0	0	0	0	0	0
朴树	*celtis sinensis.*	榆科	1	1	1	1	1	1	1	1	0
刺楸	*kalopanax septemlobus Koidz.*	五加科	1	1	1	0	1	1	1	1	0
龙须藤	*bauhinia championii Benth.*	豆科	0	0	0	0	0	1	1	0	0
赤楠	*syzygium buxifolium Hook. et Arn.*	桃金娘科	0	0	0	1	0	1	1	1	0
枫香树	*liquidambar formosana Hance*	金缕梅科	1	1	1	1	0	1	1	1	0
化香树	*platycarya strobilacea Sieb. et Zucc.*	胡桃科	1	1	1	1	0	1	0	1	0
黑松	*pinus thunbergii.*	松科	1	1	1	1	1	1	1	1	1
马尾松	*pinus massoniana Lamb.*	松科	1	0	1	1	0	0	0	0	0
黄连木	*pistacia chinensis Bunge*	漆树科	1	1	1	1	1	1	1	1	0
柘芝	*cudrania cochinchinensis Kudo et Masam.*	桑科	0	0	0	0	1	1	1	0	1
檵木	*loropetalum chinensis Oliv.*	金缕梅科	1	0	1	1	0	1	1	1	0
雀梅藤	*sageretia thea Johnst.*	鼠李科	1	1	1	1	1	0	1	1	1

索引

罗马字

A

B

C

D

E

F

H

中文

A

B

C

D

E

F

G